이상한
나라의
미적분

이상한
나라의
미적분

**초판 1쇄 발행** 2022년 1월 25일

**지은이** 김성환

**펴낸곳** 오르트
**전화** 070-7786-6678
**팩스** 0303-0959-0005
**이메일** oortbooks@naver.com

**편집** 김은이
**디자인** 조윤주
**그림** 김소연

ISBN 979-11-955549-9-7 03410

이 도서는 한국출판문화산업진흥원의 '2021년 출판콘텐츠 창작 지원 사업'의 일환으로
국민체육진흥기금을 지원받아 제작되었습니다.

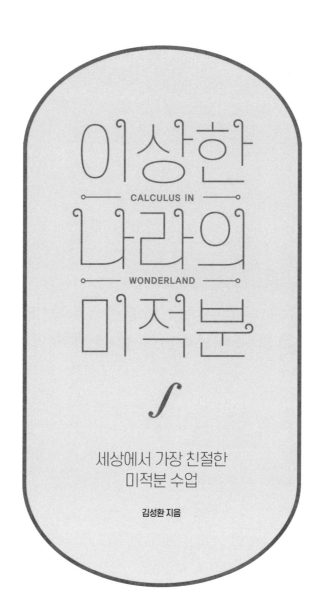

# 이상한 나라의 미적분

CALCULUS IN WONDERLAND

∫

세상에서 가장 친절한
미적분 수업

김성환 지음

오르트

# 미적분이 이상해서 그래요

저는 학교에 다닐 때 미적분을 이해하지 못했어요. 그런데 어쩌다 보니 고등학교를 졸업하고 공대에 진학했어요. 대학에 와 보니, 아뿔싸. 공대의 거의 모든 수업은 미적분을 기초로 하는 거예요! 당연히 수업을 제대로 이해하기 힘들었죠. 내가 왜 공대에 왔을까 후회도 많이 했어요. 그래도 어떻게 어영부영하다 보니 졸업은 하게 되었지만 미적분이라는 벽을 넘지 못했던 것이 항상 마음속 미련이었어요. 어쩌면 미련이라기보다는 '한'에 가까웠던 것 같아요.

시간이 지나서 제가 물리학을 공부하고 싶은 순간이 왔을 때, 저를 좌절하게 했던 미적분의 '한'을 한번 해소해 보고 싶었어요. 처음에는 문제를 많이 풀면 자연스럽게 이해가 되지 않을까 하는 기대감에 고등학교 참고서부터 시작해 여러 문제를 풀어 보았어요. 그런데 문제 푸는 방법은 알겠지만 미적분이라는 개념이 이해되는 건 아니었어요. 그래서 이번에는 대학 교재를 구해서 처음부터 끝까지 읽고 또 읽어 봤어요. 이렇게 했는데도 미적분에 대해 궁금했던 부분들이 해소되지는 않았어요. 좌절이 더 깊어질

뿐이었죠. '아, 나는 왜 미적분이 이해가 안 되는 거지? 나는 왜 이렇게 멍청한 걸까?'

그렇게 다시 포기하려 했을 때, 문득 이런 의문이 들었어요. '정말 내가 바보여서 이해가 안 되는 걸까? 다른 이유가 있지는 않을까?' 그래서 마지막 도전이라는 생각으로 미적분을 지금까지와는 조금 다른 시각으로 바라보기 시작했어요.

관점을 바꿔서 살펴보니 미적분은 너무나도 이상했어요. '바로 옆 위치에 대해 뭐라고 말할 수 없다.'라든지, '유한 안에 갇힌 무한이 있다.'라든지, '바로 옆 위치의 방향을 가리킬 수 없다.' 같은, 말이 안 되는 얘기들투성이였어요.

네. 맞아요. 저는 지금 남 탓을 하고 있는 거예요. 미적분을 이해하지 못했던 것은 제게 문제가 있었던 게 아니라, 미적분이 상식적이지 않기 때문이었어요. 이상한 걸 곧이곧대로 이해하려고 했으니 받아들일 수 없었던 게 당연했어요.

이렇게나 수학이 이상한데, 저는 수학만큼 정확한 학문은 없다는 말에 현혹되어, 수학을 이해 못하는 것을 제 머리 탓으로만 여겼던 거예요.

그림책 〈구름빵〉을 보면 아이들이 구름으로 만든 빵을 먹고 하늘을 날아다녀요. 동화 속의 세계에서 구름으로 만든 빵을 먹으면 몸도 구름과 같이 가벼워지는 기죠. 현실에서는 일어나지 않는 일이지만, 우리는 책을 읽는 동안 자연스럽게 구름빵 세상의 세계관을 받아들여요.

미적분도 마찬가지예요. 미적분의 세상은 상식과 어긋나는 일로 가득하기에, 우리는 처음부터 생각을 달리 하고 미적분 세상의 세계관을 받아들여야 해요. 그런데 미적분의 이상한 성질들을 그냥 받아들이는 것과 이것들을 다루는 것은 또 다른 영역이에요. 미적분 세상은 정말 엄청나게 이상한 나머지 우리가 그 모습을 직접 볼 수조차 없어요. 그렇기 때문에 우리는 이들을 우리의 일상적인 감각이 허용하는 형태로, 즉 우리가 다룰 수 있는 형태로 바꿀 필요가 있어요. 상상력을 동원해 이상한 부분에 현실적 감각을 덮어씌우면 소설처럼 재미있고 다양한 일들이 일어나게 될 거예요.

저는 이 책의 주인공인 화살표를 통해 미적분 세상의 이상한 부분들을 최대한 현실적으로 살펴볼 거예요. 화살표를 따라서 상상해 보면 적분이 단순히 넓이를 구하는 게 아니라는 점을 이해하게 될 거고, 자연스럽게 미분이 뭘 하는 작업인지 알 수 있을 거예요. 그러고 나면 미분과 적분이 왜 반대의 작업인지도 알게 될 거고요.

마음껏 상상하실 준비가 되셨나요? 지금부터 이상한 세계로 들어가 볼까요?

2022년 1월

김성환

차례

# 이상하고
## 신기한
### 막대기

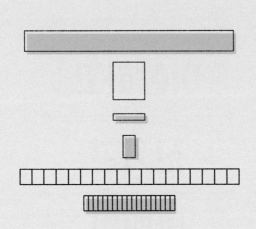

# 01
.....
## 상상의
## 막대기

여기 막대기가 하나 있어요.

별다를 것 없어 보이는 이 막대기는 조금 독특해요. 현실의 막대기와는 다른 특성이 있기 때문에 앞으로는 이것을 상상의 막대기라고 부를게요. 어떤 특성이 있는지 확인하기 위해 이 막대기의 중심을 가위로 잘라 보았어요.

막대기를 자르면 막대기는 두 개로 분리될 거예요.

두 막대기 중 왼쪽 막대기만 확대해 볼게요. 확대하면 세로와 가로 모두 커 보이겠지만 여기서 세로 폭은 우리의 관심 대상이 아니므로 가로 폭만 확대시켜 볼게요.

이렇게 확대한 막대기와 맨 처음 그린 막대기를 비교해 볼게요. 둘은 완전히 똑같아 보여요. 이 막대기의 신기한 점은 이렇게 절반으로 자른 막대기를 확대한 것과, 처음에 나왔던 자르기 전 원래의 막대기를 구별할 수 없다는 점이에요. 그래서 다음과 같이 이렇게 확대한 막대기를 다시 자르고 또 확대하더라도 우리는 똑같아 보이는 작업을 반복하고 있는 셈이에요.

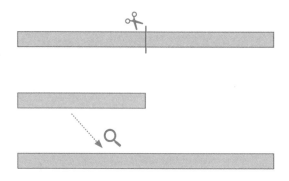

그러면 자연스럽게 이런 생각을 할 수 있어요.

'이러한 작업을 언제까지 계속 할 수 있을까?'

그에 대한 대답은 "시간만 주어진다면 영원히, 무한히 계속해서 할 수 있다."예요. 참 이상하죠. 어떻게 이런 일이 가능할까요? 현실의 막대기라면 불가능할 텐데 말이에요. 예를 들어 나무 막대기를 반으로 자르고 확대하는 작업을 계속한다면, 나중에는 나무를 구성하는 분자 구조들이 보이기 시작할 거예요. 즉 처음 보았던 나무 막대기와는 완전히 다른 모습을 만나게 되겠죠.

이건 상상의 막대기의 신기한 특성 때문에 가능한 일이에요. 그래서 상상의 막대기가 지닌 성질을 이렇게 정리할 수 있어요.

❶ 상상의 막대기는 부분과 전체가 완전히 똑같은 모습이다.

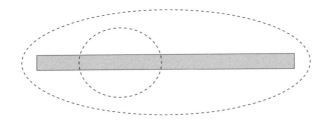

❷ 상상의 막대기에는 틈이 없다.

또한 상상의 막대기에는 틈이 없어요. 만약 틈이 있었다면 막대기를 확대했을 때 틈도 같이 확대되고, 언젠가는 큰 틈이 보이겠죠. 그리고 이 틈이 있는 부분을 포함시켜서 계속 확대하면 어느새 막대기는 사라지고 커져 버린 틈만 남을 거예요. 즉 이 막대기는 왼쪽 끝부터 오른쪽 끝까지 틈 없이 이어져 있다는 말이 돼요.

또 다른 성질을 알아보기 위해, 상상의 막대기를 다음 그림과 같이 일정한 크기를 갖는 네모들이 틈 없이 붙어서 이어진 막대기라고 한번 생각해 볼게요. 이 네모들이 막대기를 이루는 구성 요소인 셈이에요.

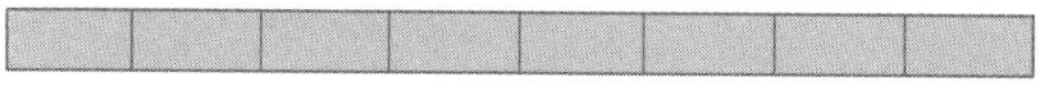

그런데 다음 그림처럼 더 작은 네모들이 틈 없이 붙어서 이어진 막대기라고 생각하는 것도 가능해요.

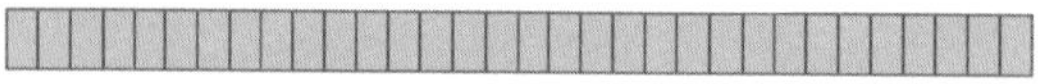

왜냐하면 위 두 경우 모두 각각의 네모는 똑같은 성질을 갖고 있기 때문에, 서로 틈 없이 딱 붙어 버리면 결국 바로 옆 네모들과 분간할 수 없게 돼요. 즉 두 경우 모두 우리가 보기에는 똑같은 막대기로 보이지요. 그래서 우리는 이 막대기가 본래 어떤 네모들이 이어져 만들어진 것인지 알 수 없어요. 다시 말하면 이 막대기가 어떤 구성 요소로 이루어져 있는지 몰라요.

❸ 상상의 막대기가 어떤 구성 요소로 이루어져 있는지 알 수 없다.

?

다음으로 살펴볼 성질은 세 번째 성질에서 나와요. 상상의 막대기가 다음 그림처럼 4개의 네모로 구성되어 있다고 생각해 볼게요.

여러분이 아주 작은 사람이 되었다고 상상해 보세요. 얼마나 작아졌냐 하면 상상의 막대기 위에 올라갈 정도로 작아졌어요. 이제 왼쪽 끝의 네모 위에 올라섰어요.

여러분은 "난 첫 번째 네모에 서 있다."라고 말할 수 있을 거예요. 또는 "내 위치는 첫 번째 네모이다."라고 말할 수도 있어요. 이렇게 되면 각각의 네모는 위치를 나타내게 돼요.

위 그림을 보면 "내 바로 옆 네모는 A이다."라고 말할 수 있을 것 같아요. 하지만 세 번째 성질 때문에 사실 네모 A가 다음 그림처럼 또다시 네모 4개로 구성되어 있다면,

"아, 알고 보니 내 바로 옆 네모는 B이다." 또는 "내 바로 옆 위치는 B이다." 라고 말할 거예요. 그렇지만 또다시 B 역시 네모 4개로 이루어져 있다면 어떻게 될까요?

또다시 바로 옆 칸이 C로 바뀌어요. 이러한 과정을 무한히 계속할 수 있기 때문에 여러분은 바로 옆 네모에 대해 말할 수 없어요. 즉 이 네모가 위치를 나타낸다면 여러분은 바로 옆 위치에 대해 말할 수가 없어요.

❹ 상상의 막대기에서는 어떤 위치의 '바로 옆 위치'에 대해 말할 수 없다.

한 가지 주의할 것은 '바로 옆 위치에 대해 말할 수 없다.'고 해서 '위치' 자체에 대해 말할 수 없는 것은 아니라는 점이에요. 우리는 일단 '위치'라는 개념을 구체적으로 설명하지 않고 직관적으로 다루게 될 거예요. 위치의 구체적 개념에 대해서는 이 책 〈Class 6〉에서 살펴보기로 해요.

다섯 번째 성질은 네 번째 성질을 알아보는 중에 나왔어요. 위에서 보았듯 상상의 막대기는 A라는 네모 4개로 구성되어 있다고 생각할 수 있었어요. 계속해서 그 A는 다시 B가 4개 있는 것으로, 그리고 그 B는 또다시 C가 4개 있는 것으로 생각할 수 있었어요. 우리가 막대기를 자르고 확대하고, 또다시 자르고 확대하는 작업을 무한히 할 수 있었던 것과 마찬가지로 여기서도 C를 다시 확대해서 이와 같은 작업을 계속해서 무한히 할 수 있어요. 그렇다면 이 유한한 막대기 안에는 무한한 네모가 존재하는 것이 돼요. 만약 이 각각의 네모를 위치라고 생각한다면 유한한 막대기 안에 무한한 위치가 존재하는 셈이에요. 이로부터 상상의 막대기는 다음과 같은 성질이 있다는 것을 알 수 있어요.

❺ 유한한 영역 안에 무한한 위치가 존재한다.

∞

무한은 뫼비우스의 띠 모습인 기호 ∞로 나타내요. 뫼비우스의 띠는 안과 밖이 구별되지 않는 띠로, 만약 개미를 그 위에 올려놓으면 개미는 무한히 앞으로 기어갈 수 있어요. 우리가 볼 때는 유한이지만 개미한테는 무한히 펼쳐진 공간인 셈이에요.

이제 앞서 살펴본 상상의 막대기의 성질들을 한번 정리해 볼게요.

**상상의 막대기 성질**

① 부분과 전체가 완전히 똑같은 모습이다.

② 틈이 없다.

③ 상상의 막대기가 어떤 구성 요소로 이루어져 있는지 알 수 없다.

④ 상상의 막대기에 있는 어떤 위치의 '바로 옆 위치'에 대해 말할 수 없다.

⑤ 유한한 영역 안에 무한한 위치가 존재한다.

한마디로 말해 완전 이상해요. 이 막대기는 부분이 전체와 똑같이 생겼고, 뭐로 이루어져 있는지 알 수가 없고, 바로 옆에 뭐가 있는지 말할 수도

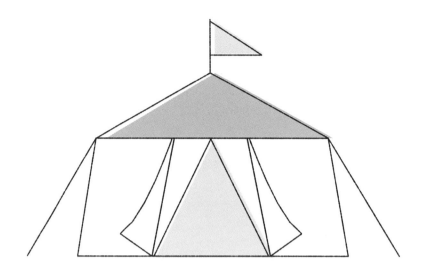

없어요. 그리고 유한한 영역 안에 무한한 것들이 존재하고 있어요. 이런 이상한 막대기를 통해 앞으로 우리는 미적분의 세계로 들어갈 거예요. 그리고 이렇게 만나게 될 미적분의 세계는 지금 보고 있는 상상의 막대기의 신기한 성질이 그대로 전해질 거예요.

막대기의 다섯 번째 성질인 '유한한 영역 안에 무한한 위치가 존재한다.'는 저에게 영화 〈해리 포터〉 속의 한 장면을 떠올리게 해요. 해리가 야외에서 벌어지는 축제 현장에 갔던 장면이에요. 거기에는 작은 텐트가 놓여 있었어요. 해리는 의아해했죠. 이렇게나 많은 사람이 있는데 준비된 건 너무나도 작은 텐트였기 때문이에요. 하지만 텐트 안에 들어간 해리는 깜짝 놀라요. 텐트 안에 엄청나게 넓은 공간이 숨어 있었기 때문이에요. 만약 우리가 해리에게 다음과 같이 묻는다면 해리는 어떤 대답을 해 줄까요?

"해리, 어떻게 이렇게 작은 텐트 안에 이렇게 넓은 공간이 있을 수 있어? 도대체 어떤 원리가 숨어 있는 거야?"

아마도 해리는 조금 부끄러워하면서 이렇게 답할 것 같아요.

"음, 이건 어떤 원리라기보다는……. 그냥 마법인데. 미안, 나도 왜 그렇게 되는지는 잘 모르겠어. 그런데 마법의 세계에서 이런 일은 자연스러운 일인 것 같아."

앞에서 살펴본 상상의 막대기의 성질들은 우리에게 굉장히 낯설고 이상하게 느껴져요. 하지만 해리가 마법의 세계를 인정하고 받아들였던 것처럼 우리 역시 이 성질이 미적분의 세계에서는 자연스러운 일임을 받아들이는 것으로부터 시작할 거예요.

# 수의 막대기

그런데 이렇게 이상한 막대기와 똑같은 성질을 지닌 존재가 또 하나 있어요. 바로 숫자(수)예요. 숫자는 신기하게도 상상의 막대기와 똑같은 성질이 있어요.

숫자 1을 통해 이 점을 살펴볼게요. 상상의 막대기를 절반으로 나누었던 것처럼 1을 절반으로 나누면 0.5가 돼요.

$1 \div 2 = 0.5$

계속해서 다시 절반으로 나누면 다음과 같아요.

$0.5 \div 2 = 0.25$

$0.25 \div 2 = 0.125$

$$0.125 \div 2 = 0.0625$$

……

우리는 이렇게 숫자를 2로 무한히 계속 나눌 수 있어요. 상상의 막대기에서 했던 것처럼요.

그리고 우리는 숫자 1의 바로 옆 숫자에 대해 말할 수 없어요. 예를 들어 1의 바로 옆 숫자를 1.0001이라고 말하고 싶지만, 그보다 1에 더 가까운 숫자인 1.000000001이 있으므로 이것은 바로 옆 숫자가 아니에요. 그리고 마찬가지로 1.000000001보다 1.0000000000000001이 1에 더 가까운 숫자이고, 이렇게 1에 더 가까운 숫자를 무한히 생각해 낼 수 있기 때문에 어떤 숫자의 바로 옆 숫자에 대해 말할 수 없어요. 상상의 막대기에서 바로 옆 위치에 대해 말할 수 없었던 것처럼요.

또한 유한한 영역인 0과 1 사이에는 무한개의 숫자가 존재해요. 0.0002, 0.1248, 0.32351, 0.5982, 0.730435, … 와 같이, 우리는 0과 1 사이에 존재하는 숫자들을 끝없이 떠올릴 수 있어요. 상상의 막대기가 그러했던 것처럼요.

이렇게 우리에게 익숙한 존재라고 여겨졌던 '수' 또는 '숫자'가 우리가 정말 이상한 존재라고 생각했던 '상상의 막대기'와 같은 성질이 있다는 사실은 선뜻 받아들이기 힘들 수도 있어요. 하지만 이렇게 익숙했던 대상이 낯선 대상이 되는 것은 멋진 일이에요. 낯설어지면 그 대상을 호기심을 가지고 새롭게 바라볼 수 있으니까요.

우리는 다음과 같은 재밌는 상상을 해 볼 수 있어요.

'상상의 막대기'와 '수'가 완전히 똑같은 성질을 갖고 있다면 이 둘을 하나로 합쳐 볼 수 있지 않을까?'

하나로 합치는 작업을 하기 위해 상상의 막대기 모양을 조금 바꿀게요. 다음 그림처럼 막대기의 세로 폭을 납작하게 눌러요.

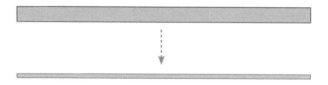

납작해진 막대기에 같은 간격으로 세로선을 그려요.

이 세로선 밑에 숫자 0, 1, 2, 3, …… 을 놓아 볼게요.

이렇게 상상의 막대기와 숫자가 합해져서 수의 막대기가 탄생했어요. 수의 막대기는 앞서 보았던 상상의 막대기의 성질을 그대로 지니고 있어요. 그리고 만약 세로선 밑에 숫자가 있다는 것을 우리가 기억하고 있다면 이 숫자를 생략할 수도 있어요.

또한 막대기도 선으로 간략하게 그려서 다음 그림처럼 수의 막대기를 쉽게 나타낼 수 있어요.

# 변화와

## 화살표

# 01

## 미적분의 주인공: 화살표

앞 장에서 만든 수의 막대기를 그려 볼게요.

이 막대기 위에 수를 표시하고 점을 하나 찍어 보았어요.

위 그림에서 점은 위치 2에 놓여 있어요. 그런데 이 점이 계속해서 위치 2에 고정되어 있기만 한다면 정말 재미없는 세상일 거예요. 똑같은 상태만 유지되는 세상은 무척이나 지루하겠지요.

위 그림에서 점의 위치는 이전과 다르게 바뀌었어요. 이것을 점의 위치가 2에서 5로 변화했다고 말해요.

이 점은 상황에 따라 어떠한 대상도 될 수 있어요. 그래서 우리는 이 점을 아직 정해지지 않은 이름이라는 의미로 $x$라고 부르려고 해요. 예를 들어 점 $x$를 사과로 생각한다면, 위 상황은 사과가 2개에서 5개로 바뀐 경우에 해당해요.

그런데 이러한 변화를 어떻게 하면 잘 표현할 수 있을까요? 이제 이 책의 주인공이 등장할 차례가 되었어요. 이 책의 주인공은 바로 화살표예요.

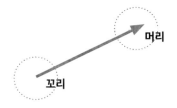

화살표가 참 잘생겼지요? 제 눈에는 어떤 남자 주인공보다 멋지고, 어떤 여자 주인공보다 예뻐 보여요. 화살표에는 머리와 꼬리가 있어요. 이 머리와 꼬리를 이용해서 변화를 나타낼 수 있어요. 변화가 일어나기 전의 위치를 꼬리로, 변화가 일어난 후의 위치를 머리로 나타내요.

점의 변화를 화살표를 이용해 나타내 볼게요.

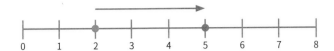

화살표는 점 $x$가 막대기의 위치 2에서 5로 변화했다고 말하고 있어요. 그럼 여기서 위치는 얼마나 변했을까요? 이것은 변화 후의 위치에서 변화 전의 위치를 빼서 구할 수 있어요

> **변화 후의 위치 − 변화 전의 위치 = 5 − 2 = 3**

이러한 변화를 델타라고 부르는 기호 $\Delta$를 사용해서 표현할 수 있어요. $x$ 앞에 $\Delta$를 붙여서 $\Delta x$라고 하면 이렇게 표현할 수 있어요.

> **$\Delta x$ = $x$의 위치 변화 = 변화 후의 $x$ 위치 − 변화 전의 $x$ 위치**

이 델타 기호를 사용해서 앞의 예를 나타내 보면 $\Delta x = 5 - 2 = +3$이 돼요. 숫자 3 앞에 숨어 있던 +를 보이게 했어요. 점의 위치가 $\Delta x = +3$만큼 변했어요.

이번에는 처음 위치 3에서 나중 위치 1로 변한 경우를 살펴볼게요.

화살표는 점 $x$가 막대기의 위치 3에서 1로 변화했다고 말해 주고 있어요. 마찬가지로 $\Delta x = 1 - 3 = -2$가 돼요. 점의 위치가 $\Delta x = -2$만큼 변했어요. 이렇게 변화를 나타내는 $\Delta x = +3$과 $\Delta x = -2$를, 역시 변화를 나타내는 화살표와 함께 표시할 수 있어요.

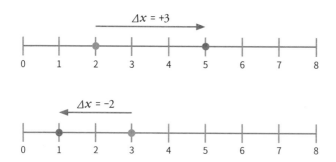

$\Delta x$와 화살표는 같은 것을 다르게 표현한 기호예요. $\Delta x$는 숫자를 통해, 화살표는 그림을 통해 변화를 나타내요.

# 02
.....
# 변화의
# 두 가지 요소

$\Delta x = +3$에서 숫자 3은 변화의 양이에요. 화살표는 눈금 3칸의 길이로 이러한 변화의 양을 나타내고 있어요.

그리고 숫자 앞에 붙은 +는 변화의 방향이에요. 이것은 숫자가 커지는 쪽으로 변화가 일어남을 알려 주고 있어요. 화살표는 숫자가 커지는 방향인 오른쪽을 가리킴으로써 이러한 변화의 방향을 나타내고 있어요.

마찬가지로 $\Delta x = -2$에서 숫자 2는 변화의 양이에요. 화살표는 눈금 2칸의 길이로 변화의 양을 나타내고 있어요. 그리고 숫자 앞에 붙은 −는 숫자가 작아지는 쪽으로 변화가 일어남을 알려 주고 있어요. 화살표는 숫자가 작아지는 방향인 왼쪽을 가리킴으로써 이러한 변화의 방향을 나타내고 있어요.

여기서 우리는 변화라는 것이 두 가지 요소인 양과 방향으로 이루어져 있다는 점을 알 수 있어요. 즉 변화를 구체적으로 표현하려면 변화 전과 변화 후를 비교했을 때 '얼마만큼, 어떤 방향으로' 변했는지를 말할 수 있어야 해요. 정리하면 $\Delta x$는 숫자의 부호를 통해 변화의 방향을 나타내고, 숫자 자체를 통해 변화의 양을 나타내요.

$$\Delta x = \text{(변화의 방향) 변화의 양}$$

이는 화살표에도 그대로 드러나요. 화살표의 꼬리에서 머리 쪽으로가 변화의 방향을 나타내고, 화살표의 길이가 변화의 양을 나타내요.

꼬리에서 머리로 = 변화의 방향

화살표의 길이 = 변화의 양

그런데 앞서 $\Delta x$를 구했던 식

$$\Delta x = \text{변화 후의 } x \text{ 위치} - \text{변화 전의 } x \text{ 위치}$$

에서 등호 양쪽에 '변화 전의 $x$ 위치'를 더해 주면 등호 오른쪽에서는 '변화 전의 $x$ 위치 − 변화 전의 $x$ 위치 = 0'이 되면서 다음과 같은 모습이 돼요. 또는 등호 오른쪽에 있던 '변화 전의 $x$ 위치'가 등호 왼쪽으로 넘어갔다고도 생각할 수 있어요.

$$\text{변화 전의 } x \text{ 위치} + \Delta x = \text{변화 후의 } x \text{ 위치}$$

이 식은 '변화 전의 $x$ 위치'에 $\Delta x$를 더했더니 '변화 후의 $x$ 위치'가 되었다고 볼 수 있어요. 또는 '변화 전의 $x$ 위치'에 화살표를 더했더니 '변화 후의 $x$ 위치'가 되었다고 볼 수도 있어요. 즉 단순히 변화가 일어났다는 사실을 화살표로 나타내는 것이 아니라, 변화가 일어나게 하는 원인이 화살표라고 생각할 수 있다는 말이 돼요.

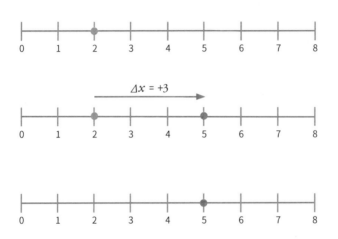

이처럼 화살표를 변화를 보여 주는 수동적인 개체가 아닌, 변화를 일으키는 능동적인 개체로 다룰 수 있어요. 이를 좀 더 구체적으로 나타내면 다음과 같아요. "점 $x$가 막대기의 위치 2에 놓여 있었다. 그런데 + 방향과 길이 3을 가진 화살표로 인해 위치가 5로 바뀌었다."라고 말할 수 있어요. 즉 화살표의 길이와 방향에 따라 변화가 일어나요.

화살표를 수동적인 개체로 볼지, 아니면 변화를 일으키는 능동적인 개체로 볼지는 상황에 따라 결정하면 돼요. 이렇게 같은 현상을 다른 관점으로 다룰 수 있다는 점이 가장 재미있어요.

화살표를 능동적인 개체로 생각하게 되면 어떤 특정한 한 위치에 화살표를 작용시킬 수 있어요. 앞의 예에서는 위치 2에 화살표를 작용시켰어요. 이때 그 위치에 화살표의 꼬리를 붙이면 돼요. 이렇게 특정한 '한 위치'에 작용하는 화살표라는 개념은 나중에 유용하게 사용할 거예요.

> 화살표를 특정한 '한 위치'에 작용시켜 변화를 만들어 낼 수 있다.

또 한 가지 변화에 대해 알아야 할 것은 변화의 두 가지 요소인 양과 방향이 서로 독립적이라는 점이에요. 예를 들어 변화의 양을 2로 정한 후에, 변화의 방향을 + 또는 - 로 정할 수 있어요.

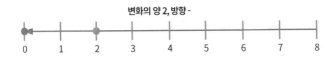

또는 변화의 방향을 +로 정한 후에, 변화의 양을 2 또는 4로 정할 수 있어요.

변화의 방향 +, 양 2

변화의 방향 +, 양 4

　즉 변화의 양을 먼저 정한 것이 변화의 방향을 결정하는 데 전혀 영향을 주지 않아요. 마찬가지로 변화의 방향을 먼저 정한 것이 변화의 양을 결정하는 데 전혀 영향을 주지 않아요. 이처럼 변화의 양과 방향을 따로 다룰 수 있다는 점은 나중에 화살표를 활용할 때 굉장히 유용하게 사용할 거예요.

> 변화의 양과 방향은 따로 다룰 수 있는 독립적인 요소이다.
>
> 화살표의 길이와 방향은 따로 다룰 수 있는 독립적인 요소이다.

# 03

.....

# 화살표를 다룰 때
# 주의할 점

이제 화살표를 다룰 때 착각하기 쉬운 두 가지를 살펴볼게요.

다음 그림에는 $\Delta x = +3$인 화살표로 인해 일어나는 변화를 나타냈어요. 그런데 하나는 화살표가 위치 2에 작용해서 위치 5로 변했고, 다른 하나는 화살표가 위치 4에 작용해서 위치 7로 변한 경우예요.

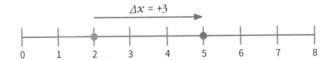

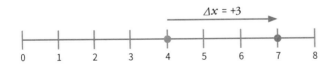

똑같은 화살표가 다른 위치에 작용해서 다른 결과가 생겼어요. 여기서

우리는, 화살표 자체에는 위치에 대한 개념이 들어 있지 않다는 것을 알 수 있어요. 위치라는 것은 화살표와 별도인 외부적 요소예요. 화살표 자체는 오직 변화의 두 가지 요소인 방향과 양만을 가지고 있고, 이 화살표를 어디에 작용시키냐를 결정할 때 필요한 것은 외부적 요소인 위치예요.

❶ 화살표 자체에는 위치에 대한 개념이 없다.

두 번째 주의할 점은, 화살표는 변화의 과정이 아닌 변화의 시작과 끝만을 보여 준다는 점이에요. 즉 화살표는 변화의 결과만을 보여 줘요. 예를 들어 볼게요. 다음 그림에서 점 $x$가 막대기의 위치 2에서 7로 변화했어요.

그리고 7에 있던 점 $x$는 다시 5로 변화했어요.

그런데 최종 결과만 보면 점 $x$는 막대기의 위치 2에서 5로 변했어요.

실제로 점 $x$는 위치 7까지 갔다가 왔지만 변화의 결과만을 보여 주는 검정 화살표에는 이러한 것이 나타나지 않아요. 점 $x$가 변화 전에는 위치 2에 있었고 어떠한 과정을 거쳤는지는 모르지만 결국 최종적으로 변화 후에는 위치 5에 놓이게 되었다는 결과만을 화살표를 통해 알 수 있을 뿐이에요.

❷ 화살표는 변화의 과정이 아닌 변화의 결과만 알려 준다.

그런데 사실 전 아직도 저 화살표를 보면 '위치 2에서 화살표를 따라 움직여서 위치 5에 도착했다.'라고 자꾸 착각을 해요. 이건 본능과도 같아요. 화살표만 보면 '화살표를 따라 변화가 일어났다.'라고 생각하고 싶어져요. 그런데 왜 이런 본능을 거스르면서까지 화살표를 변화의 과정이 아닌 결과만을 나타내는 기호로 설정한 걸까요?

나중에 더 자세히 말씀드리겠지만, 잠시 언급하자면 앞서 보았듯이 우리가 다루는 이 세계가 조금 이상한 곳이기 때문에 어쩔 수 없이 과정이 아닌 결과만을 나타내도록 한 거예요. 상상의 막대기에는 이상한 성질들이 있었어요. 그중에서도 '바로 옆 위치에 대해 뭐라고 말할 수가 없다.'라는 성질이 있었지요. 바로 옆 위치에 대해 말할 수 없기 때문에 변화가 정확하게 어떤 과정을 거쳐서 일어났는지 말할 수 없게 돼요. 말할 수 없다는 것은 알 수 없다는 것이기도 해요. 즉 몰라요. 비트겐슈타인이라는 유명한 철학자가 이런 명언을 남겼다고 해요. "말할 수 없는 것에 대해서는 침묵해야 한다." 그래서 우리도 역시 변화의 과정을 정확히 모르기 때문에 과정에 대해서는 침묵하는 거예요. 하지만 다행히도 정확한 과정은 모르지만 결과는 확실하게 알 수 있어요.

위치 2에서 위치 5로 변화했다. 이것이 결과이죠. 그래서 화살표를 과정이 아닌 결과를 나타내 주는 기호로 사용하게 된 거라고 일단 생각하고 넘어가 주세요. 여기에 대해서는 나중에 더 이야기하게 될 거예요.

어쩌면 '말할 수 없다.' 또는 '알 수 없다.'라고 해서 실망하시는 분도 있으실지 모르겠어요. 하지만 바로 이 알 수 없는 부분이 '상상력'이 들어갈 수 있는 부분이에요. 그리고 아무도 알 수 없기에 이 상상을 보고 누군가가 "그건 틀렸어, 그건 옳지 않아."라고 말할 수는 없어요. 즉 우리는 틀릴 걱정 없이 자유롭게 상상할 수 있어요. 물론 그렇다고 해서 아무렇게나 상상하는 것은 아니고, 반드시 논리적인 흐름은 지켜져야 해요. 비트겐슈타인의 말을 조금 바꿔서 표현하면 "말할 수 없는 것에 대해서는 상상해야 한다."라고 할 수 있겠어요.

# 04

# 화살표를
# 합하는 방법

그런데 앞서 보았듯이 '위치 2에서 위치 7로' 그리고 '위치 7에서 위치 5로'의 변화가 둘 다 발생하면 결국 '위치 2에서 위치 5로'의 변화가 만들어져요. 이처럼 두 변화가 같이 발생하는 것을 "두 변화가 합해진다."라고 표현하고 이것을 통해 화살표들이 합해지는 방식을 알 수 있어요.

두 화살표를 합하는 방식은 다음 그림처럼 첫 번째 화살표의 머리와 두 번째 화살표의 꼬리를 연결시켜요. 머리와 꼬리가 연결되면, 머리와 꼬리라는 개념이 사라지고 하나의 연결점으로 변해요. 이제 남아 있는 꼬리에서 머리를 향해 화살표를 그려 주면 최종적으로 합해진 화살표를 구할 수 있어요.

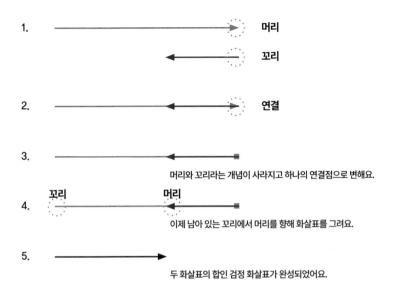

1. ────────────▷ **머리**

   ◁──── **꼬리**

2. ────────◁───▷ **연결**

3. ────────◁────■

   머리와 꼬리라는 개념이 사라지고 하나의 연결점으로 변해요.

4. ◁········◁────■

   **꼬리**　　　　**머리**

   이제 남아 있는 꼬리에서 머리를 향해 화살표를 그려요.

5. ────────▶

   두 화살표의 합인 검정 화살표가 완성되었어요.

**화살표를 합하는 방법**

① 첫 번째 화살표의 머리와 두 번째 화살표의 꼬리를 연결시킨다.

② 첫 번째 화살표의 머리는 연결점으로 변하고, 남아 있는 꼬리에서 머리를 향해 화
살표를 그린다.

만약 두 화살표의 순서를 바꾸면 어떻게 될까요? 그렇더라도 똑같은 위
치 변화가 일어나요.

이는 순서를 바꿔서 화살표를 합해도 똑같은 검정 화살표를 얻을 수 있

다는 말이에요. 즉 화살표를 합하는 순서는 상관없어요. 우리가 숫자를 합할 때

$$2 + 3 = 5$$
$$3 + 2 = 5$$

처럼 순서가 상관없는 것과 같아요.

> **화살표를 합하는 순서는 상관없다.**

# 두 대상의

## 변화

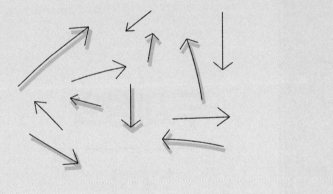

# 01
. . . . .
# 두 대상 다루기

이번에는 앞에 나왔던 점과는 다른 점이 막대기 위에 놓여 있다고 해 볼 게요. 이 점은 $y$라고 부를게요.

마찬가지로 점의 위치가 바뀌었어요.

이 변화를 화살표로 나타내면 다음과 같아요.

화살표는 점 $y$가 위치 3에서 7로 변화했다고 말해 주고 있어요.

이제 우리가 만들고 있는 세계에 점 $x$와 점 $y$라는 두 대상이 존재하게 되었어요. 두 대상이 생기게 되면 자연스럽게 우리는 이 두 대상을 따로따로 살펴보는 것이 아니라 서로 비교하게 돼요. 예를 들어 왼손에 사과가 있고 오른손에 오렌지가 있다면, 어떤 것의 크기가 더 큰지, 어떤 것이 더 달콤한지를 비교하게 될 거예요.

두 대상을 비교하기 위해서는 당연하게도 두 대상을 함께 살펴봐야 해요. 그래서 다음 그림처럼 두 점의 변화를 하나의 막대기 위에 한꺼번에 그려 보았어요. 점 $x$는 위치 2에서 4로 변한 경우예요.

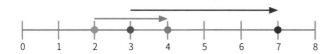

하지만 이렇게 한 막대기 위에 두 대상을 모두 나타내니까 조금 복잡해 보여요. 그래서 점 $x$와 점 $y$를 각각의 막대기 위에 놓고 함께 나타낼 수 있는 방법이 있다면 좋겠어요.

그래서 막대기 하나는 가로로 눕히고, 다른 하나는 세로로 세워서 다음 그림처럼 나타내 보았어요. 이때 두 막대기의 0 위치를 교차시켰어요.

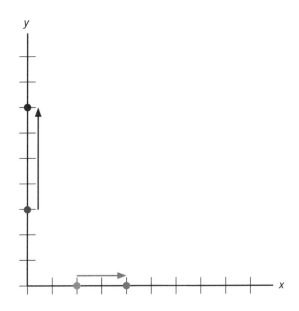

가로 막대기는 점 $x$만 활동하는 곳이므로, 이 가로선을 $x$축이라고 부를 게요. 마찬가지로 세로 막대기는 점 $y$만 활동하는 곳이므로 $y$축이라고 부르기로 해요.

이렇게 하나는 가로로 놓고 다른 하나는 세로로 놓으면, 가로 방향으로 계속해서 나아가도 세로 방향으로는 조금도 움직이지 않아요. 이를 "두 축의 방향이 서로 독립적이다."라고 말하고, 이러한 관계를 수직 또는 직각이라고 불러요.

두 변화를 한꺼번에 나타내긴 했지만, 아직 두 변화가 따로 나타나 있어서 비교하기가 조금 어려운 것 같아요. 그래서 수직으로 놓인 두 축 사이의 넓은 공간을 활용해 보려고 해요.

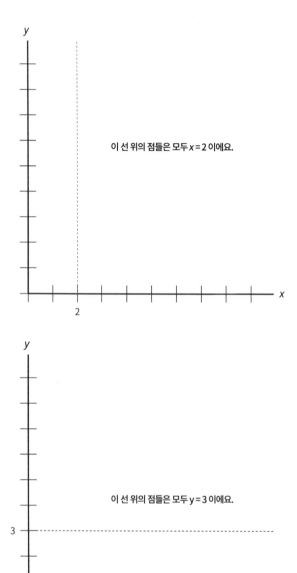

이 선 위의 점들은 모두 $x = 2$ 이에요.

2

이 선 위의 점들은 모두 $y = 3$ 이에요.

$x = 2$에서 $y$축과 평행인 선(나란한 선)을 그렸을 때, 이 선 위에 놓인 모든

점도 위치 $x = 2$를 갖는다고 생각하기로 해요. 마찬가지로 $y = 3$에서 $x$축과 평행인 선을 그렸을 때, 이 선 위에 놓인 모든 점도 $y = 3$이라고 할게요.

이렇게 하면 재밌게도 다음 그림처럼 두 선이 교차하는 곳에 새로운 점이 생겨요. 이 새로운 점의 위치는 괄호를 사용해서

$$(x\ 위치, y\ 위치) = (2, 3)$$

으로 나타낼 수 있어요. 이로써 두 대상의 위치를 한 점으로 표시할 수 있게 되었어요.

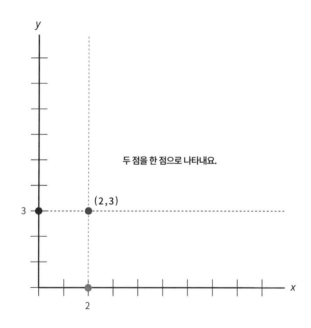

다음 그림처럼 각각의 점이 $\Delta x = 2$만큼, $\Delta y = 4$만큼 변화가 일어난다면, 각각의 변화 후의 위치에서 마찬가지로 평행한 선을 그려서 교차하는 점을

표시할 수 있어요. 지금의 예에서는 $(4, 7)$로 위치가 변했어요.

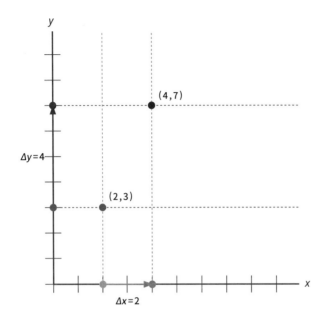

　변화 전의 위치도 한 점, 변화 후의 위치도 한 점으로 나타낼 수 있게 되
면 더욱 멋진 일이 일어나요. 변화를 나타내 주던 쇄표축 위의 각각의 화살
표 역시 다음 그림처럼 하나의 화살표로 나타낼 수 있어요. 변화 전의 위치
$(2, 3)$에서 변화 후의 위치 $(4, 7)$로 화살표를 그리면 다음과 같아요.

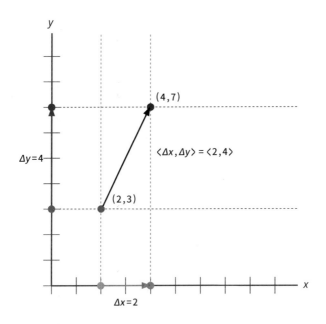

두 화살표의 변화를 모두 갖고 있는 검정 화살표는 각진 괄호를 이용해 $\langle \Delta x, \Delta y \rangle$로 나타낼 수 있어요. 위치를 나타내는 괄호는 둥근 기호 (　)를 사용하고, 화살표로 인한 변화는 각진 기호 〈　〉를 사용해요. 지금의 예에서는 $\Delta x = 2$, $\Delta y = 4$이므로 $\langle \Delta x, \Delta y \rangle = \langle 2, 4 \rangle$가 돼요.

그런데 앞에서 $x = 2$에서 $y$축과 평행인 선을 그렸을 때, 이 선 위에 놓인 모든 점도 위치 $x = 2$를 갖게 되었으므로 다음 그림과 같이 $x = 2$를 나타내는 선을 따라 놓인 화살표는 모두 $x = 2$에서 $\Delta x = 2$만큼 변화했다는 것을 나타내요. 이것은 화살표의 길이와 방향을 그대로 유지한 채 위치만 이동한 거예요. $y = 3$에서 $\Delta y = 4$만큼 변하는 것도 마찬가지예요.

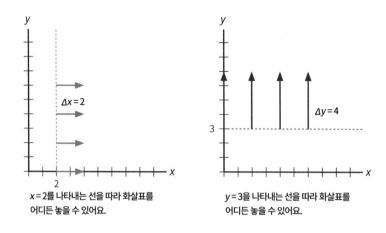

$x=2$를 나타내는 선을 따라 화살표를
어디든 놓을 수 있어요.

$y=3$을 나타내는 선을 따라 화살표를
어디든 놓을 수 있어요.

이러한 현상을 이용하면 $x$축과 $y$축에 있던 각각의 화살표들을 평행하
게 이동시켜서 다음 그림과 같이 새로운 점 $(2, 3)$에 꼬리를 위치시킬 수 있
어요.

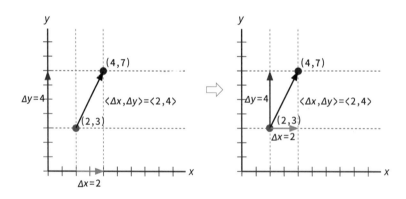

위 오른쪽 그림을 보면 마치 두 화살표가 합해져서 검정 화살표가 된 것
처럼 보여요. 이전에 보았던 화살표를 합하는 방법은 다음 그림처럼 머리
와 꼬리를 연결시키면 되었어요. 이는 마치 아이들이 기차 놀이를 하는 것
과 비슷해요. 친구의 어깨에 손을 올려 서로 연결하면서 기차를 만들듯이,

화살표들도 서로 연결되어 화살표 기차를 만드는 것이라고 볼 수 있어요. 이렇게 연결한 후 화살표 기차의 시작점에서 끝점을 향해 검정 화살표를 그리면, 이것이 최종적인 변화를 보여 주는 화살표가 돼요.

이렇게 화살표를 합하는 방식을 여기에도 적용해 볼게요. 다음의 왼쪽 그림과 같이 갈색 화살표를 평행하게 이동시켜서 화살표의 꼬리를 주황색 화살표의 머리에 연결시키면 두 화살표의 합으로 검정 화살표가 돼요. 또한 화살표를 합하는 순서는 상관없었으므로 다음의 오른쪽 그림처럼 주황색 화살표를 평행하게 이동시켜서 주황색 화살표의 꼬리를 갈색 화살표의 머리에 연결시켜도 같은 검정 화살표가 만들어져요.

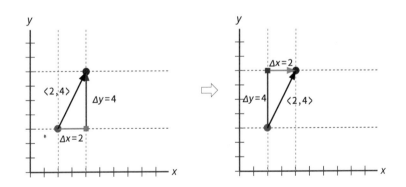

이는 결국 변화 전의 위치에서 각각의 화살표에 평행한 선을 그려서 평행사변형(마주보는 각각의 변이 나란한 사각형)을 만드는 것과 같아요. 변화 전의 위치로부터 대각선에 놓인 사각형의 꼭짓점이 변화 후의 위치가 돼요.

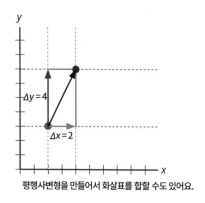

**평행사변형을 만들어서 화살표를 합할 수도 있어요.**

두 화살표의 합으로 검정 화살표가 되었다면 거꾸로 검정 화살표를 분해하면 다시 두 화살표가 된다라고도 생각할 수 있어요.

검정 화살표 $\langle \Delta x, \Delta y \rangle$는 다음과 같은 식으로 구할 수 있어요.

**검정 화살표 = 변화 후의 위치 − 변화 전의 위치**

다만 이러한 식은 화살표를 '변화를 나타내는 수동적인 개체'로 보는 관점이에요. 화살표를 '변화를 일으키는 능동적인 개체'로 보려면 이 식을 다음과 같이 바꾸면 돼요.

변화 전의 위치 + 검정 화살표 = 변화 후의 위치

이 식은 변화 전의 위치에 검정 화살표가 작용해서 변화가 일어나 변화 후의 위치가 되었음을 말해 줘요. 변화 전의 위치를 $(a, b)$, 변화 후의 위치를 $(c, d)$라고 한다면 위 식은 다음과 같이 나타낼 수 있어요.

$$(a, b) + \langle \Delta x, \Delta y \rangle = (a + \Delta x, b + \Delta y) = (c, d)$$

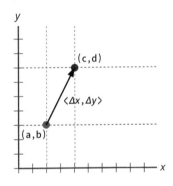

위 그림을 예로 들면 $(2, 3) + \langle 2, 4 \rangle = (2 + 2, 3 + 4) = (4, 7)$이에요. 괄호를 더할 때는 앞에 요소끼리 서로 더하고, 뒤에 요소끼리 서로 더하면 돼요. 더한 후 결과는 위치가 되므로 각진 괄호가 아니라 둥근 괄호가 돼요.

이제 우리는 다음과 같이 두 대상에게 일어나는 다양한 변화를 새롭게 만든 공간에서 화살표를 이용해 나타낼 수 있게 되었어요. 앞으로는 $x$축과 $y$축으로 이루어진 이 공간을 $xy$ 좌표라고 부를게요.

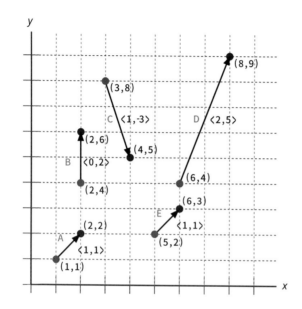

화살표 A와 화살표 E는 똑같은 화살표예요. 이전에 알아보았듯이 화살표 자체에는 위치적 요소가 없어요. 그러므로 똑같은 화살표를 원하는 위치에 작용시킬 수 있어요.

예를 들어 $x$를 사과, $y$를 오렌지라고 하고, D의 경우를 살펴볼게요. 처음에는 과일 창고에 사과가 6개, 오렌지가 4개 있었어요. $(6, 4)$라고 해 봐요. 그런데 사과가 2개 더 들어오고, 오렌지가 5개 더 들어와서 변화가 생겼어요. $\langle 2, 5 \rangle$라고 해요. 변화 후에 사과는 8개, 오렌지는 9개가 되지요. $(6, 4)$ $+ \langle 2, 5 \rangle = (6 + 2, 4 + 5) = (8, 9)$로 나타낼 수 있어요.

# 여러 번 변화가
# 일어날 때

변화가 연달아서 일어난다면 다음 그림과 같이 될 거예요.

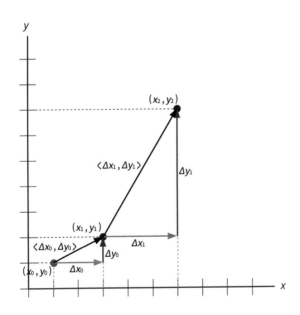

먼저 위치 $(x_0, y_0)$에서 시작해서 화살표 $\langle \Delta x_0, \Delta y_0 \rangle$로 변화가 일어나 $(x_1, y_1)$에 도달해요.

$(x_0, y_0) + \langle \Delta x_0, \Delta y_0 \rangle$

$= (x_0 + \Delta x_0, y_0 + \Delta y_0)$

$= (x_1, y_1)$

여기서 다시 화살표 $\langle \Delta x_1, \Delta y_1 \rangle$로 변화가 일어나 $(x_2, y_2)$에 도달해요.

$(x_1, y_1) + \langle \Delta x_1, \Delta y_1 \rangle$

$= (x_1 + \Delta x_1, y_1 + \Delta y_1)$

$= (x_2, y_2)$

결국 $(x_0, y_0)$에 화살표 $\langle \Delta x_0, \Delta y_0 \rangle$와 화살표 $\langle \Delta x_1, \Delta y_1 \rangle$를 디하면 $(x_2, y_2)$가 돼요.

$(x_0, y_0) + \langle \Delta x_0, \Delta y_0 \rangle + \langle \Delta x_1, \Delta y_1 \rangle$

$= (x_0 + \Delta x_0 + \Delta x_1, y_0 + \Delta y_0 + \Delta y_1)$

$= (x_2, y_2)$

그런데 이것을 두 화살표를 합해서 만든 하나의 화살표가 작용해서 변화가 일어난 것으로 생각할 수도 있어요. 위 식에서 두 화살표를 합하는 식은 다음과 같다는 것을 알 수 있어요.

$\langle \Delta x_{Total}, \Delta y_{Total} \rangle$

$= \langle \Delta x_0, \Delta y_0 \rangle + \langle \Delta x_1, \Delta y_1 \rangle$

$= \langle \Delta x_0 + \Delta x_1, \Delta y_0 + \Delta y_1 \rangle$

화살표를 합할 때는 $\Delta x$는 $\Delta x$끼리 더하고, $\Delta y$는 $\Delta y$끼리 더해요. 다음 그림으로 알아볼게요.

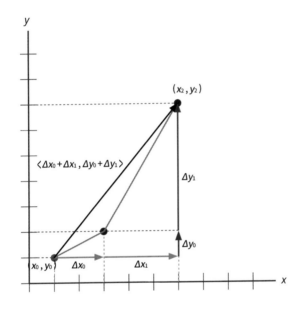

이렇게 합한 화살표를 위치 $(x_0, y_0)$에 작용시키면 다음과 같이 돼요.

$(x_0, y_0) + \langle \Delta x_{Total}, \Delta y_{Total} \rangle$

$= (x_0 + \Delta x_{Total}, y_0 + \Delta y_{Total})$

$= (x_0 + \Delta x_0 + \Delta x_1, y_0 + \Delta y_0 + \Delta y_1) = (x_2, y_2)$

다음 그림처럼 구체적인 숫자를 넣어서 살펴보면, 두 화살표의 합은

$$\langle 2,1 \rangle + \langle 3,5 \rangle = \langle 2+3, 1+5 \rangle = \langle 5,6 \rangle$$

이고, 이렇게 합한 화살표를 위치 $(1,1)$에 작용하면 변화 후의 위치는

$$(1,1) + \langle 5,6 \rangle = (1+5, 1+6) = (6,7)$$

이 돼요.

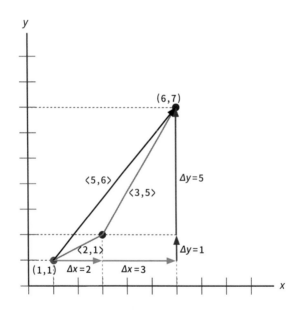

다음 그림에는 점 $(1,1)$에서 시작해 여러 번 변화가 일어나는 경우를 나타냈어요. 화살표 $\langle 1,1 \rangle, \langle 2,3 \rangle, \langle 2,-1 \rangle, \langle 2,5 \rangle, \langle -5,-1 \rangle$로 연달아 변화가

일어나서 최종적으로 점 $(3, 8)$에 도달했어요.

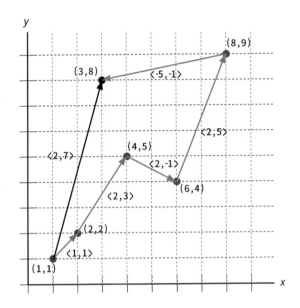

여러 개의 화살표를 합할 때도 마찬가지로 각 화살표의 $\Delta x$는 $\Delta x$끼리 더하고, $\Delta y$는 $\Delta y$끼리 더해요.

$$\Delta x_{Total} = \Delta x_0 + \Delta x_1 + \Delta x_2 + \Delta x_3 + \cdots$$

$$\Delta y_{Total} = \Delta y_0 + \Delta y_1 + \Delta y_2 + \Delta y_3 + \cdots$$

$\langle \Delta x_{Total}, \Delta y_{Total} \rangle$

$= \langle 1, 1 \rangle + \langle 2, 3 \rangle + \langle 2, -1 \rangle + \langle 2, 5 \rangle + \langle -5, -1 \rangle$

$= \langle 1 + 2 + 2 + 2 - 5, 1 + 3 - 1 + 5 - 1 \rangle$

$= \langle 2, 7 \rangle$

이렇게 합한 화살표를 위치 $(1, 1)$에 작용하면 $(1, 1) + \langle 2, 7 \rangle = (1 + 2, 1 + 7) = (3, 8)$이 돼요.

여러 개의 화살표를 합할 때도 합하는 순서는 상관없어요. 이처럼 화살표들을 연결해 화살표 기차를 만들면, 결과적으로 화살표 기차의 시작점에서 끝점을 향하는 화살표를 만들 수 있어요. 그리고 이 화살표가 최종적인 변화를 나타내는 화살표가 돼요.

# 변화율

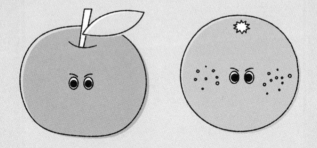

# 01
·····
# 두 대상 비교하기:
# 변화율

앞에서 우리는 두 대상에 일어나는 변화를 비교하고 싶었어요. 그래서 두 대상을 한꺼번에 나타내려고 막대기 두 개로 새로운 공간을 만들었고, 이 공간에서 화살표를 이용해 두 대상의 변화를 한꺼번에 표현할 수 있게 되었어요.

그런데 다음 그림을 보고 단순히 "위치가 $(2, 2)$에서 $(4, 8)$로 $\langle 2, 6 \rangle$만큼 변했다."라고 말하면 최종적으로 그러한 변화가 두 대상에게 일어났다는 사실만 알 수 있을 뿐, 아쉽게도 진정으로 두 대상의 변화를 비교한 건 아니에요. 두 대상을 비교하기 위해서는 "각각의 대상이 이만큼 변했다."가 아니라 "한 대상이 이만큼 변할 때 다른 대상은 그와 비교하면 이만큼 변했다."라고 말할 수 있어야 해요.

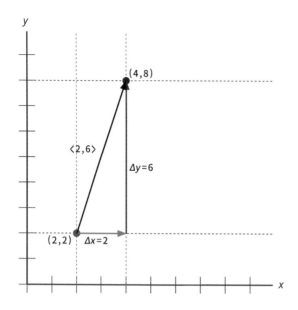

예를 들어 "이번에 우리집 과일 창고에 사과는 2개가 늘었고, 오렌지는 6개가 늘었어."라고 말하면 단순히 사과와 오렌지의 변화를 함께 나열한 것 뿐이에요. 두 과일의 변화를 비교하기 위해서는 "오렌지가 사과보다 3배 더 많이 늘었네."라고 말하면 돼요.

이것을 그림으로 살펴볼게요. 사과가 2개 늘어날 때 오렌지는 6개 늘어났어요.

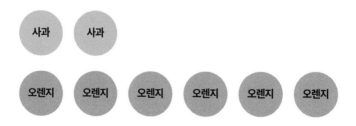

이제 사과 전체를 하나로 묶어 볼게요. 사과 2개를 1묶음으로 생각했을 때, 오렌지에는 이와 같은 묶음이 몇 개 만들어지나요? 다음 그림을 보면 오렌지는 3묶음이 된다는 것을 알 수 있어요.

이를 우리는 "오렌지가 사과보다 3배 더 많다."라고 표현해요. 그런데 여기서 중요한 점은 "3배"라는 표현은 늘어난 사과 전체를 1묶음으로 생각한 후, 이를 기준으로 늘어난 오렌지를 비교하고 있다는 것이에요.

이처럼 두 대상의 변화를 진정으로 비교하기 위해서는, 한 대상의 변화를 기준으로 다른 대상의 변화를 비교해야 해요. 이것을 비율이라고 해요. 지금은 변화의 비율이므로 변화율이라고 표현해요. 그리고 나눗셈을 통해 이러한 비율을 구할 수 있어요.

사과를 기준으로 오렌지의 변화를 나타내고 싶을 때는 오렌지의 개수를 사과의 개수로 나눠요. 위 예에서는 사과가 2개 늘어날 때 오렌지가 6개 늘어났으므로

$$오렌지 \div 사과 = 6 \div 2 = 3$$

가 되죠.

사과의 변화를 $\Delta x$, 오렌지의 변화를 $\Delta y$라고 한다면 앞의 식을 다음과 같이 표현할 수 있고, 이것이 바로 변화율을 나타내는 식이에요.

변화율은 기호 $D$로 나타낼게요.

$$D = \Delta y \div \Delta x = \frac{\Delta y}{\Delta x}$$

나눗셈은 위와 같이 분수로 나타낼 수 있어요. 이때 기준으로 잡은 대상이 분수 아랫부분인 분모에 위치하고, 이 기준에 대해 비교할 대상을 분수 윗부분인 분자에 놓아요. 나눗셈을 분수로 표현했을 때 우리는 약분이라는 것을 하지요.

$$6 \div 2 = \frac{6}{2} = \frac{3}{1} = 3$$

이때 약분을 통해 분모를 1로 만드는 것은 기준이 될 대상 전체를 1묶음으로 생각하는 것과 같아요.

이제 앞에 나왔던 화살표에 진정으로 두 대상의 변화를 비교해 주는 변화율 $D$를 추가로 표시할 수 있어요.

$$D = \frac{\Delta y}{\Delta x} = \frac{6}{2} = 3$$

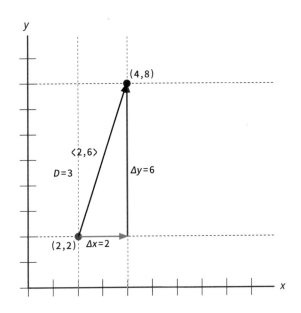

변화율 $D$ = 3이라는 것을 알게 되면 위 변화는 $x$보다 $y$가 3배 더 많이 변했다는 뜻이고, 이제 두 대상의 변화를 비교할 수 있어요.

# 화살표의 방향과
# 변화율

그런데 변화율은 화살표의 어떤 요소와 관계 있을까요? 즉 변화율이 바뀌면 화살표의 어떤 부분이 달라질까요?

다음 그림에는 $\Delta x$가 동일한 경우에 여러 변화율을 갖는 화살표들이 있어요. 변화율이 클수록 동일한 $\Delta x$에 대해서 더 큰 $\Delta y$를 가지므로 화살표가 더 위를 가리켜요. 이를 산의 경사로 생각한다면 변화율이 클수록 경사가 더 급해지고 가팔라져요.

만약에 $\dfrac{\Delta y}{\Delta x} = 0$이면 $x$가 변해도 $y$가 변하지 않는다는 의미이므로 화살표는 수평을 가리켜요. 즉 화살표가 기울어진 정도 또는 화살표가 가리키는 방향이 변화율과 연관된 화살표의 요소라는 것을 알 수 있어요.

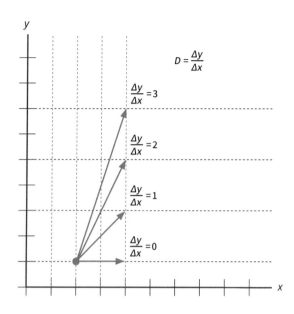

변화율 $\dfrac{\Delta y}{\Delta x}$ 는 두 대상에게 일어나는 변화를 진정으로 비교할 수 있게 해 주는 도구이고, 이 책에서 가장 중요한 개념 중 하나예요. 그래서 우리가 이 책에서 다루는 모든 변화에서 이 변화율을 구할 수 있기를 바라요. 즉 모든 화살표를 통해 변화율을 구할 수 있으면 좋겠어요.

바로 뒤쪽에는 앞 장에서 보았던 화살표들이 있어요.

이 화살표들은 새로 만들어진 공간에서 자유롭게 놀고 있어요. 여기서 자유롭다는 의미는 화살표가 어떠한 위치에라도 놓일 수 있고, 어떠한 길이도 될 수 있으며, 어떠한 방향도 될 수 있다는 것을 뜻해요. 하지만 이것은 두 대상인 $x$와 $y$를 동등한 입장으로 생각했기 때문이에요. 우리는 앞으로 두 대상을 진정으로 비교하기 위해 $x$의 변화를 기준으로 $y$의 변화를 살펴볼 거예요.

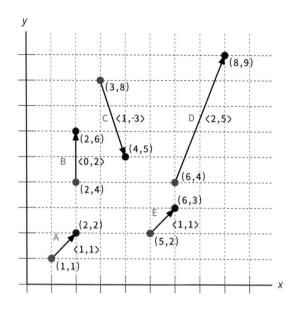

그렇기 때문에 반드시 $x$에 변화가 있어야 해요. $x$에 변화가 있어야만 이에 따른 $y$의 변화를 비교할 수 있으니까요. 이것은 $\Delta x$가 0이면 안 된다는 뜻이고, 변화율 $\dfrac{\Delta y}{\Delta x}$ 에서 분모가 0이 아니라는 말과 같아요. 그래서 아쉽게도 화살표는 자유 하나를 잃어요. 바로 방향에 대한 자유예요.

화살표는 더이상 수직으로 위 또는 아래 방향을 가리킬 수 없어요. 즉 그렇게 변하는 건 다루지 않아요. 왜냐하면 이러한 변화는 $\Delta x = 0$이므로 변화율을 구할 수 없기 때문이에요. 하지만 방향에 대한 자유가 없다고 꼭 나쁜 것만은 아니에요. 사실 의도적으로 고려하지 않기로 한 것뿐이니까요.

$\Delta x = 0$이면 안 되지만 $\Delta y = 0$인 것은 가능해요. 우리에게 $\Delta x$는 변화의 기준이므로 반드시 $\Delta x$가 있어야 하지만 $\Delta y$는 기준이 아니니까요.

$\Delta y = 0$은 $x$가 변하더라도 $y$에 변화가 없다는 의미예요. 그러므로 화살표는 수평 방향을 가리킬 수 있어요.

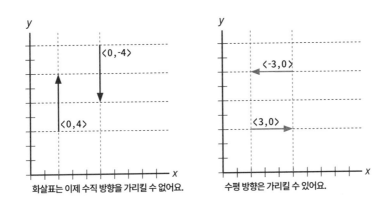

또한 만약 다음 그림처럼 화살표 없이 점 2개만 있다면 우리는 어떤 점이 변화 전이고, 어떤 점이 변화 후인지를 알 수 없을 거예요.

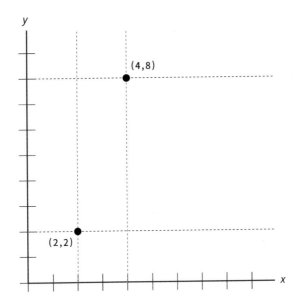

단지 보이는 것은 점 $(2, 2)$와 점 $(4, 8)$뿐이에요. 그러므로 우리는 $(2, 2)$에서 $(4, 8)$로 변했든지, 아니면 $(4, 8)$에서 $(2, 2)$로 변했든지 두 경우 모두 같은 변화율로 나타났으면 하는 바람이 있어요. 다행히도 변화율은 위 두 경우 모두 같은 값을 가져요.

$(2, 2) \rightarrow (4, 8)$일 때 $\quad \dfrac{\Delta y}{\Delta x} = \dfrac{8 - 2}{4 - 2} = \dfrac{6}{2} = 3$

$(4, 8) \rightarrow (2, 2)$일 때 $\quad \dfrac{\Delta y}{\Delta x} = \dfrac{2 - 8}{2 - 4} = \dfrac{-6}{-2} = 3$

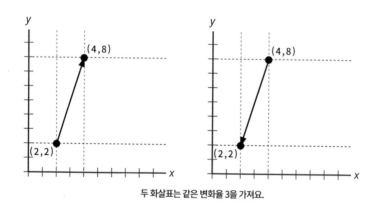

두 화살표는 같은 변화율 3을 가져요.

즉 거울에 비춘 것처럼 반대 방향의 두 화살표는 같은 변화율을 가져요.

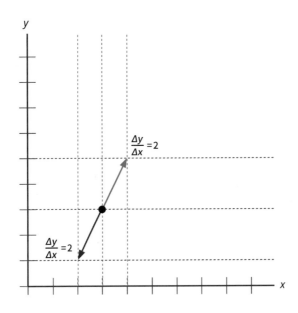

이번 장을 정리해 볼게요. 두 대상을 진정으로 비교하기 위해 $x$와 $y$를 동등한 입장으로 생각하는 것이 아니라 $x$의 변화를 기준으로 $y$의 변화를 살펴봐야 했어요. 이렇게 변화를 비교해 주는 도구가 변화율 $D = \dfrac{\Delta y}{\Delta x}$이고, 모든 변화에서 또는 모든 화살표에서 이 변화율을 구하기 위해서는 화살표의 방향에 조금 특이한 상황이 생겼어요. 화살표는 위아래 방향을 가리킬 수 없게 되었죠. 그리고 서로 반대 방향의 화살표는 같은 변화율을 가진다는 것을 알게 되었어요.

# 방향 화살표와

# 함수

# 01
.....
# 변화율을 나타내는
# 방향 화살표

동일한 변화율 $D = \dfrac{\varDelta y}{\varDelta x} = 2$를 가진 화살표 $\langle 1,2 \rangle$, $\langle 2,4 \rangle$, $\langle 3,6 \rangle$이 있어요.

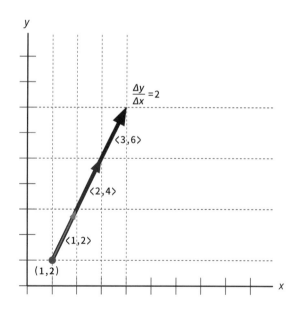

앞 장에서 화살표의 방향이 변화율과 연관되어 있다는 것을 알아보았어요. 그림에서 볼 수 있듯이 화살표들의 변화율이 같으면 모두 동일한 방향을 가리키고 있어요.

앞에서는 그냥 자연스럽게 넘어갔지만 방향이라는 것이 무엇인지 잠시 짚어 보려고 해요. 먼저 방향에 대해 말하기 위해서는 반드시 어떤 기준점이 필요해요. 그리고 이 기준점을 중심에 놓고 다른 위치들을 보았을 때 어떤 공통적인 특성을 갖는다면 그 위치들은 이 기준점의 입장에서 같은 방향에 있다고 말할 수 있어요. 그럼 먼저 상상의 막대기 하나만 있을 때의 방향을 살펴보도록 할게요.

위 그림에서 점 4의 입장에서 보면 색으로 칠한 위치들은 모두 자신보다 큰 숫자라는 공통된 특성이 있어요. 이러한 공통된 특성에게 + 방향이라는 이름을 붙일 수 있어요.

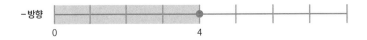

마찬가지로 위 그림에서 점 4의 입장에서 보면 색으로 칠한 위치들은 모두 자신보다 작은 숫자라는 공통된 특성이 있으므로, 이들은 4의 입장에서 보면 모두 같은 방향을 갖고 있고, 여기에 − 방향이라는 이름을 붙일 수 있어요.

즉 방향을 정의하는 요소는 기준점과 공통된 특성이에요. 이제 앞에 나온 그림인, 두 개의 막대기로 만든 $xy$ 좌표를 살펴보면 동일한 변화율을 갖는 화살표들은 동일한 방향을 가리키고 있다는 것을 알 수 있어요. 그러므로 $xy$ 좌표에서는 변화율이 방향을 정의하는 공통적인 특성인 셈이에요.

앞서 화살표가 방향과 길이 두 가지 요소로 이루어져 있다는 것을 보았고, 이 두 요소는 따로 다룰 수 있는, 서로 독립적인 요소라는 것도 함께 살펴보았어요. 그러므로 화살표에서 길이 요소를 제거하고 오직 방향만 의미를 갖는 새로운 화살표를 떠올려 볼 수 있어요. 화살표의 방향이 곧 변화율이었으므로 이렇게 만든 새로운 화살표는 변화율만을 나타내 주는 특별한 화살표가 돼요. 이 새로운 화살표를 방향 화살표라고 부를게요.

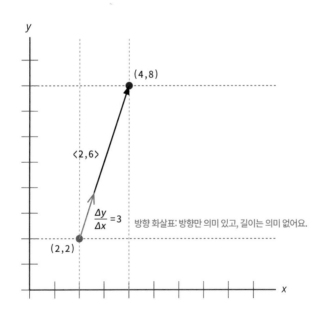

그림에는 일반적인 화살표 〈2, 6〉과 같은 방향을 가지면서 길이는 의미가 없는 방향 화살표가 그려져 있어요. 길이는 의미 없기 때문에 임의의 길이로 나타냈어요. 이 방향 화살표의 방향은 곧 변화율을 의미하고, 변화율을 구하는 식을 통해 $D = \dfrac{\Delta y}{\Delta x} = \dfrac{6}{2} = 3$이라는 것을 알 수 있어요.

방향 화살표를 일반 화살표와 구분하기 위해 머리 모양을 다르게 표현했어요.

그렇다면 이번에는 거꾸로 방향 화살표가 주어졌을 때, 이 화살표의 방향대로, 또는 이 화살표의 변화율대로 변화가 일어나는 경우를 생각해 볼 수 있어요. 이때는 변화율의 식 $D = \dfrac{\Delta y}{\Delta x}$의 등호 양쪽에 $\Delta x$를 곱해서 만들어진, 다음과 같이 변형된 식을 사용해요.

$$\Delta y = D \times \Delta x$$

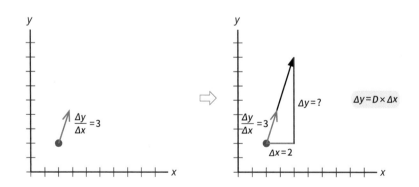

여기서 우리의 관심은 이 방향 화살표의 변화율대로 $\Delta x$만큼 변했을 때의 $\Delta y$의 값을 구하는 거예요. 우리는 항상 $x$에 먼저 초점을 맞추고 변화를 살펴보기 때문에 '$x$가 이만큼 변하면, $y$는 얼마만큼 변하게 될까?'가 궁금해요. 앞의 그림에서와 같이 만약 변화율 $D = 3$으로 $\Delta x = 2$만큼 변했다면, $\Delta y$는 식을 통해 구할 수 있어요.

$$\Delta y = D \times \Delta x = 3 \times 2 = 6$$

방향 화살표는 위 식으로 인해, 일반 화살표 $\langle \Delta x, \Delta y \rangle = \langle 2, 6 \rangle$로 바뀌면서 변화가 일어나요.

방향 화살표와 일반 화살표의 관계를 정리하면 다음과 같아요.

일반 화살표 $\langle \Delta x, \Delta y \rangle$가 주어졌을 때,

이 화살표의 변화율 $D$와 방향 화살표를 구하는 식:

$$D = \frac{\Delta y}{\Delta x}$$

변화율 $D$인 방향 화살표가 주어졌을 때,

이를 일반 화살표로 바꾸면서 변화가 일어나게 하는 식:

$$\Delta y = D \times \Delta x$$

그리고 이때의 일반 화살표:

$$\langle \Delta x, \Delta y \rangle = \langle \Delta x, D \times \Delta x \rangle$$

방향 화살표와 일반 화살표를 사용할 때 가장 주의해야 하는 점은 방향 화살표가 가리키는 방향을 따라서 변화가 계속해서 일어나는 것이 아니라, '방향 화살표가 가리키는 방향에 변화의 결과가 있다.'라고 생각해야 한다는 점이에요. 앞에서 말했듯이 화살표는 변화의 과정이 아니라 결과만을 보여 주기 때문이에요. 나중에는 오직 결과만을 나타내는 화살표가 어떻게 변화의 과정까지도 나타낼 수 있는지 보게 될 거예요. 하지만 그 전까지는 항상 화살표는 변화의 결과만을 나타낸다는 것을 염두에 두고 있어야 해요.

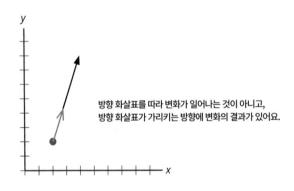

방향 화살표를 따라 변화가 일어나는 것이 아니고,
방향 화살표가 가리키는 방향에 변화의 결과가 있어요.

## 02
.....
# 함수

그럼 더 진행하기 전에 $x$와 $y$의 위치에 대한 관점을 바꾸고 넘어갈게요.

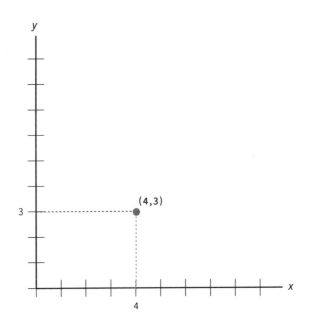

이 그림을 보고 누군가는 "점 $(x, y)$는 $(4, 3)$에 위치하고 있다."라고 말할 수 있어요.

그런데 먼저 $x$에 관심을 가지는 경우라면 "$x$가 4일 때 $y$ 값을 보니까, $y$는 3이다."라고 말할 수도 있겠죠.

또는 먼저 $y$에 관심을 가지고 이렇게 말할 수도 있어요. "$y$가 3일 때 $x$ 값을 보니까, $x$는 4이다."

이처럼 어떤 대상에 먼저 관심을 갖고, 그에 따른 다른 대상의 위치 값이 궁금할 수 있어요.


그런데 우리는 앞으로 변화를 살펴볼 때 편의상 항상 $x$를 기준으로 생각하도록 할 거예요. 먼저 $x$에 관심을 가지면 "$x$가 4일 때 그에 따른 $y$ 값은 3이다."라고 말할 수 있어요.

즉 $y$ 값을 $x$ 값에 따라 결정되는 것으로 생각할 수 있어요. 이것을 기호 $y(x)$로 표기하고, $y$는 $x$에 대한 함수라고 불러요. $x$ 값에 따라 결정되는 기능(function) 또는 역할을 한다는 의미를 강조하기 위해, $y(x)$를 $f(x)$로 표기하기도 해요.

함수 $y(x)$ 또는 $f(x)$는 괄호 안에 특정한 $x$ 값을 넣으면 그에 따른 $y$ 값이 나오게 된다는 의미예요. 이번 예의 경우 $y(x)$의 $x$ 값으로 4를 넣으면 그에 따라 $y$ 값은 3이라는 결과가 나왔으므로 $y(4) = 3$이 돼요.


그런데 함수를 다룰 때는 주의할 점이 있어요. 하나의 $x$ 값을 넣으면, 마찬가지로 하나의 $y$ 값이 나와야 해요. 예를 들어 "과일 창고에 사과가 4개일 때($x = 4$) 오렌지의 개수를 확인해 보니 오렌지가 3개($y = 3$)가 있고, 이와 동시에 5개($y = 5$)가 있다."라고는 말할 수 없어요. "사과가 4개일 때, 과일 창고에는 오렌지가 (하나의 값인) 3개 있다."라고 말해야 해요.

함수는 방향 화살표와 함께 이 책에서 굉장히 중요하게 사용될 거예요.

# 03
·····
# 방향 화살표를
# 새로운 좌표에 기록하기


이제 다시 방향 화살표에 대한 이야기로 돌아올게요. 다음 오른쪽 그림에는 변화율 $D = 3$을 나타내는 방향 화살표가 위치 $(1, 2)$에 있어요. 그런데 우리에게는 두 대상을 비교해 주는 변화율이 굉장히 중요한 존재이기 때문에 이 변화율만을 따로 기록해 놓으면 좋을 것 같아요. 이때 우리는 앞으로 위치든 변화든 항상 $x$를 기준으로 살펴보기로 했으므로, 변화율 또한 $x$의 위치를 기준으로 기록하려고 해요. 즉 '$x$ 값이 얼마일 때 변화율 $D$ 값은 얼마이다.'와 같이 나타내고 싶어요. 그래서 기존의 $xy$ 좌표 대신에 새로운 $xD$ 좌표를 사용해 다음 왼쪽 그림과 같이 변화율을 기록하기로 했어요. $xD$ 좌표는 기존의 세로 막대기에 해당하는 $y$축 대신에 변화율 $D$축을 사용해 만든 좌표예요. 이렇게 하면 $y$를 $y(x)$로 나타냈던 것처럼 변화율 $D$ 역시 $x$ 값에 따라 결정되는 함수 $D(x)$로 나타낼 수 있어요.

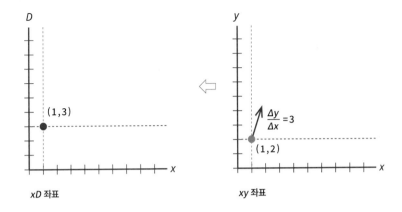

xD 좌표

xy 좌표

위 그림을 보면 $xy$ 좌표에서 $x = 1$인 곳에 있는 변화율 3을 나타내는 방향 화살표가 $xD$ 좌표에서는 위치 (1, 3)의 점으로 기록된다는 것을 알 수 있어요. 즉 화살표가 점으로 모습을 바꿔 새로운 좌표에 기록된 거예요.

그런데 안타깝게도 이렇게 $x$ 위치를 기준으로 변화율을 기록하면 기존에 갖고 있던 $y$ 위치에 대한 정보가 손실돼요. 즉 $xD$ 좌표에 있는 (1, 3)은 변화율 3인 화살표가 $x = 1$인 곳에 있다라는 것을 말해 주지만 $y$ 위치에 대한 정보는 없어요. 그래서 이번에는 거꾸로 $xD$ 좌표에 기록되어 있는 이 점을 $xy$ 좌표에 방향 화살표로 나타내려고 한다면, 다음 그림처럼 $x = 1$인 것은 알지만 어떠한 $y$ 위치에 놓아야 할지는 알지 못하는 상태가 돼요.

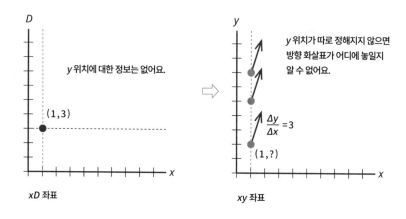

xD 좌표        xy 좌표

이때 $y$ 위치를 정하기 위해서는 추가적으로 외부에서 $y$ 위치에 대한 정보가 주어져야 해요. 만약 $x = 1$일 때 $y = 2$라는 정보가 주어진다면 변화율 3을 나타내는 방향 화살표는 이전에 나온 그림처럼 $xy$ 좌표에서 (1, 2)에 놓이게 될 거예요. 사실 이렇게 $xD$ 좌표에 $y$ 위치에 대한 정보가 없다는 것은 그 정보가 꼭 필요한 것은 아니라는 말이기도 해요.

$x$가 사과, $y$가 오렌지라면 우리가 관심있는 것은 사과가 몇 개 늘어날 때 변화율에 따라 오렌지가 몇 개 늘어났느냐에 관심이 있지 오렌지가 원래 몇 개 있었는지는 큰 관심사가 아닌 거예요.

이로써 우리는 두 대상에게 일어나는 변화에 대해 말할 때 가장 중요한 변화율이라는 개념을 방향 화살표로 시각화시켜 나타낼 수 있게 되었고, 변화율만이 기록되어 있는 새로운 공간을 얻게 되었어요. 이제 한발 더 나아가서 변화율만이 따로 기록된 $xD$ 좌표를 토대로 변화에 대해 말하는 방법에 대해 좀 더 구체적으로 알아볼게요.

# 화살표 기차

# 만들기

# 01

## 변화율 활용하기

이번 장에서는 변화율을 토대로 일어나는 변화에 대해 살펴볼 거예요. 영화 〈매트릭스〉에서는 주인공 네오가 컴퓨터 프로그램으로 만들어진 가상 세계 속을 살아가요. 그런데 이 세계는 숫자로 이루어져 있어서 이 숫자들이 물건을 표현하고, 건물을 나타내어요. 그래서 네오는 숫자를 통해서 세계를 보는 방식에 익숙해져야만 했어요. 지금부터 우리가 하려는 작업도 이와 비슷하다고 볼 수 있어요. $xD$ 좌표에 있는 점이 사실은 $xy$ 좌표에서 방향 화살표로 나타나므로 우리는 점을 화살표로 시각화시키는 것에 익숙해질 필요가 있어요.

$xD$ 좌표에서 위치 $(0, 0)$에 점이 놓인 경우, 이것은 $x = 0$일 때 변화율이 $D(x) = D(0) = 0$이라는 것을 말해요. 변화율 $D = \dfrac{\Delta y}{\Delta x} = 0$이라는 것은 $x$가 변하더라도 $\Delta y = 0$이라는 의미이므로 방향 화살표는 수평을 가리켜요.

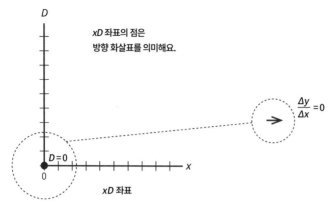

이제 이 방향 화살표를 $xy$ 좌표에 나타낼 때 $x = 0$인 것은 알지만 $y$ 위치는 어떤 값인지 몰라요. 여기서는 편의를 위해 $y = 0$인 곳에 방향 화살표를 위치시키도록 할게요. 방향 화살표의 길이는 의미가 없으므로 임의의 길이로 그린 후, 꼬리를 $(0, 0)$에 놓았어요.

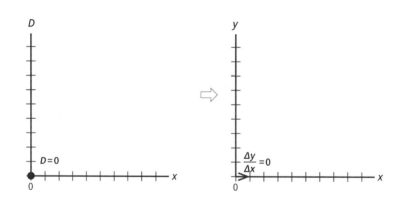

이제 이 변화율로 $\Delta x = 1$만큼 변화가 일어나면 $\Delta y = D \times \Delta x$로 $\Delta y$를 구할 수 있어요. $D = \dfrac{\Delta y}{\Delta x} = 0$인 방향 화살표가 가리키는 방향으로 $\Delta x = 1$만큼 변하면 $\Delta y = D \times \Delta x = 0 \times 1 = 0$이 되어 일반 화살표 $\langle \Delta x, \Delta y \rangle = \langle 1, 0 \rangle$으로 변화가 일어나요.

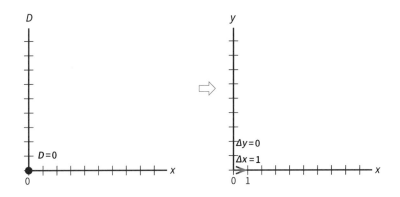

이 경우, 변화율이 0이므로 여전히 $y$는 변하지 않았어요.($\Delta y = 0$) $x = 0$에서 $\Delta x = 1$만큼 변하면 $x = 1$이 되고, 이번에는 $xD$ 좌표에서 $x = 1$인 곳에 변화율 $D(1) = 2$인 점이 있다고 해 볼게요. 그러면 이 점은 $xy$ 좌표에서 $D = \dfrac{\Delta y}{\Delta x} = 2$를 나타내는 방향 화살표 ②로 나타나요. 방향 화살표 ②의 꼬리는 앞선 일반 화살표의 머리에 위치해요.

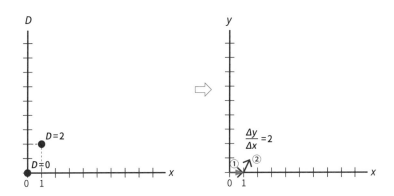

마찬가지로 변화율 $D = \dfrac{\Delta y}{\Delta x} = 2$인 방향 화살표 ②가 가리키는 방향으로 $\Delta x = 1$만큼 변하면, $\Delta y = D \times \Delta x = 2 \times 1 = 2$가 되어 일반 화살표 $\langle \Delta x, \Delta y \rangle = \langle 1, 2 \rangle$로 변화가 일어나요.

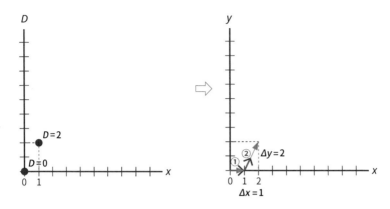

계속해서 $x = 2$인 곳에 변화율 $D(2) = 4$인 점이 놓여 있다면, 이 점은 $xy$ 좌표에서 $D = \dfrac{\Delta y}{\Delta x} = 4$를 나타내는 방향 화살표 ③으로 나타나요. 그리고 방향 화살표 ③이 가리키는 방향으로 $\Delta x = 1$만큼 변하면 $\Delta y = D \times \Delta x = 4 \times 1 = 4$가 되어 일반 화살표 $\langle \Delta x, \Delta y \rangle = \langle 1, 4 \rangle$로 변화가 일어나요.

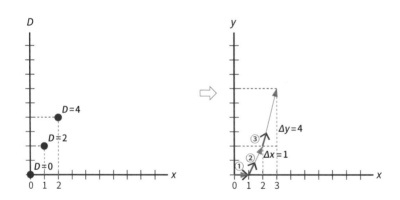

마지막으로 $x = 3$에 변화율 $D(3) = 6$인 점이 놓여 있다면 이 점은 $xy$ 좌표에서 $D = \dfrac{\Delta y}{\Delta x} = 6$을 나타내는 방향 화살표로 ④로 나타나요. 그리고 방향 화살표 ④가 가리키는 방향으로 $\Delta x = 1$만큼 변하면 $\Delta y = D \times \Delta x = 6 \times 1 = 6$이 되어 일반 화살표 $\langle \Delta x, \Delta y \rangle = \langle 1, 6 \rangle$로 변화가 일어나요.

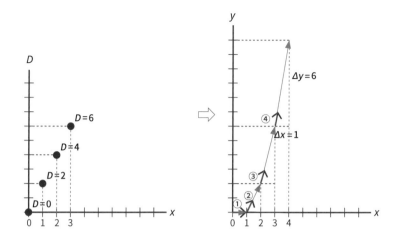

이처럼 우리는 $xD$ 좌표에 점으로 기록되어 있는 변화율을 지침으로 삼아서, 이 점들을 $xy$ 좌표에 화살표로 나타내면서 두 대상 $x$와 $y$에 일어나는 변화를 그려 볼 수 있어요. 이때 방향 화살표가 가리키는 방향으로, 변화를 나타내는 일반 화살표가 그려졌고, 이 화살표들이 꼬리에 꼬리를 무는 방식으로 이어지면서 화살표 기차를 만들었어요. 그런데 이 화살표 기차는 우리에게 무엇을 말해 주는 걸까요?

예를 들어 만약 $x$가 '사과'이고 $y$가 '오렌지'라고 해 볼게요. 그리고 사과 개수의 변화에 대한 오렌지 개수의 변화 비율을 나타내 주는 변화율이 $D$로 주어져요. 그러면 위에서 살펴본 화살표는 다음과 같은 것을 말해 주고 있어요.

① : 처음에 사과가 0개일 때($x = 0$) 변화율은 $D = 0$이므로 사과가 $\Delta x = 1$개만큼 늘어나면(변하면) 오렌지는 $\Delta y = D \times \Delta x = 0 \times 1 = 0$개만큼 늘어나요.(변해요.)(0개니까 실은 늘어나지 않았어요.)

② : 이제 사과가 1개일 때($x = 1$) 변화율은 $D = 2$이므로 사과가 $\varDelta x = 1$개만큼 늘어나면(변하면) 오렌지는 $\varDelta y = D \times \varDelta x = 2 \times 1 = 2$개만큼 늘어나요.(변해요.)

③ : 이제 사과가 2개가 되었고($x = 2$) 변화율은 $D = 4$이므로 사과가 $\varDelta x = 1$개만큼 늘어나면(변하면) 오렌지는 $\varDelta y = D \times \varDelta x = 4 \times 1 = 4$개만큼 늘어나요.(변해요.)

④ : 이제 사과가 3개가 되었고($x = 3$) 변화율은 $D = 6$이므로 사과가 $\varDelta x = 1$개만큼 늘어나면(변하면) 오렌지는 $\varDelta y = D \times \varDelta x = 6 \times 1 = 6$개만큼 늘어나요.(변해요.)


즉 $xD$ 좌표에 있는 사과의 개수에 따라 다른 값을 갖는 변화율을 통해서 오렌지는 얼마나 변하고 있는지를 살펴보고 있어요. 다시 말해 오직 사과와 변화율만 사용해서 오렌지가 어떻게 변하고 있는지를 알아본 거예요.

이번에는 이렇게 해서 결국 최종적으로 얼마의 변화가 일어났는지 변화량의 총합을 구해 볼게요.

①은 $\langle \varDelta x, \varDelta y \rangle = \langle 1, 0 \rangle$

②는 $\langle \varDelta x, \varDelta y \rangle = \langle 1, 2 \rangle$

③은 $\langle \varDelta x, \varDelta y \rangle = \langle 1, 4 \rangle$

④는 $\langle \varDelta x, \varDelta y \rangle = \langle 1, 6 \rangle$이므로 이 화살표들을 모두 합하면 변화량의 총합을 구할 수 있어요.

$$\text{Total}\langle \Delta x, \Delta y \rangle = \langle 1,0 \rangle + \langle 1,2 \rangle + \langle 1,4 \rangle + \langle 1,6 \rangle$$

$$= \langle 1+1+1+1, 0+2+4+6 \rangle$$

$$= \langle 4,12 \rangle$$

$\text{Total}\langle \Delta x, \Delta y \rangle = \langle 4,12 \rangle$ 는 결과적으로 $\Delta x = 4$만큼 변할 때, $\Delta y = 12$만큼 변했다라는 것을 말해요.

이러한 최종 변화는 다음 그림처럼 화살표 기차의 시작점에서 끝점을 향하는 검정 화살표로 나타낼 수 있어요.

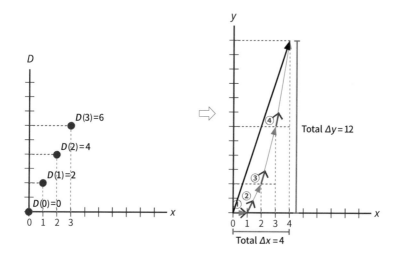

그런데 이번 장에서 우리가 했던 작업에는 한 가지 아쉬운 점이 있어요. 이번 장에서 우리가 다루었던 화살표는 변화의 결과만을 알려 주기 때문에, 그 결과에 이르기까지의 변화의 과정은 알지 못한다는 점이에요. 예를 들어 ②를 보면 $x$가 $x = 1$에서 $x = 2$로 변할 때, 변화율 $D = 2$를 통해서, $y$는 $y = 0$에서 $y = 2$로 변했다는 것은 알 수 있지만 이것은 변화의 결과일 뿐

$x$가 $x = 1$에서 $x = 2$로 변하는 중에 $y$가 실제로 어떠한 값들을 가졌었는지 알 수 없어요. 이처럼 변화의 결과만을 알고, 변화의 과정을 알지 못하면 두 대상에게 일어난 변화를 제대로 파악했다고 말할 수 없을 거예요. 하지만 과연 변화의 과정이란 구체적으로 무엇을 의미하는 걸까요?

다음 장에서는 이것에 대해 살펴보려고 해요.

# 변화의

# 과정과

# 순간 변화율

# 01

## 변화의 과정을
## 말하기 위한 조건

이전에도 강조했듯이 화살표는 변화의 과정이 아닌 변화의 결과만을 말해 주고 있었어요. 그런데 왜 화살표에게 과정이 아닌 결과를 나타내는 역할을 맡긴 걸까요?

결론부터 말하면 이렇게 결과만을 나타내도록 화살표의 역할을 정한 이유는 변화의 과정이라는 것에 대해서 우리가 뭐라고 말할 수 없기 때문이에요. 우리가 알 수 있는 건 오직 변화의 결과뿐이기 때문에 화살표도 그에 맞는 역할이 주어진 것뿐이에요. 그렇다면 왜 우리는 변화의 과정에 대해 뭐라고 말할 수 없을까요? 이 질문에 답하기 위해서는 과정이란 무엇인지에 대해 살펴볼 필요가 있어요.

혹시 여러분은 보드게임을 해 보셨나요? 일반적인 보드게임에는 블록들이 놓여 있고, 자신의 '말'이 특정한 블록 위에 올려져 있어요. 그리고 주사위를 굴려서 나온 숫자만큼 자신의 '말'을 블록에서 다음 블록으로 이동시켜요. 예를 들어 다음 그림처럼 블록들에 도시 이름이 적혀 있고 자신의 말인 비행기가 아테네에 놓여 있다고 해 볼게요. 만약 주사위를 굴려서 주사위 숫자가 5가 나왔다면, 여러분은 자신의 말을 정성껏 앞으로 1칸씩 이동시켜서 최종적으로 5칸을 이동시킨 후 서울에 도착하게 할 거예요.

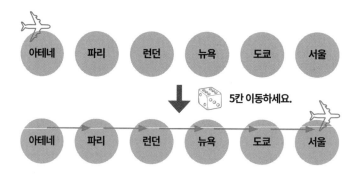

이때 우리는 비행기 위치가 어떻게 변화했는지 이렇게 말할 수 있어요.

"비행기는 아테네에서 바로 옆 다음 위치인 파리로, 파리에서 바로 옆 다음 위치인 런던으로, 또 다음 위치인 뉴욕, 도쿄를 거쳐서 최종 위치인 서울에 도착했다."

그리고 보드게임의 세계에서 바로 옆 다음 위치는 주사위로 생각하면 1칸씩 거리가 떨어져 있다고 말할 수 있어요. 그리고 주사위에는 앞으로(위 그림에서는 오른쪽으로) 움직이라는 방향이 포함되어 있어요. 그러므로 변화의 과정에 대해 다음과 같이 말할 수 있어요.

"비행기는 앞쪽으로, 1칸씩 움직여서 아테네 → 파리 → 런던 → 뉴욕 → 도쿄 → 서울로 이동했다."

이처럼 변화의 과정에 대해서 명확하게 말할 수 있기 위해서는 우선 어떤 위치의 바로 옆 위치를 떠올릴 수 있어야 해요. 그리고 이 바로 옆 위치가 어떤 방향에 놓여 있는지에 대해서도 말할 수 있어야 하고, 또한 이 바로 옆 위치가 얼마나 떨어져 있는지(거리)에 대해서도 말할 수 있어야 해요. 이처럼 간단한데 우리는 왜 이것을 할 수 없다는 걸까요? 그것은 〈Class 0〉에서 만나 본 상상의 막대기의 성질 때문이에요.

상상의 막대기에서는 어떤 위치의 '바로 옆 위치'에 대해 말할 수 없다.

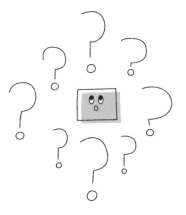

예를 들어 2의 바로 옆 수로 아무리 2와 가까운 수를 떠올려도 2와 이 떠올린 수 사이에는 언제나 또 다른 수가 존재해요. 예를 들어 2에 가까운 수 2.001을 떠올려도 2.0005가 이 두 개의 수 사이에 있어요. 마찬가지로 2와 2.0005 사이에도 또 다른 수가 존재하고 이와 같은 과정을 무한히 반복해서 할 수 있어요. 그러므로 우리는 어떤 위치의 바로 옆 위치에 대해 말할 수 없어요. 또한 이처럼 바로 옆 위치에 대해 말할 수 없기 때문에 자연스럽게 바로 옆 위치가 얼마나 떨어져 있는지(거리)에 대해서도 말할 수 없어요. 그렇기 때문에 지금 우리가 다루는 세계에서는 보드게임과 달리 아쉽게도 변화의 과정에 대해서 말할 수가 없는 거예요. 그렇다면 이대로 변화의 과정에 대해 말하는 것을 완전히 포기해야 하는 걸까요?

**변화의 과정을 말하기 위한 3가지 조건**

① 바로 옆 위치의 존재 떠올리기

② 바로 옆 위치가 놓인 방향

③ 바로 옆 위치까지의 거리

# 02
.....

# 바로 옆 위치 상상하기:
# 위치의 이중성

그렇지 않아요. 말할 수 없는 것에 대해서는 상상의 힘을 빌려야 해요. 우리는 지금부터 만약에, 정말로 만약에 '바로 옆 위치'에 대해 말할 수 있다고 상상한다면 과연 어떤 일이 일어나게 되는지에 대해 알아보려고 해요. 우리가 바로 옆 위치를 상상으로 떠올린다면 가장 먼저 이런 궁금증이 생길 거예요.

"막대기를 구성하는 어떤 한 위치와 그 바로 옆 위치는 어떤 방식으로 붙어 있을까?"

상상의 막대기의 두 번째 성질인 '상상의 막대기에는 틈이 없다.'를 보면 막대기를 구성하는 위치와 바로 옆 위치는 서로 떨어져 있지 않다는 것은 확실해요.

그렇다면 각각의 위치는 독립적으로 존재하면서 서로 옆에 놓여 있기만 한 걸까요? 아니면 무언가에 의해 위치들이 서로 연결되어 있을까요? 그리고 연결되어 있다면 두 위치는 어떤 상태로 존재하는 걸까요?

상상의 막대기는 위 질문에 다음과 같이 답해요.

"막대기를 구성하는 어떤 한 위치와 그 바로 옆 위치는 상황에 따라 서로 독립적으로 존재하기도 하고, 또는 두 위치가 서로 연결되어 구별되지 않는 형태로 존재하기도 한다."

아니, 이건 또 무슨 소리일까요? 이 대답은 옛날이야기를 떠올리게 해요. 하나의 질문에 서로 다른 답을 갖고 있던 두 제자가 있었어요. 두 제자는 위대한 스승을 찾아가 물었어요. "스승님, 제가 맞지요?" 다른 제자도 스승에게 말했어요. "아니죠. 스승님, 제가 맞지요?" 그러자 위대한 스승은 다음과 같이 답했어요. "너의 말도 맞고, 또 너의 말도 맞다. 둘 다 맞다."

이 스승처럼 상상의 막대기는 우리에게 위치 역시, 전혀 다른 두 개의 존재 방식이 모두 맞다고 말해 주고 있어요.

이것을 위치의 이중성이라고 해요. 이중성이라는 건 어떤 한 개체가 서로 반대되는 두 개의 성질을 함께 갖고 있는 것을 말해요. 예를 들어 사람은 소심함과 대범함을 함께 갖고 있어요. 다만 상황에 따라 어떤 때는 소심하게 행동하고, 어떤 때는 대범하게 행동하죠. 즉 반대되는 두 성질을 함께 갖고 있지만 어떤 상황이냐에 따라 표출되는 성질이 다른 거예요.

---

**위치의 이중성**

① 첫 번째 성질: 각 위치는 서로 독립적으로 존재한다.

② 두 번째 성질: 한 위치와 그 바로 옆 위치는 서로 연결되어 구별되지 않는 형태로 존재한다.

---

수의 막대기에서 우리는 위치 4를 콕 집어서 말할 수 있어요.

---

                     4

---

막대기에 있는 위치들이 독립적으로 존재해서 우리가 위치 4를 가리킬 수 있다고 보는 거예요. 이것이 위치의 이중성 중 첫 번째 성질이에요.

이번에는 위치의 이중성 중 두 번째 성질을 살펴보기 위해 4에 가장 가깝다고 생각되는, 바로 옆 수라고 생각할 수 있을 것 같은 수를 떠올려 볼게요.

3.99보다는,

3.9999보다는,

3.999999999보다는,

3.9999999999999999999가 더 4의 바로 옆 수에 가까운 수일 거예요.

그렇지만 우리는 알고 있어요. 이러한 과정을 끝도 없이 할 수 있다는 것을요. 그럼 역시나 무한 때문에 옆 수를 찾는 것을 포기해야 할까요?

여기서 우리는 무한에 대해 새로운 관점을 가져 보려고 해요. 예를 들어 다음과 같은 생각을 해 보는 거예요.

3.9999999999999999999…… 에서 뒤에 이어지는 9가 끝도 없이 이어지는, 즉 무한히 이어지는 수가 존재한다고 생각하는 거예요. 계속해서 9를 추가하는 상태가 아니라 이미 무한개의 9가 갖춰져 있는 수가 존재한다고 생각하는 거예요. (이 새로운 관점을 무한의 유한화라고 표현하고 다음 장에서 자세히 다루게 될 거예요.)

이것을 기호로 간편하게 나타내기 위해 끝없이 이어지는 수 위에 점을 찍어서 다음처럼 나타내요.

$$3.\dot{9} = 3.999999999999999999\cdots\cdots$$

즉 $3.\dot{9}$에서 숫자 위에 찍힌 점은 무한을 표시해 주는 기호예요. 이렇게 무한이 완결된 수를 떠올리면 신기하게도 $3.\dot{9}$와 4는 같은 수가 돼요.

$$3.\dot{9} = 4$$

곱셈, 뺄셈, 나눗셈을 이용해서 이것이 사실인지 확인해 볼게요. 일반적인 무한이라면 곱셈과 뺄셈을 적용할 때 어떻게 해야 할지 모르겠지만, 무한의 유한화라는 개념을 이용하면 무한을 갖는 수를 유한한 수처럼 다룰 수 있어요.

일단 $3.\dot{9}$에게 $A$라는 이름을 붙여 볼게요. 이제 $A$에 10을 곱해요.

$$A = 3.\dot{9} = 3.9999\cdots\cdots$$
$$10A = 39.\dot{9} = 39.9999\cdots\cdots$$

(3.9999와 같은 보통의 수라면 10을 곱했을 때 39.999가 될 거예요. 그러면 소수점 아래에 있던 9의 개수가 4개에서 3개로 줄어들어요. 하지만 소수점 아래에 9가 무한히 있는 수라면 10을 곱해도 여전히 소수점 아래에 9가 무한히 있게 돼요.)

이제 $10A$에서 $A$를 빼면 소수점 뒤에 있는 .9999⋯ 가 없어지게 돼요.

$$10A - A = 9A = 39.9999\cdots - 3.9999\cdots = 36$$

즉 $9A = 36$이 돼요. 양쪽을 9로 나눠 주면 결국 $A = 4$라는 것을 알 수 있어요.

$$A = 3.\dot{9} = 4$$

아무리 3.9999…… 뒤로 9를 추가한다고 해도 4가 되지 않아요. 그런데 무한의 유한화라는 개념을 사용하면 위와 같이 4가 될 수 있다는 말이 돼요. 이것은 마치 '무한'이라는 접착제를 통해서 3.9999……와 4가 연결됨과 동시에 서로 구별할 수 없는, 즉 하나의 수가 되는 상황이라고 생각할 수 있어요.

3.9999…가 4의 왼쪽에서 살펴본 수라면, 마찬가지로 4의 오른쪽에서도 위와 같은 상황이 일어날 거예요.

4의 옆 수일 것 같은 수를 떠올려 보면

4.1보다는,

4.0001보다는,

4.000000001보다는,

……

결국 4의 오른쪽에서도 무한이라는 접착제를 통해서, 4와 연결됨과 동시에 하나가 되는 수가 존재할 거예요.(하지만 아쉽게도 $3.\dot{9}$와 같은 표시로 따로 나타낼 수는 없어요.)

정리해 보면, 우리는 4의 바로 옆 수가 무엇인지는 알 수가 없어요. 하지만 적어도 바로 옆 수가 만약 존재한다면, 바로 옆 수는 무한에 의해 4와 연결되어 있다는 것은 알 수 있어요. 그리고 신기하게도 이렇게 연결되면 4와 4의 바로 옆 수는 서로 다른 수가 아니라, 서로 구별되지 않는 수가 돼요. 참 이상해요. 옆 수인데 옆 수가 아닌 셈이에요.

이것을 위치로 바꿔 말하면, 어떤 한 위치와 그 바로 옆 위치는 서로 무한으로 연결되어 구별되지 않는 형태로 존재한다고 말할 수 있어요. 이와 같은 이상한 존재 방식이 바로 위치의 이중성 중 두 번째 성질이에요.

위치의 이중성의 첫 번째 성질과 두 번째 성질을 종합해서 살펴볼게요. 우리가 수의 막대기에게 "막대기야, 위치 4를 보여 줘."라고 말하면, 막대기는 독립적으로 존재하는 위치 4를 우리에게 보여 줄 거예요. "아 거기 위치 4가 있었구나. 알았어, 고마워."라고 말하고 이제 우리가 등을 돌리면, 막대기는 다시 무한을 통해 4와 바로 옆 위치들을 서로 연결시켜 구별이 되지 않는 형태로 되돌아가는 상황과 같아요.

참 이상하죠. 그런데 이와 같은 이중성은 과학 분야에서도 나타나요. 빛 역시 이러한 이중성을 갖고 있어요. 상황에 따라 어떤 때는 알갱이인 입자로서의 성질을 드러내고, 어떤 때는 전혀 다른 성질인 파동성을 드러내기도 해요. 이처럼 이중성이라는 것은 우리가 받아들이기 힘들어할 뿐 자연에서는 꽤나 일상적인 현상일지도 몰라요.

위치라는 것이 우리가 살펴보고 있는 이 세계를 이루는 가장 기초적인 요소라면, 이러한 위치의 이중성은 이 세계의 가장 근본적인 성질이라고 할 수 있어요.

이러한 것들이 혹시 어렵게 느껴지시나요? 그런데 이건 사실 어려운 게 아니라 이상한 거예요. 이렇게 이상한 것을 받아들이기 위해서는 우리의 일상적인 감각이 허용하는 형태로 이 이상함을 바꿔 생각해 보는 것이 큰 도움이 돼요. 이러한 변환을 할 때, 필요한 것이 바로 상상이에요. 여기서는 이상한 위치의 이중성을 우리에게 익숙한 색깔에 빗대어 생각해 보도록 할 게요.

우리는 이전에 상상의 막대기의 중심을 가위로 자르는 작업을 했었어 요. 막대기를 자르고 나면 하나의 막대기가 두 개로 나누어질 거예요.

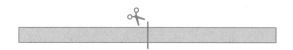

이번에는 거꾸로 이 잘려진 두 막대기를 다시 하나로 붙이는 경우를 상 상해 볼게요. 만약 일반적인 막대기라면 다음 그림처럼 왼쪽 막대기의 A와 오른쪽 막대기의 B는 바로 옆 위치에 놓이면서 붙게 될 거예요. A를 빨강, B를 파랑이라고 할게요.

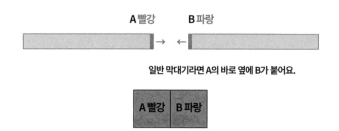

**A 빨강**　　**B 파랑**

**일반 막대기라면 A의 바로 옆에 B가 붙어요.**

| A 빨강 | B 파랑 |
|---|---|

하지만 상상의 막대기에서는 바로 옆 위치에 대해 말할 수 없기 때문에 위와 같은 방식으로 붙게 되지는 않을 거예요. 상상의 막대기가 붙을 때는

위치의 이중성 중 두 번째 성질을 통해서 붙게 돼요. 즉 '무한'을 통해 연결되면서 서로 구별되지 않는 형태로 붙게 되죠. 이것을 두 가지 색이 혼합되는 것으로 생각해 볼 수 있어요.

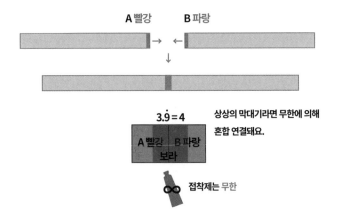

물감에서 빨강과 파랑을 섞으면 보라가 돼요. 왼쪽에 위치한 빨강 A와, 오른쪽에 위치한 파랑 B가 접착제인 무한을 통해 섞이면서 서로 구별되지 않는 상태인 보라 위치가 되었다고 볼 수 있어요.

예를 들어 파랑 B를 4라고 생각한다면, 빨강 A는 그 형태는 알수 없지만 4의 왼쪽 바로 옆 위치에 놓인 수라고 볼 수 있어요. 이 둘이 서로 혼합 연결되면 숫자 4는 보라 3.9로서 존재하게 돼요. 즉 4의 바로 옆 수와 4는 이제 무한에 의해 서로 구별되지 않는 수로서 존재하게 돼요.

그래서 앞으로는 위치의 이중성 중 두 번째 성질을, 색이 혼합되는 것에 빗대어 혼합 연결성이라고 부르기로 할게요. 이와 같은 혼합 연결성을 만들어 내는 접착제는 무한이에요. 혼합 연결성은 이 책에서 가장 중요한 개념 중 하나예요. 나중에 이 성질을 어떻게 사용하는지 보시게 될 거예요.

위치의 이중성의 두 가지 성질에 각각 이름을 붙여서 정리하면 다음과 같아요.

---

**위치의 이중성**

① 독립성: 각 위치는 서로 독립적으로 존재한다.

② 혼합 연결성: 한 위치와 그 바로 옆 위치는 무한으로 연결되어 서로 구별되지 않는 형태로 존재한다.

---

위치는 위 두 가지 성질을 다 갖고 있고, 상황에 따라서 둘 중 하나의 성질을 드러내게 돼요.

# 위치란 무엇일까?

그런데 우리는 지금까지 위치라는 개념을 그저 직관적인 느낌으로 받아들이고 사용했어요. 하지만 이제 위치가 정말로 무엇을 의미하는지 구체적으로 알아보려고 해요.(사실 이번에 다룰 내용은 읽지 않고 다음으로 넘어가도 상관은 없어요. 위치라는 것이 정말 무엇인지 궁금하다면 읽어 주시고 그게 아니라면 이 책을 다 읽은 후 다시 한번 볼 때 읽어도 괜찮아요.)

위 그림에서 비행기는 '서울'에 있어요. 그런데 실제로 서울은 지도로 보면 울퉁불퉁하게 생겼으며, 약 $600km^2$의 넓이를 가지고 있어요.

재밌게도 우리가 보드게임에서 서울을 다룰 때는, 실제 서울이 어떤 경계를 갖고, 어떤 모양을 가지고, 어떤 넓이를 가지고 있는지는 전혀 상관이 없어요. 보드게임에서는 그저 서울 그 자체를 하나의 위치로서 표현하고, 그 위치에 비행기가 놓여져 있다는 것이 중요해요. 그러므로 이때의 서울을 우리는 사각형으로 표현해도 되고, 아니면 원으로 표현해도 되고, 선으로 표현해도 되며 또는 그냥 하나의 점으로 표현해도 돼요. 우리는 그저 서울이라는 하나의 존재 자체를 나타내는 개념이 필요한 것이고 이것을 위치라고 부르기로 한 거예요.

이제 위치가 무엇인지 알았으므로 상상의 막대기에서 나타내고자 하는 위치는 무엇인지에 대해 알아볼게요. 우리는 상상의 막대기에서도 앞의 보드게임에 있는 서울처럼 특정한 지점을 가리키고 싶어요. 그러기 위해서는 상상의 막대기를 이루는 최소 기본 단위가 되는 요소를 찾아내고 이 요소에 위치라는 이름을 붙일 수 있을 거예요. 하지만 아시다시피 상상의 막대기는 부분이 전체와 똑같은 모습과 성질을 가지고 있었어요. 앞으로는 상상의 막대기의 이 성질을 자기 닮음성이라고 부르기로 할게요. 이러한 자기 닮음성 때문에 우리가 계속해서 상상의 막대기를 쪼개 나간다고 하더라도 여전히 쪼개기 전의 모습이 다시 나오게 되므로 영원히, 무한히 쪼개나가도 상상의 막대기를 이루는 최소 단위를 만날 수 없어요.

즉 이 상상의 막대기에서는 막대기를 구성하는 기본 또는 기초가 되는 요소가 무엇이다라고 말할 수 없어요. 이렇게 비록 상상의 막대기의 자기 닮음성이 기본 요소에 대해 말하는 것을 막아서고 있지만 우리는 상상으로 그러한 기본 요소가 있다고 생각하고 이야기를 진행해 나갈 수 있어요. 그리고 이러한 이야기에 논리적으로 일관성이 있다면 우리는 상상으로 떠올린 이 기본 요소를 인정하고 이를 발판으로 삼아 이야기를 펼칠 수 있을 거예요.

그렇다면 상상의 막대기의 기본 요소를 상상한다면 어떤 모습을 가지게 될까요? 만약 그러한 기본 요소가 존재하고 이 요소의 존재 자체를 하나의 위치로서 인정하고 부를 수 있다면, 이 위치는 자기 닮음성에 의해 분명히 무한을 자신의 성질로서 가지게 될 거예요. 즉 상상의 막대기에서 무한 자체를 속성으로 가지는 하나의 존재 자체를 상상으로 떠올려서 이를 위치로서 다룰 수 있어요.

우리는 앞에서 독립적으로 존재하는 숫자 4를 바로 옆 위치와 무한에 의해 혼합 연결된 상태인 $4 = 3.\dot{9}$로도 생각할 수 있다는 것을 알게 되었어요. 이렇게 되면 숫자 4는 이제 무한을 속성으로 가지는 존재가 돼요. 우리가 상상의 막대기에서 '위치'를 무한을 속성으로 가지는 개념을 가진 존재로서 떠올렸기 때문에 다행히도 우리는 무한을 속성으로 가지는 숫자 $4 = 3.\dot{9}$을 상상의 막대기의 위치에 대응시킬 수 있게 돼요.

즉 자기 닮음성을 가지는 상상의 막대기에서 무한을 속성으로 가지는 위치를 상상으로 떠올림으로써, 이 위치를 마찬가지로 혼합 연결되면 무한을 속성으로 가지게 되는 수에 대응시키는 것이 가능해진 거예요. 이러한 대응이 가능했기 때문에 우리는 앞에서 상상의 막대기를 수와 결합시켜 수의 막대기를 만들 수 있었던 거예요.

이처럼 위치 자체가 무한을 속성으로 가지고 있어요. 그런데 또한 이전에 상상의 막대기의 성질에서 보았듯이 이렇게 무한 자체를 속성으로 가지는 위치가 유한한 영역 안에 무한개 존재하고 있어요. 참 재미있고 이상하고 신기하죠? 이것은 무한 밖에 또 무한이 있는 모습이 돼요. 이것은 자기 닮음성이라는 이상하고 신기한 성질 때문에 일어나는 일이에요.

$$4 = 3.\dot{9}$$

무한을 속성으로 갖는 위치가
유한한 영역 안에 무한개 존재하고 있어요.

정리하면 사실은 우리가 바로 옆 위치만 상상으로 떠올린 존재라고 생각했지만 실은 위치 자체도 상상으로 떠올린 존재였던 거예요. 그리고 유한한 영역 안에 무한개가 존재하는 이 위치들은, 그 위치 자체가 또한 무한을 속성으로 가지고 있어요. 이제 자기 닮음성을 가지는 상상의 막대기에서 위치란 무엇인지에 대해 알게 되었으므로 진행 중이었던 변화의 과정에 대한 이야기를 계속해서 이어 나갈게요.

# 04
......

# 굉장히 이상한
# 바로 옆 위치까지의 거리: $dx$

우리는 바로 옆 위치를 위치의 이중성을 통해 상상해 볼 수 있게 되었어요. 만약 상상의 막대기에서 위치 2의 바로 옆 위치를 상상해 본다면 다음 그림처럼 위치 2를 **B**로, 그리고 바로 옆에 놓인 위치들을 **A**와 **C**로 나타낼 수 있어요.

**상상으로 나타낸 바로 옆 위치**

이렇게 표시해 놓고 보니, 비록 아직 '바로 옆 위치'까지의 '거리'가 얼마인지는 모르겠지만 한 가지 우리가 말할 수 있는 것이 있어요. 그것은 바로 "**A**는 위치 2의 '－ 방향' 또는 왼쪽에 있다." 그리고 "**C**는 위치 2의 '＋ 방향' 또는 오른쪽에 있다."예요. 즉 바로 옆 위치의 방향만큼은 표현하는 것이 가능해 보여요. 또는 길이는 의미가 없고 방향만이 의미가 있는 방향 화살표를 사용해서 다음과 같이 변화에 대해 말하는 것도 가능해요.

**위치 2에서 + 방향에 있는 바로 옆 위치로 변화가 일어났다.**
(방향 화살표의 길이는 의미가 없으므로 임의의 길이로 나타냈어요.)

**위치 2에서 − 방향에 있는 바로 옆 위치로 변화가 일어났다.**
(방향 화살표의 길이는 의미가 없으므로 임의의 길이로 나타냈어요.)

이처럼 방향 화살표를 사용하면 불분명한 거리를 가진 목적지로의 변화에 대해 말할 수 있어요. 하지만 이 바로 옆 위치까지의 거리에 대해서는 말할 수 없으므로 아직 완전한 변화의 과정을 표현하지는 못해요.

이번에는 두 개의 상상의 막대기로 만든 공간인 $xy$ 좌표를 살펴볼게요. $xy$ 좌표도 상상의 막대기로 만든 공간이기 때문에 상상의 막대기가 갖고 있는 이상한 성질들을 그대로 갖고 있어요. 즉 어떤 위치의 바로 옆 위치에 대해서 뭐라고 말할 수 없어요.

만약 $xy$ 좌표에서 위치 $(1, 2)$의 바로 옆 주변의 위치들을 나타낸다면 다음 그림처럼 $(1, 2)$를 둘러싸고 있는 물음표들이 될 거예요.

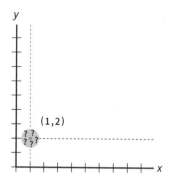

막대기 하나일 때와 마찬가지로 주변 옆 위치들까지의 거리에 대해서는 아직 뭐라고 말할 수 없어요. 하지만 방향에 대해서는 말할 수 있는 것이 있어요. 다만 막대기 하나일 때와 다른 점은 막대기 하나에서는 바로 옆 위치가 왼쪽(−) 또는 오른쪽(+) 두 방향 중에 하나였지만, $xy$ 좌표에서는 바로 옆 위치가 다양한 방향들을 가질 수 있다는 점이에요.

나중에 알게 되겠지만 이곳은 정말로 이상한 세계이기 때문에 방향에 대해 말할 수 있다는 사실조차 깨지게 돼요. 하지만 지금은 일단 방향만큼은 말할 수 있다라고 생각하도록 할게요.

그런데 $xy$ 좌표에서 방향은 곧 변화율 $D$였어요. 또한 이러한 변화율을 나타낼 수 있는 화살표가 바로 방향 화살표였어요. 그래서 우리는 적어도 다음과 같은 말을 할 수 있어요

"위치 $(1, 2)$에서 변화율 $D = 2$의 방향에 있는 바로 옆 위치로 변화가 일어났다."

사실 화살표를 거울에 비춘 반대 방향도 같은 변화율을 가지므로 다음 그림에서 왼쪽 아래 방향으로도 바로 옆 위치를 표시할 수 있어요. 하지만 지금은 오른쪽 위 방향으로의 바로 옆 위치를 다루도록 할게요.

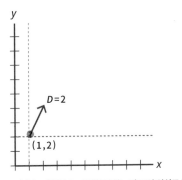

위치 (1, 2)에서 $D=2$ 방향에 있는 바로 옆 위치로 변화가 일어났다.

이렇게 해서 변화의 과정에 대해 말하기 위한 조건인 '바로 옆 위치의 존재 자체를 떠올리기'와 '바로 옆 위치가 놓인 방향에 대해서 말하기'는 충족되었어요. 이제 마지막 남은 조건인 '바로 옆 위치가 얼마나 떨어져 있는지(거리)'에 대해서 살펴보려고 해요.

원래대로라면 우리는 상상의 막대기에서 어떤 하나의 위치와 다른 위치 사이의 거리를 $\Delta x = 2$와 같이 명확한 크기로 나타낼 수 있었어요. 하지만 앞에서 보았듯 '바로 옆 위치'는 무한 때문에 이처럼 명확히 얼마의 거리만큼 떨어져 있다라고 말할 수 없어요. 우리는 '바로 옆 위치'를 상상으로 떠올려 보았던 것과 마찬가지로, 바로 옆 위치까지의 거리를 기존의 $\Delta x$ 대신에 새로운 기호 $dx$로 표현함으로써 이 거리가 실제하는 것처럼 상상해 보려고 해요.

$dx$가 상상의 바로 옆 위치까지의 거리 또는 바로 옆 위치로의 변화량을 표현하는 기호라면 이 기호 안에는 '무한'이라는 속성이 자동적으로 들어가 있다고 볼 수 있어요. 어떤 한 위치와 바로 옆 위치는 무한으로 혼합 연결되어 있으니까요.

이렇게 떠올린 바로 옆 위치까지의 거리인 $dx$는 굉장히 이상하고도 신기한 거리적 특성을 갖게 돼요. 이것에 대해 살펴보기 위해 다음과 같은 재료들이 준비되어 있다고 생각해 볼게요.

> **준비물**
>
> ① 막대기 1개: 길이 4cm
>
> ② 크기가 동일한 공들: 공의 크기는 모른다.

길이를 알고 있는 막대기를 이용해서, 우리에게 공의 크기 $d$를 구하라는 미션이 주어졌다고 가정해 볼게요. 만약 막대기 위에 공 4개를 올려놓았을 때 막대기 길이와 딱 맞아떨어진다면, 공 하나의 크기는 $d = \dfrac{4}{4} = 1$cm라는 걸 구할 수 있어요.

이와 똑같은 상황을 무한개의 공에 적용하면 신기한 일이 생겨요. 이번에는 막대기 위에 무한개의 공이 들어간다면 공 하나의 크기는 조금 이상하지만 $d = \dfrac{4}{\infty}$cm라고 쓸 수 있을 거예요. 그런데 이상한 점은 무한이라는 속성 때문에 위 막대기의 절반인 2cm 안에도 마찬가지로 공 $\infty$개가 들어 있다는 점이에요. 그러면 이번에는 공 하나의 크기를 $d = \dfrac{2}{\infty}$cm라고 쓸 수 있어요. $\dfrac{2}{\infty}$cm는 $\dfrac{4}{\infty}$cm의 절반의 길이처럼 보여요. 그런데 이상해요. 분명히 똑같은 크기를 가진 공을 넣었는데 어떻게 측정하느냐에 따라 공의 크기가 $\dfrac{4}{\infty}$cm일 수도 있고, $\dfrac{2}{\infty}$cm일 수도 있다는 말이 돼요. 만약 또 다르게 측정한다면 또 다른 길이를 얻게 될 거예요.

공의 크기를 바로 옆 위치까지의 거리라고 생각한다면, 이것이 $dx$를 의미하게 되고, 위의 내용을 통해 적어도 무한으로 만들어진 이 이상한 세계에서는 바로 옆 위치까지의 거리 $dx$가 우리가 일반적으로 생각하는 거리와는 또 다른 성질을 갖는다는 것을 알 수 있어요. 이처럼 무한($\infty$)을 다룰 때는 우리가 알고 있는 상식을 버려야 해요.

이번에는 $xy$ 좌표를 살펴볼게요. 이전에 우리는 방향 화살표가 가리키는 방향으로 일어나는 변화를 일반 화살표로 나타낼 수 있었어요. 이것은 방향 화살표를 일반 화살표로 바꾸는 작업이기도 했어요. 변화율 $D$를 가진 방향 화살표는 식 $\Delta y = D \times \Delta x$를 통해 일반 화살표로 바꿀 수 있었어요.

> 방향 화살표: 변화율 $D$
>
> 일반 화살표: $<\Delta x, \Delta y> = <\Delta x, D \times \Delta x>$

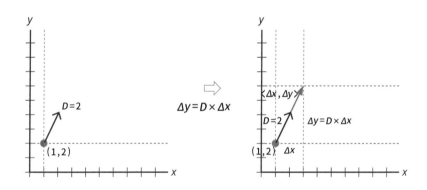

그런데 만약 이 일반 화살표로 변화율 $D$ 방향에 있는 바로 옆 위치로의 변화를 다룬다면 $<\Delta x, \Delta y>$가 아닌 새로운 기호 $<dx, dy>$로 변화를 표시할 수 있어요. 즉 다음 그림처럼 $<dx, dy>$를 나타낼 수 있고, 식 $\Delta y = D \times \Delta x$ 대신에 $dy = D \times dx$로 $dy$를 나타낼 수 있어요.

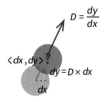

변화율 $D$ 방향에 있는 바로 옆 위치인 원으로의 변화는 $\langle dx, dy \rangle$로 나타내요.

예를 들어 변화율 $D = 2$이라면 $dy = D \times dx = 2dx$로 $dy$는 $dx$의 2배가 돼요. 그러면 당연하게도 위 그림과 같이 $dy$의 길이가 $dx$의 길이보다 더 길어요. 또한 이들의 조합인 화살표 $\langle dx, dy \rangle$ 길이는 위 그림처럼 이들보다 더 긴 길이를 갖게 돼요.

그런데 지금 다루는 $\langle dx, dy \rangle$는 무한을 속성으로 갖고 있기 때문에 우리가 지금껏 다뤄왔던 $\langle \Delta x, \Delta y \rangle$와는 다르게 굉장히 이상한 성질을 갖게 돼요. $dx$는 $x$축 막대기에서의 바로 옆 위치로의 변화를 나타내요. 그리고 $dy$ 역시 기호에서 알 수 있듯이 $y$축 막대기에서의 바로 옆 위치로의 변화를 나타내요. 또한 $dx$와 $dy$의 조합인 화살표 $\langle dx, dy \rangle$도 변화율 $D$ 방향에 있는 바로 옆 위치로의 변화예요. 그러므로 $dx$와 $dy$, 그리고 $\langle dx, dy \rangle$가 모두 바로 옆 위치로의 변화예요. 일반적인 상식으로는 모두 바로 옆 위치로의 변화를 나타내므로 모두 같은 길이만큼 변하는 것이 되어야 해요. 하지만 앞에서 무한개의 공을 통해서 알아보았듯이 무한을 속성으로 갖는 이 이상한 세계에서는 바로 옆 위치를 나타내는 것들이 상황에 따라 다른 길이를 가질 수 있어요. 역시나 무한($\infty$)을 다룰 때는 우리가 알고 있는 상식을 버려야 해요.

다시 보드게임을 예로 들어 이 내용을 살펴볼게요. 다음 그림처럼 블록들이 놓여 있다고 해 볼게요. 가로에 놓인 블록끼리의 간격보다 세로에 놓인 블록끼리의 간격이 더 멀리 떨어져 있어요. 그리고 이들의 조합으로 만든 또 다른 길인 대각선에 놓인 블록들의 간격은 더 멀리 떨어져 있어요. 즉 방향에 따라 블록들의 바로 옆 위치의 간격이 모두 달라요.

블록에 따라 거리는 모두 다르지만 블록 간의 간격은 모두 주사위 1칸으로 같아요.

하지만 아무리 이렇게 블록들의 간격을 다르게 놓더라도, 보드게임의 세계에서 이들은 모두 똑같은 주사위 1칸 간격이에요. 만약 주사위가 '3'이 나왔다면 세로 방향에 놓인 블록을 이동하든지, 가로 방향에 놓인 블록을 이동하든지, 대각선 방향에 놓인 블록을 이동하든지에 상관없이 간격은 다르더라도 모두 똑같이 3칸을 이동할 거예요.

무한의 세계에 놓인 $dx$와 $dy$, 그리고 $\langle dx, dy \rangle$에서도 이와 같은 일이 일어나고 있어요. 설령 상황에 따라 다른 길이를 나타내더라도 무한의 세계에서는 모두 바로 옆 위치를 나타내요. 즉 $dx$와 $dy$, 그리고 $\langle dx, dy \rangle$는 무한 덕분에 우리가 일반적인 생각하는 길이의 개념에서 벗어나서 바로 옆 위치를 나타낼 수 있어요.

　정리하면 우리는 상상을 통해 바로 옆 위치를 떠올릴 수 있게 되었고, 바로 옆 위치가 놓인 방향에 대해서도 말할 수 있게 되었으며, 바로 옆 위치까지의 거리인 $dx$도 떠올릴 수 있게 되었어요. 이렇게 해서 변화의 과정에 대해 말하기 위한 모든 조건이 충족된 셈이에요. 그러므로 앞으로 우리는 변화가 일어났을 때 어떠한 변화의 과정을 거쳐서 그렇게 변하게 되었는지를 다룰 수 있을 거예요.

　그런데 바로 옆 위치를 통해서 변화의 과정을 다룰 때 꼭 기억하고 있어야 하는 사실은, 실제로 이 이상한 세계에는 바로 옆 위치가 존재하지 않는다는 점이에요. 바로 옆 위치는 우리가 그런 것이 존재하기를 바라는, 말할 수 있기를 바라는 가상의, 상상의 개념이라는 것을 항상 기억하고 있어야 해요. 현실에서는 버스나 기차의 좌석에 '바로 옆 자리'가 있어요. 극장에서도 바로 옆 자리가 있지요. 이처럼 바로 옆 위치라는 것은 우리에게 익숙한 개념이지만 이상한 세계에서는 이것이 존재하지 않아요. 하지만 우리는 이러한 현실적 감각을 이상한 세계에 덮어씌운 거예요.

# 05

# 진정한 주인공:
# 순간 변화율

어떤 한 위치의 바로 옆 위치를 상상으로 실체화시키면 변화율에 대한 새로운 관점을 얻을 수 있어요. 지금까지 보았던 변화율은 식 $D = \dfrac{\Delta y}{\Delta x}$ 로 나타냈어요. 그런데 $\Delta x$, $\Delta y$ 대신에 새로운 기호 $dx$, $dy$를 사용해서 변화율을 나타낼 수도 있어요. $dx$, $dy$로 나타낸 변화율 $D = \dfrac{dy}{dx}$ 는 기존의 변화율 $D = \dfrac{\Delta y}{\Delta x}$ 와는 다른 의미를 갖게 돼요.

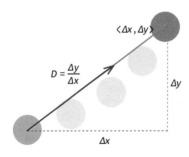

$D = \dfrac{\Delta y}{\Delta x}$ 는 일반적인 변화율을 나타내요.　　　$D = \dfrac{dy}{dx}$ 는 순간 변화율을 나타내요.

두 그림 모두, 가장 아래쪽 원에서 바로 옆 원으로 위치 변화가 일어나고, 계속해서 바로 옆 원으로 변화가 일어나서 최종적으로 가장 오른쪽 위쪽 원에 도달하는 상황을 가정해 볼게요. 그러면 왼쪽 그림에서 볼 수 있듯이 $D = \frac{\Delta y}{\Delta x}$는 변화의 시작인 처음 원에서 변화의 결과인 마지막 원을 향하는, 변화의 과정이 아닌 변화의 결과만을 가리키는 방향 화살표($\longrightarrow$)를 의미해요..

하지만 가장 아래쪽 원에서 정말로 일어난 변화는 바로 옆 위치에 있는 원으로의 변화예요. 그러므로 오른쪽 그림에서 볼 수 있듯이 가장 아래쪽 원에서 이 바로 옆 위치를 향하는 변화율 $D = \frac{dy}{dx}$가 처음 원에서 일어난 진짜 변화의 방향이라고 할 수 있어요. 가장 아래쪽 원(위치)에서 일어난 진짜 변화를 그 순간에 일어난 변화라고 표현한다면 $dx$와 $dy$로 나타낸 변화율 $D = \frac{dy}{dx}$를 일반적인 변화율과 구분해서 순간 변화율이라고 부를 수 있어요.

예를 들어 어떠한 위치에서 순간 변화율 $D = \frac{dy}{dx} = 2$라면 이것은 "그 순간에 $y$는 $x$가 변하려고 하는 변화량보다 2배 더 많이 변하려고 한다."라고 표현할 수 있어요.

앞의 그림은 나중에 순간 변화율에 대해서 자세히 다루는 장에서 살펴보면 혼합 연결에 의해 또 다른 일이 발생하게 돼요. 그때는 $D = \frac{dy}{dx}$가 바로 옆 위치를 가리킨다고 말할 수 없는 이상한 상황이 생기는데 이것은 그때 다시 말하기로 할게요.

여기서 주의할 점은 어떤 한 위치 또는 순간에 온전히 속하는 '순간 변화율'이라는 개념이 성립하기 위해서는 반드시 그 순간에 이어지는 '바로 다음 순간'이라는 것에 대해 말할 수 있어야만 한다는 점이에요. 왜냐하면

'순간 변화율'이라는 단어에 들어 있는 변화라는 것이 한 순간과 또 다른 순간을 필요로 하기 때문이에요. 그러므로 우리는 다음과 같은 사실을 반드시 기억해야 해요.

순간 변화율은 실제로 존재하지 않는다.

바로 옆 위치라는 것이 실제로 존재하는 것이 아니고 우리가 상상으로 만들어 낸 개념이기 때문에, 이 바로 옆 위치에 기반한 순간 변화율이라는 것 역시 실제로 존재하는 것이 아니에요. 그럼에도 불구하고 이렇게 실제하지 않는 순간 변화율이라는 존재를 우리는 왜 굳이 떠올린 걸까요?

우리는 두 대상의 변화를 진정으로 비교하는 느낌을 갖기 위해서 변화율이라는 개념이 필요했어요. 그런데 이러한 느낌을 순간 변화율을 통해서 어떤 한 지점에서 또는 어떤 한 순간에서 인식하고 싶은 거예요. 이처럼 순간 변화율을 통해서 매 지점마다 또는 매 순간마다 변화를 인식할 수 있다면, 우리는 '변화가 일어나는 과정'마다 어떻게 변화가 일어나는지를 인식할 수 있는 것이 돼요.('아, 지금은 이렇게 변하고 있구나.' 또는 '아, 그 지점에서는 이렇게 변하고 있구나.') 이처럼 변화의 과정을 인식할 수 있게 된다는 것을 우리는 그 변화를 '이해하게 되었다.'라고 표현해요.

즉 우리가 변화를 이해하기 위해서는 순간 변화율이라는 개념이 필요한 거예요. 그렇기 때문에 순간 변화율이 실제로 존재하지 않는 개념이라고 할지라도 우리는 필요에 의해 이것을 발명했다고 볼 수 있어요. 이 책의 목적이 '두 대상에게 일어나는 변화를 이해하기'라면 이것을 가능하게 해 주는 이 순간 변화율이야말로 이 책의 진정한 주인공이라고 볼 수 있어요. 이 주인공을 탄생시키기 위해 우리는 앞에서 '무한'에 의해 연결된 바로 옆 위치를 먼저 떠올려야 했던 거예요.(그리고 이 순간 변화율을 이미지화시키면 방향 화살표가 되므로 방향 화살표 또한 이 책의 주인공이라고 볼 수 있어요.)

그러므로 우리는 앞으로 이 책의 주인공인 순간 변화율을 통해서 변화를 살펴볼 거예요.

먼저 우리는 특정 영역 내에서 모든 순간 변화율에 대한 정보를 알고 있을 때, 이로 인해 어떻게 변화가 일어나게 되는지를 살펴볼 거예요. 다시 말해서 특정 영역 내에서 변화의 모든 과정에 대한 정보를 주어졌을 때, 이들을 통해 어떠한 변화가 생겨나게 되는지를 알아보는 작업을 할 거예요.(나중에 이것을 적분이라고 해요.)

또한 이번에는 거꾸로 어떠한 변화가 주어졌을 때, 이 변화의 모습으로부터 특정 지점에서의 순간 변화율은 얼마인지를 알아내는 작업을 할 거예요.(나중에 이것을 미분이라고 해요.)

이처럼 순간 변화율을 다루는 두 가지 작업을 통해 우리는 두 대상에게 일어나는 변화를 이해할 수 있을 거예요.

그런데 앞으로 우리가 순간 변화율을 다루면 필연적으로 이상한 현상들을 만나게 될 거예요. 왜 이상한 현상과 마주칠 수밖에 없을까요? 그 이유는 앞에서도 말했듯이 순간 변화율은 실제로 존재하는 것이 아니라 우리가 변화를 이해하기 위한 필요에 의해 발명한 개념이기 때문이에요. 순간 변화율은 어떠한 순간의 '바로 다음 순간' 또는 '바로 옆 위치'라는 것에 대해 말할 수 있을 때 떠올릴 수 있는 개념이지만, 우리가 보고 있는 세계는 무한에 의해 '바로 옆 위치'라는 것을 말할 수 없는 이상한 세계예요. 이러함에도 불구하고 우리는 상상을 통해 무한으로 연결된 바로 옆 위치를 떠올려 보았어요. 그럼으로써 우리는 '바로 옆 위치'에 기반한 '순간 변화율'에 대해 생각하는 것이 가능해졌어요. 하지만 이것은 우리의 인식 체계에 맞추어 이상한 세계에서 일어나는 변화를 이해하려고 하는 시도라고 볼 수 있어요. 우리가 다루는 세계는 실제로는 우리의 인식 체계와 다른 구조로 되어 있기 때문에, 순간 변화율이라는 개념을 이 세계에 적용하게 되면 우리의 상식에서 벗어나는 이상한 일들이 벌어지게 되는 거예요.

즉 우리는 앞으로 우리의 인식 체계에 맞추어서 이상한 세계를 이해해 나가려고 해요. 또한 이처럼 이상한 세계를 우리의 인식 체계에 맞추려 하기 때문에 상식에서 벗어나는 이상한 현상들을 마주칠 수밖에 없어요. 예를 들어 여러분은 나중에 위치들에게 혼합 연결이 일어날 때, 이 위치들마다 놓인 화살표들에게도 혼합 연결이 일어나는 현상을 만나게 될 거예요. 즉 하나의 화살표와 그 바로 옆에 놓인 화살표도 따로 떨어져 완전히 독립적으로 존재하는 상태가 아니라 서로 구별되지 않는 형태로 존재하게 돼요.

그렇다면 우리는 이러한 이상한 현상들을 어떻게 다룰 수 있을까요? 이 질문에 대한 대답의 힌트는 우리가 어떻게 순간 변화율을 떠올렸는지에 숨어 있어요. 순간 변화율은 '무한'으로 연결된 '바로 옆 위치'를 기반으로 해서 떠올린 개념이에요. 그러므로 우리가 순간 변화율을 다루기 위해서는 먼저 '무한'을 다룰 수 있어야만 할 거예요. 무한을 다룰 수 있게 되면 이러한 이상한 현상 너머에 존재하는 변화의 실체를 들여다볼 수 있게 돼요. 우리는 다음 장에서 무한을 다루기 위한 준비 작업을 할 거예요.

우리는 앞으로 방향 화살표를 두 종류로 다룰 거라는 점에 주의해 주세요. 첫 번째는 변화의 결과만을 나타내는 일반적인 변화율인 $D = \dfrac{\Delta y}{\Delta x}$ 를 의미하는 방향 화살표예요. 그리고 두 번째는 무한에 의해 연결된 바로 옆 위치로의 변화를 나타내는, 즉 변화의 과정을 나타내는 순간 변화율인 $D = \dfrac{dy}{dx}$ 를 의미하는 방향 화살표예요. 이 두 종류의 방향 화살표를 그때마다 상황에 맞게 사용할 거예요.

# 연속성의
## 규칙

숫자들의 모임

# 01

# 새로운 규칙

앞 장에서 우리는 '변화의 과정'에 대해 상상을 통해 말할 수 있게 되었어요. 이를 토대로 삼아서 이번 장에서는 이 이상한 세계에서 변화가 일어날 때 반드시 지켜져야 할 규칙 하나를 추가할까 해요. 이 규칙의 이름은 연속성의 규칙이에요.

다음 그림에서 점은 위치 2에 놓여 있어요.

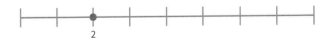

그리고 변화가 일어나서 다음 그림과 같이 점의 위치가 5로 바뀌었어요.

이렇게 점의 위치가 변할 때 점이 '순간 이동'을 할 수 없다는 것이 '연속성의 규칙'이에요. 위치 2에 있던 점이 갑자기 사라졌다가 순간 이동해서 위치 5에 갑자기 나타날 수는 없어요. 점은 반드시 위치 2와 위치 5 사이에 존재하는 모든 위치를 거쳐서, 처음 위치에서 나중 위치로 변해야 해요.

**점은 변화 전의 위치와 변화 후의 위치 사이에 존재하는 모든 위치를 통과해서 변해야만 해요.**

이것은 '끊어지지 않고 쭉 이어서' 변화가 일어난다는 말이므로 연속성이라고 표현해요. 그런데 상상의 막대기의 다섯 번째 성질에 따르면 어떤 두 위치 사이에는 무한개의 위치가 존재했어요.

**유한한 영역 안에 무한한 위치가 존재해요.**

즉 점은 무한개의 위치를 거쳐서 변화 후의 위치에 도달해야 하는 거예요. 이건 뭔가 이상해요. 위치가 무한히 많은데 이 무한개의 위치를 어떻게 하나하나 다 거쳐서 변화 후의 위치에 도달할 수 있을까요?

이것이 가능하기 위해서는 평소에 우리가 생각하던 무한에 대한 관점을 바꿀 필요가 있어요. 일상적으로 우리가 생각하는 무한은 끝이 없는, 셀 수 없는, 무한히 많아서 어떻게 다룰 엄두가 나지 않는 그런 존재예요. 하지만 상상의 막대기의 다섯 번째 성질을 다시 잘 살펴보면 유한한 영역 안에 무한개의 위치가 존재하므로, 이것을 '유한 안에 갇힌 무한'이라고 볼 수 있어요. 무한이 유한에 갇혀 있다니? 이게 무슨 소리일까요?

칸토어라는 위대한 수학자가 있었어요. 칸토어는 무한을 새로운 시각으로 바라보았어요. 무한을 우리가 생각하는 것처럼 끝도 없이 계속되는, 그래서 다룰 수 없는 존재라고 생각하는 대신에, 그 끝도 없는 무한이 이미 그 자체로 완결된 상태로 존재한다는 실무한의 개념을 도입했어요.

예를 들어 숫자를 1부터 하나씩 세어 볼게요. 1, 2, 3, 4, 5, …, 123, 124, …, 4809, 4810, …

아무리 세어도 끝이 없어요. 이것이 우리에게 익숙한 '무한'이에요. 그런데 이것을 새로운 관점으로 바라볼 수 있어요. 나무가 아닌 숲을 보는 관점으로, 부분이 아닌 전체를 바라보는 관점으로 바꿔 보는 거예요.

이러한 관점으로 바꿔 보기 위해, 위에 나온 무한한 숫자들에게 이름을 한번 지어 주도록 할게요. 흠, 어떤 이름이 좋을까요? 아! 다음과 같은 이름을 지어 보았어요.

"옆 수와 1만큼 차이 나는 숫자들의 모임"

위에 나왔던 숫자들은 모두 옆에 있는 숫자들과 1만큼씩 차이가 나므로, 이 이름 하나에 위 모든 무한개의 숫자가 속한다고 생각할 수 있어요.

이제 주머니를 하나 준비할게요. 그리고 이 주머니에 앞에서 지은 이름이 적힌 '이름표'를 붙였어요. 그러면 이 주머니에 위 모든 무한개의 숫자가 통째로 들어간다고 생각할 수 있어요.. 즉 이 주머니 한 개 안에 무한히 많은 숫자가 들어 있는 셈이에요. 이건 마치 만화에 나오는 도라에몽이 갖고 있는 주머니와 같아요. 도라에몽은 주머니 한 개만 갖고 다니지만, 그 주머니 안에는 무한한 도구가 들어 있는 것처럼요.

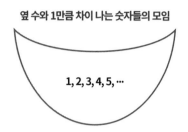

**옆 수와 1만큼 차이 나는 숫자들의 모임**

1, 2, 3, 4, 5, …

이렇게 되면 무한은 유한에 갇힌 것이 돼요. 계속해서 숫자가 커지는 상태가 아니라, 1만큼씩 차이가 나는 무한개의 숫자가 이미 그 자체로 완결된 상태로 주머니 안에 존재하게 돼요. 이러한 관점으로 무한을 바라볼 때 우리는 비로소 무한을 겁내지 않으면서, 무한을 마치 유한처럼 다룰 수 있게 돼요. 즉 '무한의 유한화'라고 할 수 있어요.

수의 막대기에서 점이 위치 2에서 위치 5로 변화할 때, 연속성에 의해 그 사이에 존재하는 모든 무한개의 위치를 지나쳐야 했어요. 일반적인 무한의 개념으로는 아무리 숫자를 세어도 끝이 없었던 것처럼 아무리 점이 위치들을 지나쳐도 끝이 없을 거예요. 하지만 무한개의 위치를 위와 같이 '유한 안에 갇힌 무한', '이미 완결된 상태의 무한'의 시점으로 생각하면 점이 위치들을 하나씩 통과한다는 개념이라기보다는 마치 위치 2와 위치 5 사이에 있는 무한한 위치를 통째로 유한한 한 개의 위치처럼 생각하면서 통과한 것이 돼요. 이건 마치 도라에몽이 여러분에게 주머니를 선물로 주는 것과 같아요. 만약 도라에몽이 주머니 안에 들어 있는 무한한 도구들을 하나씩 꺼내서 여러분에게 건네준다면 끝이 없을 거예요. 하지만 그저 한 개의 주머니를 여러분에게 넘겨주기만 하면, 그와 함께 주머니 안에 들어 있는 무한한 도구가 여러분에게 넘어가게 돼요.

여러분! 잠깐만요. 혹시나 해서 말씀드리지만 이 내용을 이해하려고 하면 안 돼요. '유한 안에 갇힌 무한'은 이해하는 것이 아니에요. '이러한 무한이 있을 수도 있겠다.'라는 것을 인정하고 받아들이는 거예요.

'아! 무한이 유한 안에 갇히는 이상한 세계가 있구나. 참 신기하고 재밌네!'

정리해 보면, 우리가 만들 세계에 '갑자기' 또는 '순간 이동' 금지라는 '연속성의 규칙'을 추가했어요.(이것은 게임에 룰을 추가하는 것과 같아요.) 그리고 이러한 연속성을 가능하게 한 것은 무한을 새로운 시각으로 바라볼 수 있었기 때문이었어요. 앞으로는 변화를 생각할 때 항상 '연속성의 규칙' 안에서 변화가 일어나고 있다고 생각해야 해요. 여러분은 나중에 이 '연속성의 규칙'이 우리가 무한을 다룰 수 있게 해 주는 열쇠가 된다는 것을 보게 될 거예요.

# 직선

## 만들기

# 01
·····
# 동일한 순간 변화율로
# 변할 때

지금부터 여러 장에 걸쳐서 순간 변화율이 정보로 주어졌을 때, 이로 인해서 어떻게 변화가 일어나게 되는지를 알아볼 거예요. 그럼 먼저 이번 장에서는 변화의 과정마다 순간 변화율이 일정한 경우를 살펴볼게요.

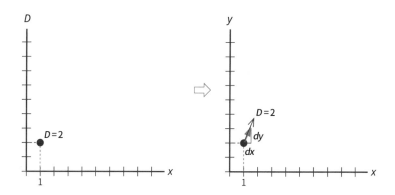

앞의 왼쪽 그림인 $xD$ 좌표에는 $x = 1$일 때 순간 변화율이 $D = \dfrac{dy}{dx} = 2$인 점이 기록되어 있어요. 이 점은 오른쪽 그림인 $xy$ 좌표에서 $x = 1$인 곳에 변화율 $D = 2$인 방향 화살표로 나타나요. 이때 $y$ 위치에 대한 정보는 따로 없으므로 임의로 $y = 2$인 곳에 방향 화살표를 위치시켰어요. 그리고 이 변화율대로 $dx$만큼 변하면 순간 변화율을 따라 $y$는 $dy = D \times dx = 2dx$만큼 변해요.

이처럼 어떤 한 위치에서 순간 변화율 $D = \dfrac{dy}{dx}$를 나타내는 방향 화살표를 따라 상상의 바로 옆 위치로 변화가 일어난 후에, 이어서 변화된 그 위치에서 또다시 똑같은 방향을 가리키는 방향 화살표를 따라 바로 옆 위치로 변화가 일어나는 과정이 반복된다면 다음 그림과 같이 동일한 방향 화살표를 따라, 즉 동일한 순간 변화율로 계속해서 변화가 일어날 거예요.

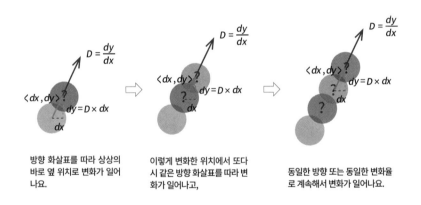

방향 화살표를 따라 상상의 바로 옆 위치로 변화가 일어나요.

이렇게 변화한 위치에서 또다시 같은 방향 화살표를 따라 변화가 일어나고,

동일한 방향 또는 동일한 변화율로 계속해서 변화가 일어나요.

이처럼 동일한 변화율로 계속해서 변화가 일어나는 상황을 $xD$ 좌표와 $xy$ 좌표로 살펴보면 다음과 같아요.

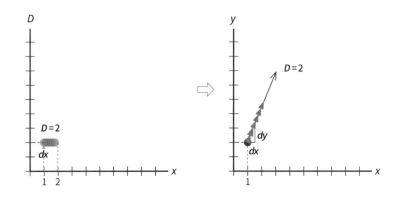

위 왼쪽 그림의 $xD$ 좌표를 보면, $x = 1$인 곳에 순간 변화율을 나타내는 $D = 2$인 점이 놓여 있어요. 이 점이 위 오른쪽 그림의 $xy$ 좌표에서 방향 화살표로 나타나고, 이 방향을 따라 $dx$만큼 변하면 $y$는 $dy = D \times dx = 2dx$ 만큼 변하게 돼요. 이렇게 변화한 후에 $xD$ 좌표에는 또다시 $x = 1 + dx$인 곳에 순간 변화율 $D = 2$인 점이 놓여 있어요. 그래서 다시 이 방향 화살표를 따라 $dx$만큼 변하면 $y$는 $dy = 2dx$만큼 변해요. 이와 같은 방식으로 계속해서 진행되면 위 오른쪽 그림과 같이 동일한 방향으로 계속해서 변화가 일어나게 돼요.

# 02

# 미시적 변화와
# 거시적 변화

그런데 이와 같이 바로 옆 위치와 순간 변화율을 통해서 변화가 일어나
는 과정을 살펴보고는 있지만 실제로 변화의 과정마다 하나의 순간 변화율
에 의해 얼마만큼씩 변하고 있는지 구체적인 변화량을 물어본다면 우리는
명확하게 대답할 수가 없어요. 왜냐하면 앞의 그림에서 우리는 $dx$를 특정
한 길이로 표시했지만, 사실 무한 때문에 $dx$가 구체적으로 어떤 값을 가지
는지 알 수 없고, 마찬가지로 $dy = 2dx$도 얼마인지 알 수 없기 때문이에요.

그런데 여기서 재밌는 사실은 우리는 단 하나의 미시적 변화 $dx$가 얼마
만큼 변한 것인지에 대해서는 뭐라고 말할 수 없지만 다음 그림에서 볼 수
있는 것처럼 거시적 변화인 $\Delta x$ 값에 대해서는 말할 수 있다는 점이에요.

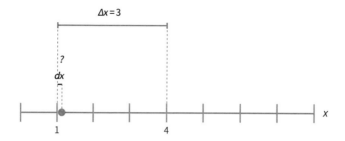

이 막대기에서 위치 1의 바로 옆 위치를 상상으로 떠올려서 점으로 표시해 보았어요. 그러면 위치 1과 이 바로 옆 위치는 $dx$만큼 떨어져 있을 거예요. 우리는 이 "$dx$ 값이 얼마다."라고 명확하게 말할 수 없어요.

하지만 우리는 위치 1의 바로 옆 위치에서 또다시 바로 옆 위치를 떠올리고, 계속해서 그 위치의 바로 옆 위치를 또다시 떠올릴 수 있어요. 이와 같은 생각을 만약 위치 4까지 한다면, 각각의 바로 옆 위치까지의 거리들이 쌓여서 결과적으로 위치 1과 위치 4 사이의 거리인 $\Delta x$ = 4 − 1 = 3이 되었다고 생각할 수 있어요.(이때 위치 1과 4 사이에는 무한개의 위치가 존재하므로 무한개의 $dx$가 쌓였을 거예요.)

즉 우리는 비록 하나하나의 바로 옆 위치까지의 거리인 $dx$가 어떤 값을 갖는지는 알 수 없지만, 이들이 쌓여서 만들게 되는 총 거리인 $\Delta x$는 어떤 값이 되는지 알 수 있어요. 즉 $dx$의 모임 또는 $dx$의 집합은 실체적인 거리를 갖게 되는 거예요.

이와 마찬가지로 우리는 하나하나의 순간 변화율에 의해 어떻게 변화가 일어나고 있는지에 대해서는 알 수 없을 거예요. 하지만 이러한 순간 변화율들에 의한 변화가 쌓이게 되면 얼마만큼 변화가 일어나게 되었는지를 말할 수 있게 돼요. 즉 순간 변화율들의 모임 또는 집합에 의해서는 두 대상이 얼마만큼 변했는지 알 수 있어요.

그러므로 우리는 이번 장에서 순간 변화율 하나에 의한 미시적 변화를 결과 값으로 구하는 것이 아니라, 순간 변화율의 모임에 의해서 일어나게 된 거시적 변화를 구하게 될 거예요. 오직 거시적 변화만이 구체적인 변화 값을 알 수 있기 때문이에요.

거시적 변화를 구하기 위해서는 다음 그림과 같이 화살표를 합하는 방법을 사용하면 돼요.

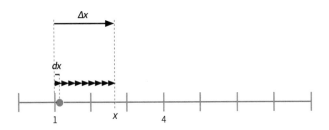

우리는 이전에 화살표들이 합해지면 화살표 기차를 만든다는 것을 보았고 이로 인한 변화의 결과는 화살표 기차의 시작점에서 끝점으로 그린 화살표라는 것을 보았어요. 이 그림에서도 $dx$를 나타내는 화살표들이 합해져서 화살표 기차를 만들었고, 화살표 기차의 시작점에서 끝점으로 그린 $\Delta x$가 변화의 결과를 나타내는 화살표가 되었어요.

# 03

# 직선의 식 구하기: 함수 구하기

동일한 순간 변화율로 계속 변화가 일어나면 결국 하나의 변화율로 변화가 일어나는 경우와 같아져요. 그러므로 아래 왼쪽 그림처럼 매 위치마다 동일한 순간 변화율에 따른 변화 과정을 거치면, 동일한 방향을 갖는 화살표들이 합해지고 최종적인 변화 결과는 오른쪽 그림에서 볼 수 있듯이 화살표 기차의 시작점에서 끝점을 향하는 일반 화살표 변화와 같아져요.

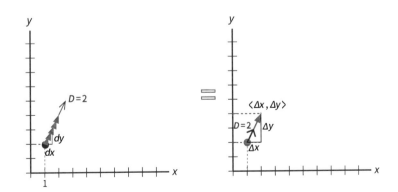

그러므로 앞의 오른쪽 그림은 이전에 보았던 것처럼 변화율 $D = 2$로 $\Delta x$ 만큼 변했을 때의 $\Delta y$를 구하는 것이 돼요. 변화율의 정의로부터

$$D = \frac{\Delta y}{\Delta x} = 2$$

는 $\Delta y = 2\Delta x$로 바꿔 쓸 수 있고, 결국 두 대상은 $x$가 $\Delta x$만큼 변하면, $y$는 $\Delta y = 2\Delta x$만큼 변하게 돼요. 즉 동일한 순간 변화율들로 변화가 일어나면, 이로 인한 변화의 결과는 이전에 보았던 하나의 변화율로 인해 일어나는 변화의 결과와 같아요.

이번에는 이것을 변화량이 아닌 위치의 관점에서 보기 위해 예로서 변화의 시작점을 $(1, 2)$라고 해 볼게요. 변화율은 마찬가지로 $D = 2$로 고정시킨 후, 이 하나의 변화율에 의해 변화가 일어난 후의 위치를 $(x, y)$라고 놓아 볼게요.

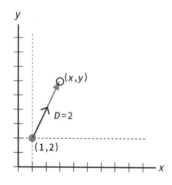

점 $(x, y)$를 나타내는 식을 구하기 위해 변화율의 정의를 이용하면,

$$D = \frac{\Delta y}{\Delta x} = \frac{y_{after} - y_{before}}{x_{after} - x_{before}} = 2$$

$(x_{before}, y_{before}) = (1, 2)$이고 $(x_{after}, y_{after}) = (x, y)$이므로

$$\frac{\Delta y}{\Delta x} = \frac{y - 2}{x - 1} = 2$$

등호의 양쪽에 $(x - 1)$을 곱하면

$$y - 2 = 2(x - 1)$$

오른쪽의 괄호를 풀고 등호의 양쪽에 2를 더하면

$$y = 2x - 2 + 2$$

그러므로 우리가 구하는 식은

$$y = 2x$$

결과적으로 $y = 2x$가 나와요. 이 식에 예를 들어 $x = 2$를 넣을 경우 $y = 2x$ $= 2 \cdot 2 = 4$로 $y = 4$를 구할 수 있어요.

앞의 그림은 동일한 방향(순간 변화율)을 갖는 화살표들이 합해진 결과였으므로, 결국 초기 위치 $(1, 2)$에서 동일한 순간 변화율들로 계속해서 변화가 일어나면, 위치 $(2, 4)$를 거치게 된다는 것을 알 수 있어요.

그런데 식 $y = 2x$를 다시 생각해 보면 $x$에 원하는 값을 넣으면 계산의 결과로 $y$ 값이 나오게 된다는 것을 알 수 있어요. 우리는 이전에 〈Class 4〉에서 이와 같은 개념이 바로 함수라는 것을 알아보았어요.

보통 식이라고 하면 숫자와 문자 그리고 이들을 서로 계산시키는 +, −, ×, ÷, = 와 같은 기호로 구성된 것을 말해요. 그런데 위 식처럼 등호(=) 왼쪽에는 $y$만이 놓여 있고 등호 오른쪽에는 $x$만이 놓이게 되면, $x$는 등호 오른

쪽에서 여러 계산이 이루어지고, 이에 대한 결과로 등호 왼쪽으로 $y$ 값이 나오게 돼요. 그러므로 $y = 2x$처럼 표현된 특별한 식을 새롭게 $y(x) = 2x$ 라고 표현하면, 이것은 식의 형태로 표현된 '함수'가 돼요. 우리는 이 함수 에 원하는 $x$ 값을 넣어서, 그에 따른 $y$ 값을 구할 수 있어요. 또한 앞서 보았 듯이 함수란 하나의 $x$ 값에 대해 하나의 $y$ 값만 나와야 하는데, 이 식은 이 조건을 충족해요.

**'식'의 형태로 표현된 '함수'**

$$y(x) = 2x$$

② 등호 왼쪽으로 $y$ 값이 나와요.　　　① $x$ 값을 넣으면 등호 오른쪽에서 계산된 후,

'함수'를 통해서 우리는 두 대상에 대한 무한개의 '정보'를 인식할 수 있어요.

　　사실 우리가 앞에서 화살표들의 합으로 만든 하나의 화살표로 인해 나 타낸 변화는 거시적 변화임과 동시에 순간 변화율들의 모임에 의해 일어난 변화의 결과를 구한 것이라고 볼 수 있어요. 즉 우리는 하나하나의 순간 변 화율에 의해 변하게 되는 변화의 과정을 살펴볼 수가 없었어요. 미시적인 변화량을 말할 수 없었기 때문이에요. 하지만 정말로 우리가 두 대상에게 일어나는 변화를 이해했다라고 말하기 위해서는 변화의 과정을 알 수 있어 야 해요.

　　그렇다면 우리가 변화의 결과로서 구한 함수인 $y(x) = 2x$는 변화의 과 정을 표현하지 못하는 걸까요?

　　어떻게 생각하면 $y(x) = 2x$는 단순히 '$y$ 값은 $x$ 값의 2배다.'라는 두 대

상 값의 관계만을 나타내는 것 같아 보이기도 해요. 하지만 정말 중요한 점은 우리가 이 함수에 넣게 되는 $x$ 값으로 임의의 값을 넣을 수 있다는 사실이에요. 여러분은 이 $x$ 값으로 $x = 0.001$, $x = 0.346$, $x = 2.7$, $x = 1479$ 또는 $x = 30000021$과 같이 여러분이 떠올릴 수 있는 모든 $x$ 값을 넣을 수 있어요. 우리는 이 이상한 세계에서 $x$ 값으로 가능한 것이 무한개가 있다는 것을 알고 있어요. 그렇다는 것은 이 함수를 통해서 우리가 무한히 많은 $x$ 값에 대응하는 $y$ 값을 구할 수 있다는 말이 돼요. 이것은 결국 모든 $x$ 값에 대응하는 $y$ 값을 알게 된 셈이므로, 우리는 순간 변화율로 인해 두 대상이 변하면서 거쳐 가게 되었을 모든 위치 $(x, y)$에 대한 정보를 알게 된 거예요. 즉 이처럼 우리가 변화의 자취에 대한 모든 정보를 알 수 있다면 이것을 변화의 과정에 대해 알게 되었다라고 대체해서 생각할 수 있게 돼요. 다시 말해 조금 표현이 모순적이지만 우리는 결국 변화의 결과로서 구한 함수를 통해 변화의 과정을 알 수 있게 된 셈이에요.

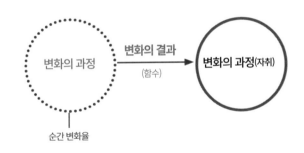

변화의 결과로 구한 함수를 통해 변화의 과정(자취)에 대한 정보를 나타낼 수 있어요.

이처럼 우리는 함수를 통해 '무한'히 많은 두 대상의 변화에 대한 위치의 정보를 인식할 수 있게 돼요. 또한 함수는 순간 변화율에 의해 일어나는 변화의 과정을, 변화의 결과가 그려 내는 변화의 자취로 대체해서 생각할 수 있게 해 줘요. 그러므로 식으로 표현된 '함수'를 구하는 작업은 이 책에서 굉장히 중요한 일이 돼요. 왜냐하면 순간 변화율로 인해 일어나는 두 대상의 변화의 형태(자취)를 표현해 주는 것이 함수이기 때문이에요. 우리는 함수를 구함으로써 순간 변화율에 의해 어떻게 두 대상에게 변화가 일어나는지를 인식할 수 있게 돼요.

★ 지금부터 이 책에서 '식으로 표현된 함수'를 언급할 때 함수의 의미를 분명히 해야 할 때는 '함수'라는 용어를 사용하겠지만, 내용의 흐름상 함수라는 의미가 자연스럽게 전달되는 경우에는 단순히 '식'이라고 표현할 거예요.

그런데 우리가 동일한 순간 변화율에 따라 일어나는 변화를 함수(식)를 통해 살펴보고 있을 때, 실제로 변화 과정 속에 있는 화살표에는 어떤 일이 일어나고 있을까요? 이것을 알아보기 위해 그림을 다시 그려 볼게요.

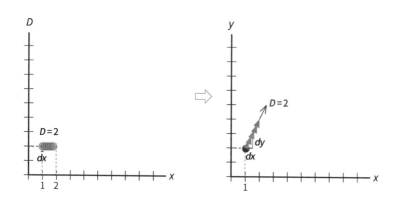

먼저 이 그림을 볼 때는 주의할 점이 한 가지 있다는 것을 알아주세요.

왼쪽 그림의 $xD$ 좌표에서는 우리가 인식할 수 있도록 점들을 유한개로 표시하고, 이들 사이의 거리를 $dx$로 길이가 있게 표시했어요. 하지만 상상의 막대기의 성질에 의해 $x = 1$과 $x = 2$ 사이에는 사실 무한히 많은 위치가 존재하고 있어요. 그러므로 왼쪽 그림에는 사실 유한개가 아닌 무한개의 점이 놓여져 있을 것이고, $dx$는 어떤 눈에 보이는 길이로 표시할 수 없을 거예요. $dy$도 마찬가지고요.

이렇게 무한개의 모든 위치를 고려하면 위치의 이중성 중 혼합 연결성에 의해 어떤 위치와 그 바로 옆 위치는 서로 구별되지 않는 상태로 존재하게 돼요. 왼쪽 그림에서 모든 위치가 모두 순간 변화율 $D = 2$를 갖는다면, $D = 2$를 나타내는 점들은 서로 구별되지 않는 상태인, 즉 무한에 의해 혼합 연결된 상태로 존재하게 될 거예요. 우리는 이러한 방식으로 연결된 점들의 모임을 선이라고 불러요.

왼쪽 그림의 $xD$ 좌표에 있는 순간 변화율을 나타내는 점들로 인한 변화가 오른쪽 그림인 $xy$ 좌표에서는 주황 화살표로 나타났어요. 그러므로 $xD$ 좌표의 점들이 혼합 연결된다면 마찬가지로 $xy$ 좌표에 있는 주황 화살표들에게도 혼합 연결이 일어날거예요. 혼합 연결이 일어나면 하나의 주황 화살표와 그 바로 옆의 주황 화살표가 서로 구별되지 않는 형태로 존재하게 된다는 것을 의미해요. 다행히도 지금의 경우는 두 화살표가 동일한 변화율, 즉 동일한 방향을 갖기 때문에, 이들이 혼합 연결되어도 주황 화살표는 여전히 그와 같은 방향을 갖는 화살표가 돼요. (나중에 이와는 다르게 서로 다른 방향을 갖는 화살표들이 혼합 연결되는 경우를 살펴보게 될 거예요. 그때는 뭔가 특별한 일이 일어나게 돼요.)

또한 앞의 오른쪽 그림인 $xy$ 좌표에서 화살표로 변화가 일어날 때마다,

그 변화된 위치를 점으로 찍어 자취를 남긴다면, $xD$ 좌표의 점들이 혼합 연결되었으므로, 마찬가지로 $xy$ 좌표의 화살표들이 남긴 변화의 자취인 점들도 자연스럽게 혼합 연결이 일어나게 돼요. 이렇게 혼합 연결된 점들의 모임은 마찬가지로 선이 돼요. 그리고 지금의 경우처럼 동일한 변화율로 인한 변화의 결과로 만들어진 점들의 모임을 특별히 직선이라고 불러요.

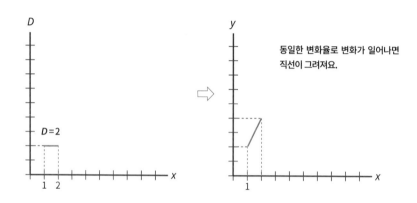

이번 장에서 우리는 순간 변화율이 일정한 값을 가질 때 이러한 순간 변화율에 따라서 $x$와 $y$가 어떻게 변하게 되는지 살펴보았어요. 두 대상의 변화는 직선의 형태로 나타났고, 이 직선을 함수(식)으로도 표현해 보았어요.

또한 앞에서 우리는 단 하나의 미시적 변화 $dx$로는 그 변화의 양이 얼마인지 알 수 없지만, 이들의 모임 또는 이들의 집합인 거시적 변화 $\Delta x$는 실체적인 거리를 가진다는 것을 알아보았어요. 그런데 여기서 정말 중요한 사실은 $\Delta x$가 거시적 변화라면 이 값이 얼마나 작든지 여기에는 무한개의 미시적 변화인 $dx$가 들어 있다는 점이에요. 예를 들어 $x$가 위치 $x = 1$에서 $x = 1.0000001$로 $\Delta x = 0.0000001$만큼 변한다고 하더라도, 명확한 변화량을 말할 수 있는 이상 이 변화는 거시적 변화이고, 1과 1.0000001 사이에는 무한히 많은 위치가 존재하는 것처럼, 역시나 이 변화에는 무한개의 $dx$ 가 존재하게 돼요.

이와 마찬가지로 우리는 단 하나의 순간 변화율만으로는 이것으로 인해 두 대상이 바로 옆 위치로 얼마나 변했는지에 대해서 뭐라 말할 수 없었어요. 하지만 순간 변화율들의 모임 또는 집합에 의해서는 두 대상이 얼마만큼 변했는지 알 수 있었어요. 또한 마찬가지로 순간 변화율들의 모임 안에는 그 모임이 아무리 작더라도 무한개의 순간 변화율이 들어 있게 돼요. 이번 장에서는 동일한 값(방향)을 갖는 순간 변화율(방향 화살표)들의 모임을 다룬 경우였기 때문에 무한개의 순간 변화율을 특별한 방법 없이도 다루는게 가능했어요. 하지만 순간 변화율들이 서로 다른 값들을 갖는 모임이었다면 무한개의 순간 변화율을 다루기 위해서는 특별한 방법이 필요해요. 이어지는 세 개의 장에서는 연속성의 규칙을 사용해서, 순간 변화율이 일정하지 않고 연속적으로 변하게 될 때 두 대상이 어떤 형태로 변하게 되는지를 알아볼 거예요.

# 곡선을 만들기 위한 준비

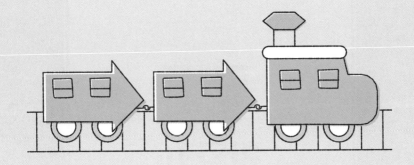

# 01
·····
# 순간 변화율이
# 변할 때

앞 장에서 우리는 순간 변화율이 일정할 때 두 대상이 어떻게 변하는지 살펴보았어요. 그러므로 이제 순간 변화율이 변하는 경우를 살펴볼 때가 되었어요. 이번 장부터 세 개의 장에 걸쳐서 순간 변화율이 변하는 경우 중에서 가장 간단한 경우인, 순간 변화율이 일정하게 변하는 경우를 살펴보려고 해요. 나중에 〈Class 16〉에서는 순간 변화율이 일정하지 않게 변하는 경우도 보게 될 거예요.

순간 변화율이 일정하게 변하는 경우를 살펴보기 위해 앞 장에서 그렸던 직선을 사용하려고 해요. 직선은 일정한 변화율로 변화된 점들의 자취였어요. 그러므로 이 점들이 순간 변화율을 의미하게 한다면, 순간 변화율이 일정하게 그리고 연속적으로 변하는 상황을 만들 수 있어요.(앞에서 이 직선을 이루는 점들은 혼합 연결되어 있었으므로 갑자기 변한다거나 순간 이동을 하지 않는, 연속적으로 이어진 점들이에요.)

   $xy$ 좌표에 그렸던 직선을 변화율로서 활용하기 위해 그대로 $xD$ 좌표에 옮겨 그리면 다음과 같아요. 이 직선을 이루고 있는 점들은 이제 방향 화살표,, 즉 순간 변화율을 의미하게 되었어요.

   $D(x) = 2x$, 즉 이제 우리는 순간 변화율에 대한 정보가 '함수(식)'로 주어지는 경우를 살펴보게 된 거예요.(이렇게 함수로 나타내면 임의의 위치에서의 순간 변화율 값을 알 수 있게 되므로, 결국 모든 위치에서의 순간 변화율에 대한 정보가 주어진 것이 돼요.)

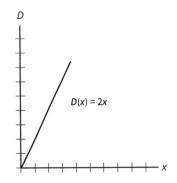

   그런데 우리는 이전에 〈Class 5〉에서 변화율을 토대로 화살표 기차를 만드는 작업을 했어요. 이때는 변화율이 불연속적으로 변하는 경우에 일어나는 변화를 살펴봤어요.

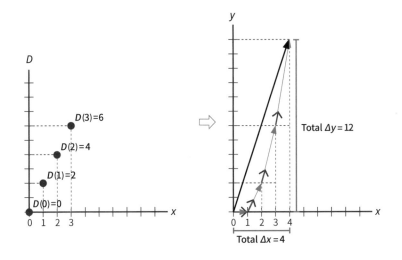

어? 그런데 자세히 보니 위 왼쪽 그림에 있는 $xD$ 좌표의 4개의 점은 직선 $D(x) = 2x$에 속하는 점들이에요.

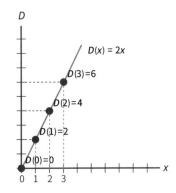

그러므로 앞의 그림은 직선 $D(x) = 2x$를 이루고 있는 무한히 많은 점 중에서 4개의 변화율, 즉 4개의 화살표를 선택해서 변화를 일으킨 것이라고 볼 수 있어요. 그런데 우리는 직선 $D(x) = 2x$에서 유한개의 점을 택해서 변화를 그려 내는 것이 아니라, 특정한 영역 내에서 이 직선을 이루고 있는 모

든 점, 즉 무한개의 점을 모두 선택했을 때 일어나는 변화를 살펴보고 싶어요. 하지만 처음부터 직접적으로 무한개의 점을 모두 다룰 수는 없기 때문에, 우리는 간접적인 방법을 사용해서 알아볼 거예요.

간접적인 방법으로 무한을 다루기 위해, 일단 임의의 $n$개의 변화율을 택했을 때 변화가 어떻게 되는지 알 수 있게 해 주는 식을 구하는 것부터 시작할 거예요. 구체적으로 $n = 8$일 때를 예시로 함께 살펴보면서 진행할게요.

그런데 지금부터 하려는 작업은 〈Class 5〉에서 보았던 방식과 똑같지만, 이번에는 숫자가 아니라 문자를 사용해서 식을 만들기 때문에 조금 복잡해 보일 수 있어요.

숫자를 사용한 식은 아무리 복잡해도 간단한 결과가 나오지만,

$$\left(5 \times \frac{3 + 4 - 1}{2}\right) + \left(6 \times \frac{4}{3}\right) = 15 + 8 = 23$$

문자를 사용한 식은 정리하더라도, 여전히 복잡한 형태로 남아 있을 수 있어요.

$$\left(a \times \frac{b + c - d}{e}\right) + \left(f \times \frac{c}{b}\right) = \frac{a(b + c - d)}{e} + \frac{cf}{b}$$

이렇게 식이 복잡해지는데도 문자로 식을 만드는 이유는, 문자에 변하는 값을 넣을 수 있기 때문이에요. 그리고 이 변하는 값에 따라 식의 결과 값이 어떻게 달라지는지 살펴볼 수 있기 때문이에요. 예를 들어 직선의 식 $y(x) = 2x$에 변하는 $x$ 값을 넣을 수 있고, 이에 따라 식의 결과인 $y$ 값이 어

떻게 달라지는지 살펴볼 수 있어요. 그러므로 문자로 된 식은 두 대상의 변화의 관계를 파악하는 데 꼭 필요한 도구라고 할 수 있어요.

우리가 앞으로 할 작업은 복잡해 보여도 결국 숫자 계산에서 했던 더하고, 빼고, 곱하고, 나누는 일을 문자에서 한다는 점만 다를 뿐이에요. 그러니 차근차근 하다 보면 원하는 식이 나올 거예요. 문자로 된 식에서 곱셈을 괄호 안에 분배하는 $a \times (b+c) = (a \times b) + (a \times c)$와, 거꾸로 괄호 안에 공통적으로 곱해진 요소를 밖으로 묶는 $(a \times b) + (a \times c) = a \times (b+c)$ 작업을 가장 많이 사용할 거예요. 그리고 곱셈을 나타내는 기호는 '$\times$' 대신 간단한 '·'을 주로 사용할 거예요.

# 변화율 *n*개로
# 화살표 기차 만들기

그럼 지금부터 $xD$ 좌표에서 $x_1$부터 $x_2$까지의 $x$ 영역을 활용해서 변화를 구해 볼게요. 이 $x$ 영역의 길이를 $d$라고 하면 $d = x_2 - x_1$이에요.

(예) 다음 그림에서 $x_1 = 0, x_2 = 4$이므로 $x$ 영역의 길이 $d$는 $d = x_2 - x_1 = 4 - 0 = 4$가 돼요.

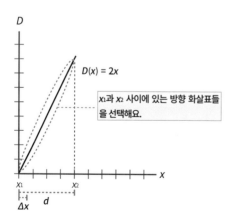

$D(x) = 2x$

$x_1$과 $x_2$ 사이에 있는 방향 화살표들을 선택해요.

이 영역에서 직선을 이루는 점들 중 $n$개의 방향 화살표를 택해서 $xy$ 좌표에 화살표 기차를 만들려고 해요. 화살표를 택할 때 $x$를 등간격으로 나눠서 선택하면 좀 더 간편해져요. 이 등간격의 거리를 $\Delta x$라고 할게요. $\Delta x$를 구하려면 영역의 길이 $d$를, 화살표의 개수 $n$으로 나누면 돼요.

$$\Delta x = \frac{d}{n} = \frac{x_2 - x_1}{n}$$

(예) 만약 선택할 화살표의 개수가 $n = 8$이고, $d = 4$이면, $\Delta x = \frac{4}{8} = \frac{1}{2} = 0.5$가 돼요

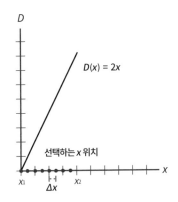

$\Delta x$를 구했으므로 이로 인해 선택하게 되는 $x$ 위치로 일단 영역의 시작점인 $x_1$을 선택해요. 그리고 여기에 $\Delta x$를 더한 $x_1 + \Delta x$ 위치를 선택하고, 또 다음 위치는 여기에 다시 $\Delta x$를 더한 $x_1 + 2\Delta x$를 선택해요. 이런 식으로 총 $n$개를 택하면 다음과 같아요.

**선택하게 되는 $x$ 위치 : 총 $n$개**

1개: $x_1$

2개: $x_1 + \Delta x$

3개: $x_1 + 2\Delta x$

4개: $x_1 + 3\Delta x$

……

위의 결과를 잘 보면 $\Delta x$ 앞에 붙은 숫자가 선택한 개수에 해당하는 숫자보다 1만큼 작다는 것을 알 수 있어요. 예를 들어 3개일 때 $\Delta x$ 앞에 곱해진 숫자는 3보다 1이 작은 2가 있어요. 그러므로 선택하게 되는 마지막 $n$개는 다음과 같이 될 거예요.

$$n\text{개}: x_1 + (n-1)\Delta x$$

(예) $x_1 = 0, \Delta x = 0.5, n = 8$이면 선택하게 되는 $x$ 위치들은 다음과 같아요. 숫자를 하나씩 넣어 보면 쉽게 구할 수 있어요.

1개: 0

2개: $0 + 0.5 = 0.5$

3개: $0 + 2 \cdot 0.5 = 1$

4개: $0 + 3 \cdot 0.5 = 1.5$

5개: $0 + 4 \cdot 0.5 = 2$

6개: $0 + 5 \cdot 0.5 = 2.5$

7개: $0 + 6 \cdot 0.5 = 3$

8개: $0 + 7 \cdot 0.5 = 3.5$

앞의 그림에 이 $x$ 위치들이 표시되어 있어요. (그림에서 8개를 선택했을 때 영역의 마지막에 위치한 $x_2$는 선택하지 않았음에 주의해 주세요.)

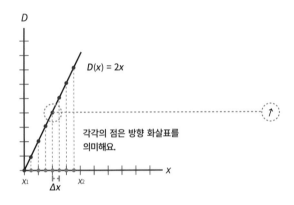

앞에서 선택한 각각의 $x$ 위치에서의 변화율 $D(x)$는 다음과 같아요.

1개: $D(x_1)$

2개: $D(x_1 + \Delta x)$

3개: $D(x_1 + 2\Delta x)$

4개: $D(x_1 + 3\Delta x)$

...

$n$개: $D(x_1 + (n-1)\Delta x)$

위 결과는 단순히 $D(x)$의 괄호 안에 선택하게 되는 $x$ 위치를 넣은 것이 돼요.

(예) 변화율 $D(x) = 2x$에 앞에서 구한 각각의 $x$ 위치를 넣어요.

1개: $D(0) = 2 \cdot 0 = 0$

2개: $D(0.5) = 2 \cdot 0.5 = 1$

3개: $D(1) = 2 \cdot 1 = 2$

4개: $D(1.5) = 2 \cdot 1.5 = 3$

5개: $D(2) = 2 \cdot 2 = 4$

6개: $D(2.5) = 2 \cdot 2.5 = 5$

7개: $D(3) = 2 \cdot 3 = 6$

8개: $D(3.5) = 2 \cdot 3.5 = 7$

앞의 그림에 선택한 이 변화율들을 표시했어요. 이 각각의 변화율은 $xy$ 좌표에 방향 화살표의 모습으로 나타나요.

이제 이렇게 구한 각각의 변화율대로 변화가 일어나면, $xy$ 좌표에는 방향 화살표가 가리키는 방향을 따라 일반 화살표가 모습을 드러내요. 각각의 변화율대로 $\Delta x$만큼 변하면 식 $\Delta y = D(x) \times \Delta x$에서 $\Delta y$를 구할 수 있어요.

1개: $\Delta y = D(x_1) \cdot \Delta x$

2개: $\Delta y = D(x_1 + \Delta x) \cdot \Delta x$

3개: $\Delta y = D(x_1 + 2\Delta x) \cdot \Delta x$

4개: $\Delta y = D(x_1 + 3\Delta x) \cdot \Delta x$

…

$n$개: $\Delta y = D(x_1 + (n-1)\Delta x) \cdot \Delta x$


(예) 앞서 구한 각각의 $D(x)$에 $\Delta x = 0.5$를 곱하면 다음과 같이 각각의 화살표의 $\Delta y$를 구할 수 있어요.


1개: $\Delta y = 0 \cdot 0.5 = 0$

2개: $\Delta y = 1 \cdot 0.5 = 0.5$

3개: $\Delta y = 2 \cdot 0.5 = 1$

4개: $\Delta y = 3 \cdot 0.5 = 1.5$

5개: $\Delta y = 4 \cdot 0.5 = 2$

6개: $\Delta y = 5 \cdot 0.5 = 2.5$

7개: $\Delta y = 6 \cdot 0.5 = 3$

8개: $\Delta y = 7 \cdot 0.5 = 3.5$

이렇게 구한 $\Delta y$를 $\Delta x$와 함께 일반 화살표 $\langle \Delta x, \Delta y \rangle$로 나타내면 다음과 같아요.

첫 번째 화살표: $\langle \Delta x, \Delta y \rangle = \langle \Delta x, D(x_1) \cdot \Delta x \rangle$

두 번째 화살표: $\langle \Delta x, \Delta y \rangle = \langle \Delta x, D(x_1 + \Delta x) \cdot \Delta x \rangle$

세 번째 화살표: $\langle \Delta x, \Delta y \rangle = \langle \Delta x, D(x_1 + 2\Delta x) \cdot \Delta x \rangle$

네 번째 화살표: $\langle \Delta x, \Delta y \rangle = \langle \Delta x, D(x_1 + 3\Delta x) \cdot \Delta x \rangle$

...

$n$번째 화살표: $\langle \Delta x, \Delta y \rangle = \langle \Delta x, D(x_1 + (n-1)\Delta x) \cdot \Delta x \rangle$


(예) $\Delta x = 0.5$이므로


첫 번째 화살표: $\langle \Delta x, \Delta y \rangle = \langle 0.5, 0 \rangle$

두 번째 화살표: $\langle \Delta x, \Delta y \rangle = \langle 0.5, 0.5 \rangle$

세 번째 화살표: $\langle \Delta x, \Delta y \rangle = \langle 0.5, 1 \rangle$

네 번째 화살표: $\langle \Delta x, \Delta y \rangle = \langle 0.5, 1.5 \rangle$

다섯 번째 화살표: $\langle \Delta x, \Delta y \rangle = \langle 0.5, 2 \rangle$

여섯 번째 화살표: $\langle \Delta x, \Delta y \rangle = \langle 0.5, 2.5 \rangle$

일곱 번째 화살표: $\langle \Delta x, \Delta y \rangle = \langle 0.5, 3 \rangle$

여덟 번째 화살표: $\langle \Delta x, \Delta y \rangle = \langle 0.5, 3.5 \rangle$

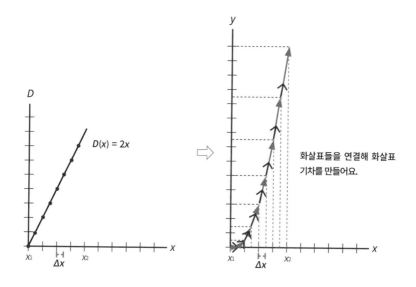

이 화살표들을 연결시키면 위 그림처럼 화살표 기차가 만들어지면서 변화가 일어나요. 이때 이전에 보았듯이 $xD$ 좌표에는 첫 번째 화살표가 시작하는 $y$ 위치에 대한 정보는 없으므로 지금은 $xy$ 좌표에서 임의로 $x_1 = 0$일 때 $y = 0$을 시작 위치로 잡았어요.

이제 이러한 변화들로 일어난 최종 변화량을 구하기 위해 앞에 나온 변화량들을 모두 더해요. Total $\Delta x$는 우리가 선택한 $x$ 영역의 길이예요.

$$\text{Total}\,\Delta x = \Delta x + \Delta x + \Delta x + \Delta x + \cdots + \Delta x = n\Delta x$$

$$\text{Total}\,\Delta y = (D(x_1)\cdot\Delta x) + (D(x_1 + \Delta x)\cdot\Delta x) + (D(x_1 + 2\Delta x)\cdot\Delta x)$$
$$+ (D(x_1 + 3\Delta x)\cdot\Delta x) + \cdots + (D(x_1 + (n-1)\Delta x)\cdot\Delta x)$$

그런데 Total $\Delta y$를 잘 살펴보면 $\Delta x$ 앞에 곱해진 숫자만 다를 뿐, 합해지고 있는 모든 요소가 모두 동일한 형태를 갖고 있다는 것을 알 수 있어요.

이와 같은 경우 합을 간편하게 나타낼 수 있는 기호 $\Sigma$를 사용해서 $\mathrm{Total}\,\Delta y$ 를 다음과 같이 나타낼 수 있어요.

$$\mathrm{Total}\,\Delta y = \sum_{i=1}^{n}(D(x_1 + (i-1)\Delta x)\cdot\Delta x)$$

기호 $\Sigma$는 시그마라고 부르고 기호 아래에 있는 $i = 1$은 시작하는 숫자를 나타내요. 기호 오른쪽에 있는 식에 $i = 1$을 넣고, 다음에는 $i$에 1을 더한 $i = 2$를 기호 오른쪽에 있는 식에 넣어요. 또 계속해서 다음에는 $i = 3$을 넣고 $i = 4$를 넣어요. 시그마 기호 위에 있는 숫자 $n$까지 넣어요.(지금의 경우는 어떠한 숫자라도 들어갈 수 있는 문자 $n$이 시그마 기호 위에 있어요.) 그리고 이렇게 $i$ 값을 넣은 것들을 모두 더해 줘요. 예를 들어

$$\sum_{i=1}^{4} i$$

이라면 이 식은 $1 + 2 + 3 + 4 = 10$을 의미해요.

결론적으로 최종적인 변화량은 다음과 같아요.

$$\mathrm{Total}\,\Delta x = n\Delta x$$
$$\mathrm{Total}\,\Delta y = \sum_{i=1}^{n}(D(x_1 + (i-1)\Delta x)\cdot\Delta x)$$

다음 그림에는 화살표 각각의 $\Delta y$와 이들을 모두 더한 $\mathrm{Total}\,\Delta y$를 표시했어요.

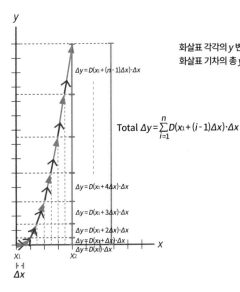

화살표 각각의 $y$ 변화량을 모두 합하면
화살표 기차의 총 $y$ 변화량을 구할 수 있어요.

$\Delta y = D(x_1 + (n-1)\Delta x) \cdot \Delta x$

Total $\Delta y = \sum_{i=1}^{n} D(x_1 + (i-1)\Delta x) \cdot \Delta x$

$\Delta y = D(x_1 + 4\Delta x) \cdot \Delta x$

$\Delta y = D(x_1 + 3\Delta x) \cdot \Delta x$

$\Delta y = D(x_1 + 2\Delta x) \cdot \Delta x$

$\Delta y = D(x_1 + \Delta x) \cdot \Delta x$
$\Delta y = D(x_1) \cdot \Delta x$

$x_1$　$x_2$

$\Delta x$

(예) $D(x) = 2x$이고, $x_1 = 0$, $\Delta x = 0.5$, $n = 8$이면 화살표 기차의 총 $x$ 변화량과 총 $y$ 변화량은 다음과 같아요.

Total $\Delta x = n\Delta x = 8 \cdot 0.5 = 4$

Total $\Delta y$

$= \sum_{i=1}^{n} (D(x_1 + (i-1)\Delta x) \cdot \Delta x)$

$= \sum_{i=1}^{8} (2\{0 + (i-1) \cdot 0.5\} \cdot 0.5)$

$= \sum_{i=1}^{8} (2\{(i-1) \cdot 0.5\} \cdot 0.5)$

$= \sum_{i=1}^{8} ((i-1) \cdot 0.5)$

$= (0) \cdot 0.5 + (1) \cdot 0.5 + (2) \cdot 0.5 + (3) \cdot 0.5 + (4) \cdot 0.5 + (5) \cdot 0.5 + (6) \cdot 0.5 + (7) \cdot 0.5$

$= 0 + 0.5 + 1 + 1.5 + 2 + 2.5 + 3 + 3.5 = 14$

그래서 Total $\Delta x = 4$, Total $\Delta y = 14$이에요.

## 03
.....
# 화살표 기차 높이를
# $n$의 함수로 나타내기


이제 앞에 나온 Total $\Delta y$ 식을 다시 적어 볼게요.


$$\text{Total}\,\Delta y = (D(x_1)\cdot\Delta x) + (D(x_1 + \Delta x)\cdot\Delta x) + (D(x_1 + 2\Delta x)\cdot\Delta x)$$
$$+ (D(x_1 + 3\Delta x)\cdot\Delta x) + \cdots + (D(x_1 + (n-1)\Delta x)\cdot\Delta x)$$


이때 $x$ 영역은 $x_1$과 $x_2$ 사이였고, 이 영역에서 화살표를 $n$개 선택했어요. 그리고 $\Delta x = \dfrac{x_2 - x_1}{n}$이었어요. 지금부터는 위 식에 $D(x) = 2x$를 넣은 후, 원하는 $n$ 값을 넣으면 곧바로 Total $\Delta y$ 값을 알 수 있는 형태로 위 식을 바꾸려고 해요. 즉 총 $y$ 변화량을 $n$에 대한 함수로 만들 거예요. 위 식을 잘 보면, 식을 이루는 각각의 구성 요소 뒤에 모두 $\Delta x$가 곱해져 있다는 것을 알 수 있어요. 그러므로 $\Delta x$로 식을 묶을 수 있어요.

$$\text{Total}\,\Delta y = \{D(x_1) + D(x_1 + \Delta x) + D(x_1 + 2\Delta x) + D(x_1 + 3\Delta x) + \cdots$$
$$+ D(x_1 + (n-1)\Delta x)\} \cdot \Delta x$$

이제 여기에 $D(x) = 2x$를 넣으면 다음과 같이 돼요.

$$\text{Total}\,\Delta y = \{2(x_1) + 2(x_1 + \Delta x) + 2(x_1 + 2\Delta x) + 2(x_1 + 3\Delta x) + \cdots$$
$$+ 2(x_1 + (n-1)\Delta x)\} \cdot \Delta x$$

이번에는 식을 이루는 각각의 구성 요소 앞에 모두 2가 곱해져 있으므로 2로 식을 묶을 수 있어요.

$$\text{Total}\,\Delta y = \{(x_1) + (x_1 + \Delta x) + (x_1 + 2\Delta x) + (x_1 + 3\Delta x) + \cdots$$
$$+ (x_1 + (n-1)\Delta x)\} \cdot 2\Delta x$$

큰 괄호 안을 살펴보면 $x_1$은 $n$번 더해지고 있어요. 그래서 앞에 더해지고 있는 $x_1$들을 모두 합해서 $nx_1$으로 나타낼 수 있어요.

$$\text{Total}\,\Delta y = \{nx_1 + (\Delta x) + (2\Delta x) + (3\Delta x) + \cdots + (n-1)\Delta x \cdot 2\Delta x$$

큰 괄호 안의 $nx_1$ 뒤에 있는 식들을 보면, 또다시 모두 구성 요소로 $\Delta x$를 갖고 있으므로 $\Delta x$로 식을 묶으면

$$\text{Total}\,\Delta y = \{nx_1 + (1 + 2 + 3 + \cdots + (n-1))\Delta x\} \cdot 2\Delta x$$

이렇게 묶고 보니 $(1 + 2 + 3 + \cdots + (n - 1))$이라는 재밌는 식이 나왔어요. 이 식은 1부터 $n - 1$까지의 숫자들을 모두 더하라고 말하고 있어요. 예를 들어 1부터 10까지의 숫자를 모두 더하는 경우를 살펴볼게요. 우리는 이 숫자들을 일일이 하나씩 더할 수도 있어요. 하지만 양 끝에 있는 숫자들끼리 짝을 지어서 더하면 흥미롭게도 항상 11이 된다는 것을 알 수 있어요.

$$1 + 2 + 3 + 4 + 5 + 6 + 7 + 8 + 9 + 10$$

$$1 \qquad\quad + \qquad\qquad\quad 10 = 11$$
$$2 \qquad\quad + \qquad\quad 9 \quad = 11$$
$$3 \qquad\quad + \quad 8 \qquad = 11$$
$$4 \quad + \quad 7 \qquad\qquad = 11$$
$$5 + 6 \qquad\qquad\qquad = 11$$

숫자 10개를 2개씩 짝지었으므로 11은 5개이고, 총합은 $11 \times 5 = 55$예요. 이와 같은 방식을 $(1 + 2 + 3 + \cdots + (n - 1))$에 적용해 볼게요. 이 식의 $\cdots$을 좀 더 풀어 쓰면 $(1 + 2 + 3 + \cdots + (n - 3) + (n - 2) + (n - 1))$이고,

$$1 + 2 + 3 + \cdots + (n - 3) + (n - 2) + (n - 1)$$

$$1 \qquad\qquad + \qquad\qquad\quad (n - 1) = n$$
$$2 \qquad\quad + \qquad (n - 2) \qquad = n$$
$$3 \qquad + (n - 3) \qquad\qquad = n$$
$$\cdots \qquad\qquad\qquad\qquad \cdots$$
$$\cdots \qquad\qquad\qquad\qquad = n$$

양 끝의 숫자끼리 짝을 지어서 더하면 항상 $n$이 돼요. 그리고 숫자의 개수는 $n - 1$개였는데 2개씩 짝을 지으니까 $n$은 $(n - 1) \div 2 = \dfrac{n - 1}{2}$개가 나와요. 그러므로 $n$이 $\dfrac{n - 1}{2}$개 있으므로, 이 둘을 곱하면 총합 $\dfrac{n(n - 1)}{2}$을 구할 수 있어요.

1부터 $n - 1$까지의 숫자들을 모두 더하면 총합은 $\dfrac{n(n - 1)}{2}$이 돼요.

이제 $n$ 값을 여기에 넣기만 하면 총합을 바로 알 수 있어요. 예를 들어 $n = 11$이면 $n - 1 = 11 - 1 = 10$이므로, 1부터 10까지의 합은 $\dfrac{n(n - 1)}{2} = \dfrac{11(11 - 1)}{2} = 11 \times 5 = 55$가 된다는 것을 확인할 수 있어요.

그런데 여기서 뭔가 이상한 점을 눈치챘을지도 몰라요. 분명히 짝수까지의 합은 2개씩 짝을 지을 수 있지만 홀수까지의 합은 짝을 지으면 하나가 남게 되므로, 위 식은 짝수일 때만 사용할 수 있는 것이 아닌가라는 의문을 가질 수도 있어요. 하지만 홀수일 때도 보이지 않는 수를 사용하면 위 식을 그대로 사용할 수 있어요. 여기서 보이지 않는 수란 바로 마법같은 수 0이에요. 만약 1부터 홀수 9까지의 합을 구한다고 한다면 분명 짝을 지었을 때 하나가 남을 거예요. 하지만 이것을 1이 아닌 0부터 9까지의 합을 구한다라고 생각할 수도 있어요. 이것이 가능한 이유는 0은 합에 영향을 끼치지 않기 때문이에요.

이제 짝을 지어 보면 $0 + 9 = 9, 1 + 8 = 9, 2 + 7 = 9, 3 + 6 = 9, 4 + 5 = 9$로 모든 수를 짝지을 수 있어요. 그러므로 $n - 1$이 홀수라면 0부터 시작해서 $n - 1$까지의 숫자들을 모두 합하는 식을 구하면 돼요. 그러면 위 식과 똑같은 식이 나와요. 결국 이 식은 짝수, 홀수에 상관없이 적용될 수 있어요. 이렇게 구한 $\frac{n(n-1)}{2}$을 $(1 + 2 + 3 + \cdots + (n-1))$ 대신 넣어 줄게요.

$$\text{Total}\,\varDelta y$$
$$= \{nx_1 + (1 + 2 + 3 + \cdots + (n-1))\varDelta x\}\cdot 2\varDelta x$$
$$= \left\{nx_1 + \frac{n(n-1)}{2}\varDelta x\right\}\cdot 2\varDelta x$$

이제 뒤에 묶어 놓았던 $2\varDelta x$를 다시 괄호 안의 각각의 요소에 곱하면 아래의 식이 돼요.

$$\text{Total}\,\varDelta y = \left\{nx_1 + \frac{n(n-1)}{2}\varDelta x\right\}\cdot 2\varDelta x = 2nx_1\varDelta x + n(n-1)(\varDelta x)^2$$

그런데 $\varDelta x = \frac{x_2 - x_1}{n}$ 이므로, 이것을 식에 넣어 주면

$$\text{Total}\,\varDelta y = 2nx_1\varDelta x + n(n-1)(\varDelta x)^2 = 2nx_1\frac{x_2 - x_1}{n} + n(n-1)\left(\frac{x_2 - x_1}{n}\right)^2$$

위 식은 아래와 같이 정리할 수 있어요.

$$\text{Total}\,\varDelta y$$
$$= 2nx_1\frac{x_2 - x_1}{n} + n(n-1)\left(\frac{x_2 - x_1}{n}\right)^2$$
$$= 2x_1(x_2 - x_1) + (n^2 - n)\frac{(x_2 - x_1)^2}{n^2}$$
$$= 2x_1(x_2 - x_1) + \left(\frac{n^2}{n^2} - \frac{n}{n^2}\right)(x_2 - x_1)^2$$
$$= 2x_1(x_2 - x_1) + \left(1 - \frac{1}{n}\right)(x_2 - x_1)^2$$

이로써 우리는 변화율이 $D(x) = 2x$로 주어졌을 때, 원하는 $n$ 값을 넣으면 곧바로 Total $\Delta y$를 알 수 있는 식을 구했어요.

$$Total\,\Delta y = 2x_1(x_2 - x_1) + (x_2 - x_1)^2\left(1 - \frac{1}{n}\right)$$

또는

$$Total\,\Delta y = 2x_1(x_2 - x_1) - (x_2 - x_1)^2\left(-1 + \frac{1}{n}\right)$$

이 식에 $x$ 영역인 $x_1$과 $x_2$를 넣은 후, 선택하게 될 화살표의 개수 $n$ 값을 넣으면 화살표 기차의 Total $\Delta y$를 구할 수 있어요. 앞의 예에서는 $x_1 = 0$, $x_2 = 4$였으므로 이것을 위 식에 넣으면

$$Total\,\Delta y = 2 \times 0 \times (4 - 0) + (4 - 0)^2\left(1 - \frac{1}{n}\right) = 16\left(1 - \frac{1}{n}\right)$$

이렇게 구한 식 Total $\Delta y = 16\left(1 - \frac{1}{n}\right)$에 $n = 2$를 넣으면 Total $\Delta y = 8$이 되고, $n = 4$를 넣으면 Total $\Delta y = 12$가 되고, $n = 8$을 넣으면 Total $\Delta y = 14$가 돼요.

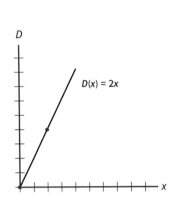

$D(x) = 2x$

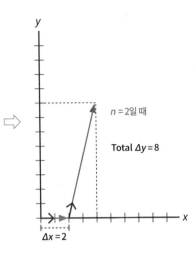

$n = 2$일 때

Total $\Delta y = 8$

$\Delta x = 2$

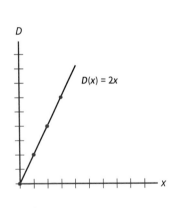

$D(x) = 2x$

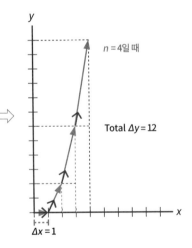

$n = 4$일 때

Total $\Delta y = 12$

$\Delta x = 1$

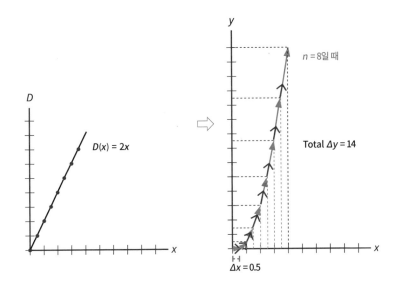

$D(x) = 2x$

$n = 8$일 때

Total $\Delta y = 14$

$\Delta x = 0.5$

앞의 그림들을 보면 선택하는 변화율의 개수인 $n$이 달라지면, 화살표 기차의 총 $y$ 변화량인 Total $\Delta y$도 달라진다는 것을 알 수 있어요.

그런데 우리가 정말로 원하는 것은 직선 $D(x) = 2x$의 $x_1 = 0$과 $x_2 = 4$ 사이의 영역에서 단지 몇 개의 방향 화살표만을 선택해서 변화를 일으키는 것이 아니라 이 영역에 존재하는 모든 방향 화살표를 다 사용했을 때 일어나는 변화를 구하고 싶은 거예요. 그런데 상상의 막대기의 성질에 의하면 유한한 영역 안에 무한한 위치가 존재하기 때문에 모든 방향 화살표의 개수는 무한개라는 것을 알 수 있어요. 화살표의 개수가 $n$이므로, 무한개의 모든 화살표를 선택하는 경우를 $n = All$(모든) 또는 $n = \infty$ 라고 표기할 수 있어요.

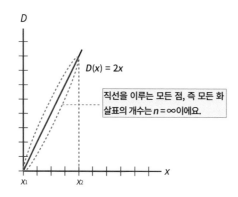

직선을 이루는 모든 점, 즉 모든 화
살표의 개수는 $n = \infty$이에요.

즉 $n = All$(모든) 또는 $n = \infty$를 우리가 구한 Total $\varDelta y$ 식에 넣어 봐야 해
요. 그런데 도대체 $n = \infty$를 넣는다는 것은 무엇을 의미하는 걸까요? 이 질
문에 대한 답의 힌트는 앞에서 보았던 연속성에 있어요.

# 연속성으로
## 추리하기

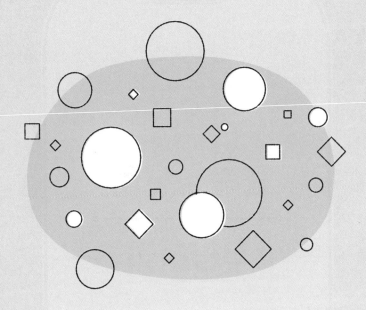

# 01

# 극한 구하기

우리는 앞에서 이 이상한 세상을 지배하고 있는 연속성의 규칙에 대해 알아보았어요. 연속성의 규칙은 '갑자기' 또는 '순간 이동'으로 일어나는 변화를 금지하고 있었어요. 언뜻 보면 이러한 규칙은 변하는 것에 제약을 가하기 때문에 불편할 것 같지만, 오히려 이 연속성의 규칙이 있기 때문에 유용한 정보를 얻을 수 있다는 것을 이번 장을 통해서 알게 되실 거예요.

다음 그림처럼 상상의 막대기의 왼쪽 끝에 여러분이 서 있다고 해 볼게요. 그리고 여러분의 머리 위로는 풍선이 떠 있어요. 여러분은 풍선이 얼마나 높게 떠 있는지 궁금해서 풍선의 높이를 재 보기로 했어요. 다행히도 여러분은 높이를 잴 수 있는 '자'를 갖고 있었어요. 하지만 아쉽게도 이 '자'는 머리 바로 위에 있는 풍선의 높이만을 잴 수 있다는 단점을 가지고 있었어요.

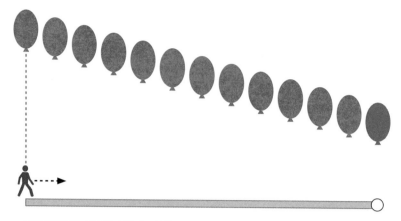

**머리 위에 떠 있는 풍선의 높이를 재고 싶어요.**

여러분은 막대기의 왼쪽 끝에서부터 오른쪽으로 걸어가며 풍선의 높이를 재서 기록했어요. 그런데 아뿔싸! 막대기의 오른쪽 끝점에 큰 구멍이 뚫려 있어서 오른쪽 끝점 위에 서 있을 수가 없어요. 이제 오른쪽 끝에 있는 풍선의 높이만 재면 끝나는데 너무나 아쉬워요. 어떻게 할지 고민하며 지금까지 기록했던 풍선의 높이들을 곰곰이 살펴보았어요. 그 결과 오른쪽 끝점 직전까지의 풍선의 높이들이 직선을 그리고 있다는 것을 알게 되었어요.

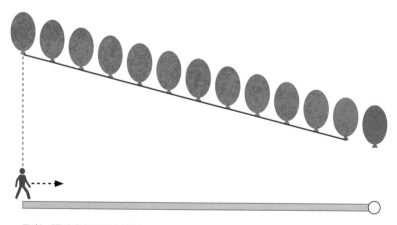

**풍선 높이들이 직선을 그리고 있어요.**

그래서 여러분은 다음과 같은 추측을 해 보았어요.

"비록 오른쪽 끝점 위에 떠 있는 풍선의 높이를 직접 잴 수는 없지만, 이 세상은 '연속성의 규칙'을 지키고 있다고 했어. 그러니까 만약 이 직선이 오른쪽 끝점까지 연속적으로 이어지면서 도달하고자 하는 높이가 있다면 풍선의 높이는 바로 그 값이 될 거야."

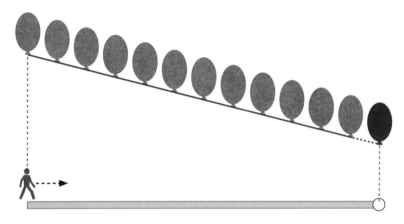

**연속성 때문에 오른쪽 끝점의 풍선 높이를 추측할 수 있어요.**

만약 연속성이 아니었다면 오른쪽 끝점에서의 풍선의 높이는 전혀 다른 높이가 될 수도 있었을 거예요. 하지만 다행히도 연속성이 있기 때문에 풍선의 높이를 구할 수 있게 되었어요.

위 작업은 오른쪽 끝점이 아니라 중간에 있는 임의의 점에도 그대로 적용될 수 있어요.

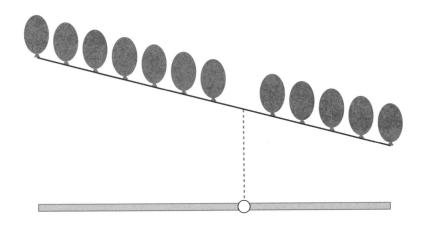

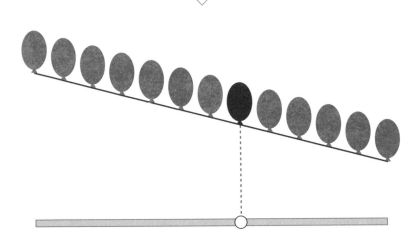

**연속성은 중간에 있는 임의의 점에도 그대로 적용할 수 있어요.**

　이처럼 연속성은 직접 구할 수 없는 어떤 위치에서의 값을 그 주변 정보들을 통해 유추할 수 있게 하는 고마운 성질이에요.

　사실 앞 장에서 $n$ 값에 따라 달라지는 Total $\Delta y$의 식을 구한 것은 바로 이 연속성의 규칙을 이용하기 위해서였어요.

$$\text{Total}\,\Delta y = 2x_1(x_2 - x_1) - (x_2 - x_1)^2 \left(-1 + \frac{1}{n}\right)$$

우리는 $n = \infty$일 때의 Total $\Delta y$ 값이 궁금해요. 위 식을 보면 $n$과 관련된 요소는 $\frac{1}{n}$ 하나밖에 없으므로 $n = \infty$일 때 $\frac{1}{n}$이 어떤 값을 갖게 되는지 알아보면 될 거 같아요. $n = \infty$가 무엇인지는 모르겠지만, 일반적으로 무한이라는 것은 큰 숫자같이 느껴지므로, 일단 $n$에 들어가는 숫자가 커질수록 $\frac{1}{n}$ 값이 어떻게 되는지 보도록 할게요.

다음 그림은 $n$ 값에 따른 $\frac{1}{n}$ 값을 보여 주고 있어요. 보기 편하게 가로 눈금은 1의 크기의 간격으로, 세로 눈금은 0.1의 크기의 간격으로 만들었어요. 그림에서 보이듯이 $n$이 커질수록(오른쪽으로 갈수록) $\frac{1}{n}$은 점점 작아져요.

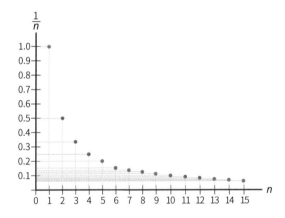

$n$이 커질수록 $\frac{1}{n}$은 계속해서 작아지며 변해가기 때문에 $n = \infty$를 단순히 $n$이 커져 가는 상태로 본다면 $\frac{1}{n}$을 구할 수 없을 거예요. 그러므로 여기

서는 ∞를 보는 새로운 관점이 필요해요. 상상의 막대기의 다섯 번째 성질은 '유한한 영역 안에 무한한 위치가 존재한다.'였어요.

❺ 유한한 영역 안에 무한한 위치가 존재한다.

유한한 길이 안에 무한한 위치가 들어 있으므로 이것을 조금 달리 생각하면 유한한 길이의 오른쪽 끝점이 무한 번째에 해당하는 위치인 ∞라고 생각할 수도 있다는 말이 돼요. 무한이 유한한 길이 안에 들어가게 했으므로, 이것을 "무한을 유한화시켰다."라고 표현할 수 있을 거예요.

이렇게 무한을 유한화시켜서 다룰 수 있다면 ∞도 상상의 막대기에 속하게 되므로 '연속성의 규칙'이 ∞까지도 적용될 수 있게 돼요.

이번에는 다음 그림처럼 오른쪽 끝점인 ∞에 큰 구멍이 뚫려 있어서 우리가 도달할 수 없다고 생각해 볼게요.

비록 ∞에서의 $\frac{1}{n}$ 값을 직접 구할 수는 없지만 연속성의 규칙이 ∞까지 적용되기 때문에, 이 연속성을 사용해서 ∞에서의 $\frac{1}{n}$ 값을 추리할 수 있어요. 구멍이 뚫려 있는 $n = \infty$ 직전까지 $\dfrac{1}{n}$ 값이 어떤 값을 향해 다가가고 있는지 알아낼 수 있다면 그 값을 $n = \infty$에서의 $\dfrac{1}{n}$ 값이라고 말할 수 있을 거예요.

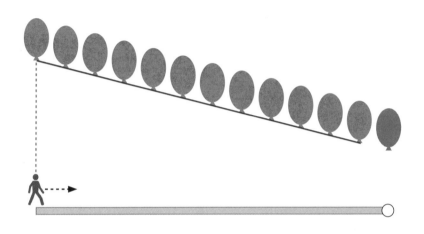

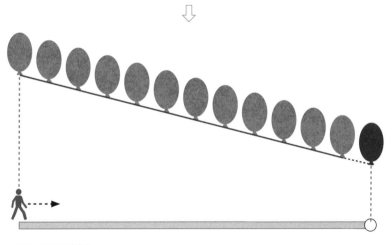

**연속성으로 추리하기**

지금부터는 우리가 탐정이 되어 범인을 찾는 추리를 한다고 생각해 볼게요. 우리는 여러 명의 용의자 중에서 누가 범인일 거라고 먼저 예상을 하는 것부터 시작해요. 그런 후에 증거물들을 모아서 이 사람이 정말 범인인지 확인하는 작업을 해 볼 거예요. 그 사람이 범인이 아니라면 또다시 다른 용의자들 중에서 범인을 예상하고 증거를 통해 확인하는 작업을 반복해서 할 거예요. 그렇게 해서 만약 증거들이 우리가 지목한 사람이 범인이라는 것을 명확하게 나타낸다면 우리는 범인을 찾은 것이 돼요.

지금의 경우 범인은 $n = \infty$일 때의 $\frac{1}{n}$ 값이고, 단서는 $n = \infty$ 직전까지의 $\frac{1}{n}$ 값이에요. 그리고 $n$이 커질수록 $\frac{1}{n}$은 계속해서 작아지기만 한다는 점을 기억해야 해요. 먼저 여러분은 $n = \infty$일 때의 $\frac{1}{n}$ 값이 0.001일 거라고 추측해 보았어요. 즉 $n$이 커질수록 $\frac{1}{n}$ 값은 0.001에 다가가고 있다고 추측해 보았어요. 그런데 이 추측은 빗나가고 말았어요. 왜냐하면 $n = 1000$일 때 $\frac{1}{n}$ 값이 0.001이 되고 $n = 1001$이면 오히려 0.001보다 더 작은 수가 되어 버리기 때문이에요. $n$이 커질수록 $\frac{1}{n}$ 값은 계속 작아지기만 하기 때문에, $n$이 더 커지더라도 $\frac{1}{n}$ 값은 0.001로 되돌아오지 않으므로 0.001은 범인이 아니에요.

그래서 이번에는 범인이 0.000000001이라고 추측해 보았어요. 그런데 이 값 역시 $n = 1000000000$보다 커지면 $\frac{1}{n}$ 값이 0.000000001보다 작아지기 때문에 범인이 아니에요.

그래서 생각해 보니 범인인 $\frac{1}{n}$ 값으로 0보다 큰 어떤 수를 예상해도 그에 해당하는 $n$ 값을 찾을 수 있으므로 범인은 0보다 큰 수인 양수는 아니에요.

그렇다면 범인은 0 아니면 음수에 있는 수 중에 하나인데 둘 다 일반적으로 생각했을 때 $\frac{1}{n}$ 값이 될 수 없는 값들이에요. 만약 피자 한 판을 전 세계인이 똑같이 나눠 먹는다고 하더라도, 저는 피자를 못 먹는 게 아니라 엄청나게 작은 조각이겠지만 분명 먹을 수는 있어요. 즉 $n$이 아무리 커져도 $\frac{1}{n}$ 값이 0이 되지는 않아요. 그리고 $n$은 양수이므로 $\frac{1}{n}$ 값이 음수가 되지는 않아요.

$\frac{1}{n}$ 값은 양수에서 점점 작아지고 있었기 때문에 0 또는 음수 중에, 먼저 만나게 되는 도달할 수 없는 값은 0이라는 것을 알 수 있어요. 즉 $n = \infty$ 직전까지 $\frac{1}{n}$ 값이 도달하지는 못하면서 동시에 다가가고 있는 값은 0이 돼요. 그러므로 $n = \infty$까지 연속성의 규칙이 적용된다면, $n = \infty$에서의 $\frac{1}{n}$ 값은 0이 된다고 추리할 수 있어요.

이것을 기호 lim를 사용해서 $\lim\limits_{n\to\infty}\dfrac{1}{n} = 0$이라고 표현하고 극한을 구한다라고 말해요. 즉 극한이란 도달할 수 없는 곳에서의 특정한 값을 연속성의 규칙을 이용해서, 주변 정보로부터 추리해서 값을 구하는 작업이라고 볼 수 있어요. 기호 lim 밑에 있는 $n \to \infty$는 연속성이 $\infty$까지 이어진다는 것을 나타내고 있어요.

$$\lim_{n\to\infty}\frac{1}{n} = 0$$

극한을 함수 $f(x)$를 사용해서 좀 더 일반적으로 이야기해 볼게요. $x$가 $a$에 도달하지는 않으면서 계속해서 $a$에 다가갈 때, 이에 발맞추어 $f(x)$는 계속해서 $L$에 다가간다면, 이것을 기호로 다음과 같이 나타내요.

$$\lim_{x\to a}f(x) = L$$

그리고 이때의 $L$을 $x$가 $a$에 다가갈 때의 $f(x)$의 극한이라고 표현해요. 극한에 대해서는 이 책의 〈부록 B〉에서 자세히 다룰게요.

앞의 예에서 우리는 $n$ 값으로 1, 2, 3, 4, ⋯와 같은 자연수를 넣었어요. 그런데 사실 1과 2 사이에는 무한히 많은 수가 존재하기 때문에 이와 같은 자연수는 사실 서로 떨어져 있는 수라고 볼 수 있어요. 그러므로 연속성의 규칙을 제대로 적용해서 위 작업을 다시 표현한다면 $n$ 대신에 연속적으로 이어져 있는 모든 수를 나타내는 $x$를 사용해서 $\lim_{x \to \infty} \dfrac{1}{x} = 0$을 구했다라고 생각할 수 있어요.

이제 다시 돌아와서 $\text{Total} \varDelta y$의 식을 살펴보면,

$$\text{Total} \varDelta y = 2x_1(x_2 - x_1) - (x_2 - x_1)^2 \left(-1 + \frac{1}{n}\right)$$

이었고, 이 식의 등호 양쪽에 $\lim_{n \to \infty}$을 붙이면 다음과 같이 돼요.

$$\lim_{n \to \infty} \text{Total} \varDelta y = \lim_{n \to \infty} \left[2x_1(x_2 - x_1) - (x_2 - x_1)^2 \left(-1 + \frac{1}{n}\right)\right]$$

$n$과 관련된 요소는 $\dfrac{1}{n}$뿐이므로, $\lim_{n \to \infty}$을 괄호 안에 있는 $\dfrac{1}{n}$ 앞에 놓을 수 있어요.

$$\lim_{n \to \infty} \text{Total} \varDelta y = 2x_1(x_2 - x_1) - (x_2 - x_1)^2 \left(-1 + \lim_{n \to \infty} \frac{1}{n}\right)$$

$\lim\limits_{n \to \infty} \dfrac{1}{n} = 0$을 식에 넣으면

$\lim\limits_{n \to \infty} \text{Total}\, \Delta y$

$= 2x_1(x_2 - x_1) - (x_2 - x_1)^2(-1 + 0)$

$= 2x_1(x_2 - x_1) + (x_2 - x_1)^2$

이제 괄호를 풀고 식을 정리하면

$\lim\limits_{n \to \infty} \text{Total}\, \Delta y = 2x_1x_2 - 2x_1{}^2 + x_2{}^2 - 2x_1x_2 + x_1{}^2 = x_2{}^2 - x_1{}^2$

$\lim\limits_{n \to \infty} \text{Total}\, \Delta y = x_2{}^2 - x_1{}^2$

이 식은 $xD$ 좌표에 있는 직선 $D(x) = 2x$ 로, $x_1$과 $x_2$ 사이의 영역에 존재하는 무한개의 모든 순간 변화율($n = \infty$)을 선택해서 $xy$ 좌표에 변화를 일으켰을 때의 총 $y$ 변화량 값을 알려 주는 식이에요. 만약 $x_1 = 0$과 $x_2 = 4$ 사이에 존재하는 $D(x) = 2x$의 모든 순간 변화율에 의해 변화가 일어난다면 총 $y$ 변화량은 $\lim\limits_{n \to \infty} \text{Total}\, \Delta y = x_2{}^2 - x_1{}^2 = 4^2 - 0^2 = 16$이 돼요.

# 곡선 만들기와 무한

# 01
## 곡선 만들기

앞 장에서는 식을 통해 $n = \infty$일 때의 Total $\Delta y$를 구할 수 있었어요. 그런데 식에서 이와 같은 일이 일어나고 있을 때 $xD$ 좌표와 $xy$ 좌표의 화살표들에게는 어떤 일이 일어나고 있었을까요?

이것을 알아보기 전에 먼저 이전에 보았던 위치의 이중성을 다시 살펴볼게요.

> **위치의 이중성**
>
> ① 독립성: 각 위치는 서로 독립적으로 존재한다.
>
> ② 혼합 연결성: 한 위치와 그 바로 옆 위치는 무한으로 연결되어 서로 구별되지 않는 형태로 존재한다.

위치의 이중성 중 혼합 연결성은 다음 그림처럼 색깔의 혼합으로 이미 지화해서 생각해 볼 수 있었어요. 여기서 주목할 점은 이렇게 혼합된 후의 색은, 혼합되기 이전의 색 A 또는 B라고 말할 수 없다는 점이에요.

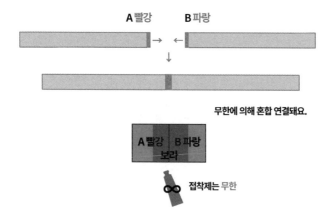

이제 $xD$ 좌표와 $xy$ 좌표로 눈을 돌려 볼게요. 아래 왼쪽 그림은 $xD$ 좌표의 직선 $D(x) = 2x$의 일부분을 확대해서 나타낸 그림이에요. 유한개의 변화율 $n$개를 선택했을 때는 그림처럼 떨어져 있는 두 점을 선택한 것이 돼요. 이 점들은 $xy$ 좌표에서 방향 화살표의 모습으로 나타나게 돼요.

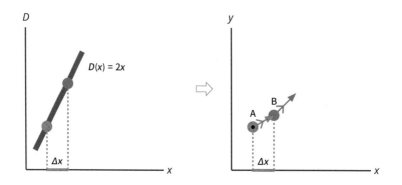

만약 오른쪽 그림처럼 A 위치에서부터 변화가 시작된다면 주황색 방향 화살표가 가리키는 방향대로 변화가 일어나 B 위치에 도달하게 돼요. 다음에는 회색 방향 화살표에 의해 다시 변화가 일어나요.

그런데 이제 $n = \infty$로, $xD$ 좌표의 직선을 이루는 모든 점을 선택하게 되면 다음 그림과 같은 모습으로 바뀌어요.

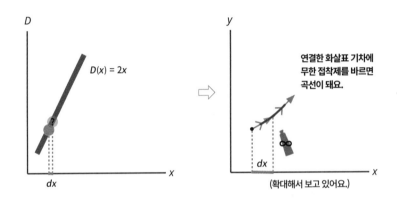

$n = \infty$가 되면 위 왼쪽 그림의 회색 점은 주황색 점으로부터 $\Delta x$만큼 떨어진 점이 아닌 상상의 바로 옆 위치인 $dx$만큼 떨어진 점이 돼요. 그리고 이렇게 무한이 작용하는 미시 세계에서는 앞에서 보았던 위치의 이중성이 작용하게 돼요. 즉 주황색 점과 회색 점은 서로 구별되지 않는 형태인, 혼합 연결된 상태로 존재하게 돼요. 이 점들은 $xy$ 좌표에서 방향 화살표가 되고 이 방향 화살표가 가리키는 방향으로 일어난 변화가 일반 화살표로 나타나게 돼요. 그런데 주황색 점과 회색 점이 혼합 연결되었기 때문에 $xy$ 좌표의 화살표들에게도 혼합 연결이 일어나게 돼요. 〈Class 8〉에 보았던 직선의 경우 방향이 동일했던 화살표들을 다루었기 때문에 혼합 연결된 후에도 여전히 동일한 방향을 갖게 되었지만, 지금의 경우는 서로 방향이 다른 화살표

들이 혼합 연결되는 경우예요.

혼합 연결이란 서로 구별되지 않는 형태가 된다는 의미이므로, 방향이 다른 화살표들이 혼합 연결되면 주황색 방향 화살표를 따라 변화가 일어난 것도 아니고, 회색 방향 화살표를 따라 변화가 일어난 것도 아니게 돼요. 즉 명백하게 어떠한 방향이라고 말할 수 없는 혼합 연결된 방향을 따라 변화가 일어나게 돼요.

이처럼 이 방향도 아니고 저 방향도 아닌, 뭐라고 말할 수 없는 방향으로 변화가 일어났을 때, 이 변화의 자취가 만들어 내는 선을 우리는 곡선이라고 불러요. 혼합 연결은 무한이 만들어 내는 것이기 때문에 곡선 역시 무한이 만들어 내는 신기하고도 이상한 선이라고 할 수 있어요.

여기서 주목할 점은 이렇게 혼합 연결이 되더라도, 위치의 이중성 중 위치의 독립성에 의해 위치 하나하나가 독립적으로 존재했던 것과 마찬가지로, 화살표들 역시 개개의 독립성은 그대로 유지된다는 점이에요. 역으로 생각하면 이렇게 독립성이 유지되고 있기 때문에 이 이상한 세계는 이들을 새료로 혼합 연결함으로써 새로운 방향을 만들어 내는 것이 가능하다라고도 생각할 수 있어요. 그러므로 비록 이 방향도 아니고 저 방향도 아닌 뭐라고 말할 수 없는 방향이지만, 혼합 연결된 방향에는 독립성을 유지하는 주황색 방향 화살표가 들어가 있다는 것을 알 수 있어요.

즉 정체를 알 수 없는 방향이라고 해서 마냥 뜬구름 같은 방향인 것이 아니라 어떠한 방향이 혼합 연결되어서 나온 방향이라는 것만큼은 말할 수 있는 거예요. 나중에 우리는 거꾸로 혼합 연결된 방향으로부터, 이것을 만든 개개의 방향을 추출하는 작업을 하게 될 거예요.

그런데 여기서 여러분은 이런 의문을 가질 수도 있어요.

"주황색 화살표와 회색 화살표가 혼합되면 두 화살표의 중간 방향을 향하는 화살표가 되는 거 아닌가요?"

$xD$ 좌표에서 회색 점은 주황색 점에서 연속적으로 이어지고 있는 바로 옆 점이었어요. 그리고 이 점이 $xy$ 좌표에서 화살표의 방향으로 표현된 것이므로, 마찬가지로 회색 화살표는 주황색 화살표에서 연속적으로 이어지는 바로 다음 방향이 돼요. 그러므로 주황색 화살표의 방향과 회색 화살표의 방향 사이에는 어떠한 방향도 없으므로 이 둘의 중간 방향이라는 것은 존재하지 않아요.

사실 방향이라는 것도 위치와 마찬가지로 이 이상한 세계에서는 '연속성의 규칙'을 지키고 있던 거예요. 예를 들어 다음 그림에서 주황색 화살표는 완전히 다른 방향을 갖는 회색 화살표로 갑자기 변할 수는 없어요.

**주황색 화살표가 갑자기 회색 화살표로 변하지 않아요.**

**주황색 화살표는 연속적으로 방향을 바꿔서 회색 화살표가 되어야 해요.**

연속성의 규칙에 의해, 상상의 막대기의 한 위치로부터 다른 위치에 도달하기 위해서는 그 사이에 존재하는 혼합 연결된 모든 위치들을 통과해야 했던 것처럼, 주황색 화살표가 회색 화살표로 방향을 바꾸기 위해서는 그 사이에 존재하는 모든 방향을 연속적으로 거쳐야만 해요.

그런데 지금까지 우리가 살펴본 내용대로라면, 우리는 정말로 이해하기 힘든, 정말로 이상한 현상을 마주치게 돼요. 이번에는 앞에 나왔던 그림인 $xy$ 좌표에서 혼합 연결된 두 화살표를, 변화의 자취인 점도 함께 표시해서 살펴볼게요.

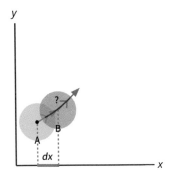

위 그림을 보면 A점에서 바로 옆 위치인 B점으로 변한 결과가 나타나 있어요. 그런데 이때 변화는 주황색 화살표의 방향도 아니고, 회색 화살표의 방향도 아닌, 이 둘이 혼합된 뭐라고 말할 수 없는 방향을 향해 일어났기 때문에 여러분이 A점에 서서 B점을 바라본다면, 이 바로 옆 위치인 B점이 어떤 방향에 놓여 있는지 뭐라고 말할 수 없게 돼요. 즉 바로 옆 위치가 어떤 방향에 있는지 뭐라고 말할 수 없어요.

그래도 하나의 상상의 막대기에서는 바로 옆 위치라는 것이 + 방향 또는 − 방향 둘 중 하나에 반드시 놓여 있었어요. 그런데 상상의 막대기 두 개로 만든 공간인 $xy$ 좌표에서는 방향에 대해서조차 뭐라고 말할 수 없는 바로 옆 위치가 존재하게 된 거예요. 이상한 막대기 두 개로 새로운 공간을 만들었더니 더욱 이상한 세계가 된 셈이에요.

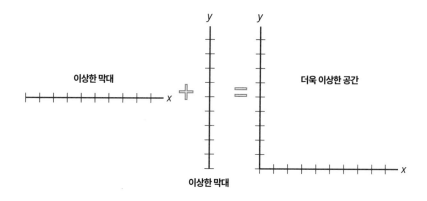

이상한 막대

더욱 이상한 공간

이상한 막대

즉 $xy$ 좌표의 곡선에서는, 곡선을 이루는 어떤 한 점으로부터 바로 옆 점이 얼마나 떨어져 있는지에 대해서도 뭐라고 말할 수 없고, 심지어 바로 옆 점이 어떤 방향에 놓여 있는지조차 뭐라고 말할 수 없어요.

우리는 당연히 바로 옆 위치로의 방향을 가리킬 수 있을 것 같아요. 하지만 안타깝게도 가리킬 수 없어요. 이처럼 우리가 이 이상한 세계에서 상상으로 떠올린 '바로 옆 위치'는 우리의 일반적인 상식과는 전혀 다른 방식으로 존재하게 돼요.

이러한 상황을 우리에게 가장 친숙한 곡선인 '원'을 예로 들어서 살펴볼 게요. 만약 여러분이 엄청나게 작아져서 원의 테두리를 이루는 점들 중 한 점 위에 올라섰다고 생각해 보세요. 그러면 이 상황은 여러분이 서 있는 점에서 원을 이루고 있는 바로 옆 점을 손가락으로 가리킬 수 없다는 것을 말해 주고 있어요. 정말 이상하죠?

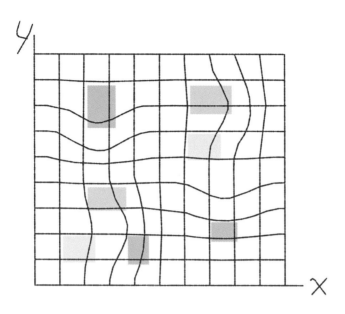

하지만 어쩌면 이건 당연한 결과라고도 생각할 수 있어요. 왜냐하면 우리는 바로 옆 위치라는 것에 대해 말할 수 없는 세계에서 바로 옆 위치를 떠올렸기 때문이에요. 그러므로 우리가 떠올린 바로 옆 위치를 이 이상한 세계에 적용하게 되면 무한에 의해 혼합 연결이 일어나서 위와 같이 이상한 방식으로 존재하게 된다는 것을 알게 된 셈이에요.

이제 $n = \infty$일 때 화살표들에게 어떤 일이 일어나는지 알게 되었으므로 앞서 구한 $n = \infty$일 때의 총 $y$ 변화량을 나타내는 식 $\lim\limits_{n \to \infty} \text{Total}\, \Delta y = x_2^2 - x_1^2$ 을 $xy$ 좌표에 그림으로 표현해 볼게요. 다음 왼쪽 그림의 $xD$ 좌표에는 $x_1$일 때 $y$ 위치에 대한 정보가 없으므로 오른쪽 그림의 $xy$ 좌표에서 임시로 $x_1 = 0$일 때 $y = 0$인 위치에서 화살표를 시작했어요.

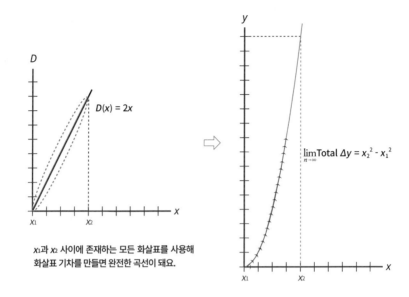

$x_1$과 $x_2$ 사이에 존재하는 모든 화살표를 사용해
화살표 기차를 만들면 완전한 곡선이 돼요.

혼합 연결로 인한 변화의 자취가 곡선으로 표현돼요.(원래 화살표 기차는 일반 화살표들의 연결로 표현해야 하지만, 특별히 혼합 연결인 경우에는 일반 화살표가 아닌 방향 화살표를 조금씩 겹치게 그려서 그 연결성을 표현했어요.) 결국 순간 변화율이 연속적으로 변한다면, 이것으로 인해 변화가 일어나서 곡선이라는 신기한 선을 만들게 돼요

또한 다음과 같은 상황도 떠올려 볼 수 있어요. 만약 곡선을 이루는 화살표들 중에서 한 화살표가 "흥! 난 그냥 내 방향만을 따라서 변하겠어!"라고 말하고 자신만의 방향을 고집한다면, 하나의 순간 변화율만을 따라 변화가 일어나서 다음 오른쪽 그림처럼 직선이 그려질 거예요.

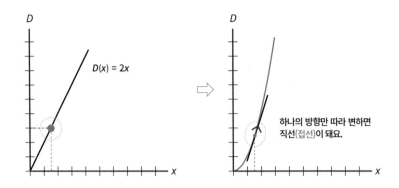

$D(x) = 2x$

하나의 방향만 따라 변하면
직선(접선)이 돼요.

그런데 이 직선은 곡선과 독특한 관계를 갖고 있어요. 위 오른쪽 그림의 점선 영역을 확대한 후 곡선을 좀 더 과장해서 휘게 그리면 다음 그림처럼 나타낼 수 있어요.

점에서 출발하는 직선과 곡선은 전혀 다른 길이예요.

여기서 주목해야 할 사항은 주황색 점에서 곡선을 따라 변화가 일어날 때, 주황색 점에 놓인 방향 화살표만을 따라서는 조금도 변하지 않는다는 사실이에요. 이 방향 화살표만을 따라 변하는 것이 아니라 이어지는 다음 화살표와 혼합된, 뭐라고 말할 수 없는 방향을 따라서 변한 것이 곡선이기 때문이에요. 즉 주황색 점에 놓인 방향 화살표만을 따라서 그려진 직선과, 주황색 점에서 혼합 연결된 방향을 따라 그려진 곡선은 전혀 다른 길을 가게 돼요. 그러므로 적어도 주황색 점 주변의 영역에서만큼은 직선과 곡선은 만나지 않아요. 오직 이 두 선이 만나는 점은 단 하나, 주황색 점뿐이에요. 이처럼 한정된 영역에서 단 한 점만을 곡선과 공유하는 특수한 직선을 우리는 접선이라고 해요.(앞의 그림에서 화살표의 반대 방향도 마찬가지로 똑같은 변화율을 가지므로, 이 내용들이 그대로 적용돼요.)

# 02
.....
# 무한의 종류

지금까지 우리가 해 왔던 작업을 모두 함께 나타내 볼게요. 다음 그림들에는 변화율 $D(x) = 2x$ 의 영역 $x_1 = 0$과 $x_2 = 4$ 사이에서 선택한 변화율의 개수에 따른 화살표 기차의 모습이 나타나 있어요.

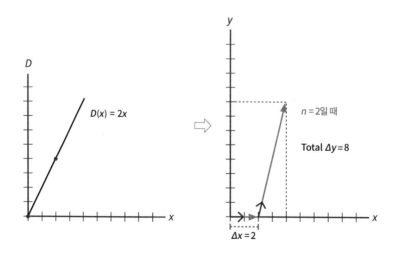

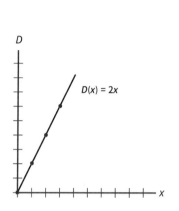

$D(x) = 2x$

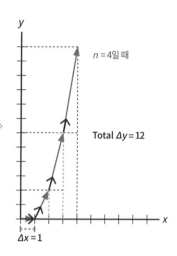

$n = 4$일 때

Total $\Delta y = 12$

$\Delta x = 1$

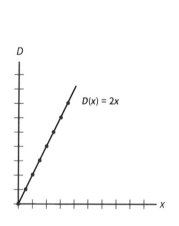

$D(x) = 2x$

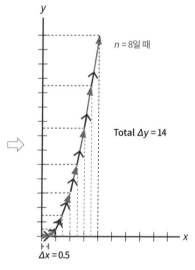

$n = 8$일 때

Total $\Delta y = 14$

$\Delta x = 0.5$

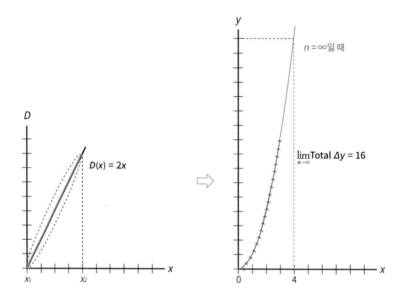

앞의 그림들을 잘 보면 선택하게 되는 $n$ 값이 커질수록 총 $y$ 변화량도 변하다가 결국 $n = \infty$일 때의 총 $y$ 변화량인 16이 된다는 것을 알 수 있어요. 결국 우리가 최종적으로 구하고자 한 것은 마지막에 있는 그림인, 연속적으로 변하는 변화율들을 모두 선택했을 때 이로 인해 변화가 일어나는 모습이에요.

그런데 사실 여기에도 굉장히 신기한 점이 있어요. $n = \infty$이면 무한개의 화살표를 합하는 것이 돼요. 무한개라는 것은 끝도 없이 많은 화살표를 합한다는 것이므로, 화살표들이 합해져서 만드는 총 $y$ 변화량도 끝도 없이 커져야 할 것 같아요.(만약 화살표들이 위 그림처럼 계속 위로 올라간다면요.) 그런데 신기하게도 위 그림과 식에서 볼 수 있듯이 무한개의 화살표가 합해진 총 $y$ 변화량은 16이라는 유한한 숫자를 가리키고 있어요. 아마 여러분도 눈치채셨겠지만 이것 또한 유한에 갇힌 무한이에요.

예를 들어 숫자 1을 계속해서 더하는 경우를 생각해 볼게요. 1 + 1 + 1 + 1 + 1 + 1 + 1 + …. 이때는 분명 더할수록 합도 무한히 커질 거예요. 정말 그런지 알아보기 위해 이전에 보았던 '추리하기'를 여기에 적용해 볼 수 있어요.

만약 이 숫자들의 합이 10보다 커지지는 않을 거다라고 추측해 보면, 곧바로 1을 11번 더했을 때 10보다 큰 11이 되므로 이 추측은 빗나간 것이 돼요. 10이 아닌 100, 10000 또는 그보다 큰 어떠한 숫자를 떠올려도 마찬가지예요. 아무리 큰 수를 생각해도 1들의 합은 이것보다 항상 더 큰 수가 되므로, 1들의 합은 한계가 없고 무한히 커져요. 이것을 발산한다라고 표현하고, 이러한 합의 경우가 우리가 일반적으로 생각하는 무한이에요.

그런데 이와는 다르게 계속 합해 나가도 분명 계속 커지기는 하지만 어떠한 한계 이상으로 커지지 않는 신기한 합의 무한이 존재해요. 예를 들어 0.9 + 0.09 + 0.009 + 0.0009 + … 와 같은 합을 생각해 볼게요. 처음 숫자는 0.9이고 다음 합하는 숫자는 0.9를 10으로 나눈 0.09예요. 마찬가지로 다음 숫자는 이전 숫자를 다시 10으로 나눈 숫자 0.009를 더해 주고 있어요. 이런 방식으로 만들어진 숫자들을 계속해서 더하면 분명 합은 계속 커질 거예요. 그런데 이 합을 다음과 같이 나타내면 뭔가 다른 모습이 보여요.

$$0.9 + 0.09 + 0.009 + 0.0009 + \cdots = 0.999999\cdots$$

우리는 이전에 소수점 아래로 계속해서 9를 추가하는 작업을 해서 0.999999… 를 생각했었어요. 그런데 사실 9를 추가하는 작업은 같은 방식으로 계속해서 덧셈을 하는 거였어요.

　이러한 합이 어떤 값을 향해 가고 있는지 알아보기 위해 이전에 보았던 추리 방법을 적용할 수 있어요. 만약 '숫자들의 합이 0.9999999보다 커지지는 않을 거다.'라고 예상한다면, 합을 8번째 진행했을 때 이 숫자보다 커지게 된다는 것을 알 수 있어요. 1보다 작은 어떠한 다른 숫자를 합의 결과로 예측해 보아도 이 숫자보다 커지는 경우를 발견할 수 있으므로 1보다 작은 숫자는 범인이 아니에요. 그렇다면 범인은 1이거나 1보다 큰 숫자인데, 가장 먼저 만나게 되는 만날 수 없는 숫자는 1이므로 범인은 1임을 알 수 있어요. 그러므로 이러한 방식으로 합해 나가는 무한은 유한한 값인 1에 갇힌 무한이 돼요. 이러한 무한을 1에 수렴한다라고 표현해요.(이전에 우리는 0.999999…을 완결된 무한으로 생각함으로써 1과 같다고 생각하는 것을 알아보았어요.)

　이처럼 우리가 다루는 세계에는 두 종류의 무한이 존재하고 있어요. 첫 번째는 우리가 일반적으로 생각하는 계속해서 커지는 무한이에요. 이러한 무한을 발산한다라고 표현해요. 그리고 두 번째는 유한에 갇혀 있는 무한이에요. 이러한 무한을 그 유한값에 수렴한다라고 표현해요. 그리고 이렇게 '유한을 만들어 내는 무한'이야말로 이 이상한 세계를 구축할 수 있게 해 주는 뼈대라고 할 수 있어요.

무한의 종류

그래서 어떠한 무한이 주어졌을 때 이것이 무한한 무한인지 아니면 유한에 갇힌 무한인지 구별할 필요가 생긴 거예요. 수학자들은 이 이상한 세계에 존재하는 이 두 가지 종류의 무한을 구별하기 위해 여러 가지 판정법을 개발해 냈어요. 이 책에서는 이 판정법을 다루지는 않을 거예요. 여기서는 단지 무한에는 두 가지 종류가 있다는 것을 아는 것만으로도 충분해요.

# 새로운

## 기호로

# 나타내기

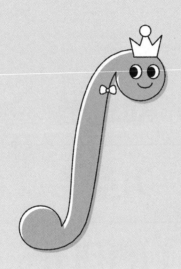

# 01
·····

# 변화를 쌓는 작업:
# 적분

이번 장에서는 앞서 보았던 내용들을 새로운 용어와 새로운 기호로 정리해 보려고 해요. 그럼 먼저 곡선을 만들었던 작업을 다시 살펴보도록 할게요.

(1) 일단 곡선을 만들기 위한 재료가 필요해요. 이 재료는 변화율이 기록되어 있는 $xD$ 좌표의 그래프예요.

그래프란 좌표에 그리는 것들을 통칭해서 나타내는 말이에요. 여러 가지 다양한 그래프가 존재하겠지만, 우리는 이 책에서 직선 $D(x) = 2x$를 주로 사용할 거예요.

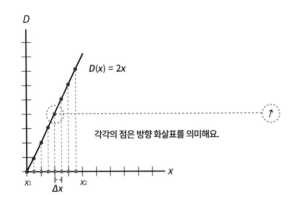

각각의 점은 방향 화살표를 의미해요.

(2) 이 직선에서 $x_1$부터 $x_2$까지의 영역을 정한 후, 이 영역 안에서 화살표 기차를 만들기 위해 사용할 $n$개의 변화율들을 선택해요.(직선을 구성하고 있는 점은 변화율 $D = \dfrac{\Delta y}{\Delta x}$ 를 갖는 방향 화살표를 의미하고 있어요.)

: 이때 $x$를 등간격 $\Delta x = \dfrac{x_2 - x_1}{n}$ 로 나누어서 변화율을 택해요.

➜ 분(分)

(3) 이렇게 선택한 변화율대로 일어난 변화를 $xy$ 좌표에 나타내요. 선택한 방향 화살표가 가리키는 방향대로 $\Delta x$만큼 변하면, 식 $\Delta y = D(x) \times \Delta x$ 로 $\Delta y$를 구할 수 있고, 변화는 일반 화살표 $\langle \Delta x, \Delta y \rangle$로 표현돼요.

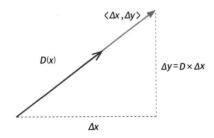

(4) 하나의 화살표로 변화가 일어난 후에 변화 후의 위치에서 또 다음

화살표로 다시 변화가 일어나게 돼요. 이것은 화살표의 끝점에 다음 화살표가 쌓아 올려지는 것으로 볼 수 있어요.

→ 적($積$)

이처럼 화살표들이 연결되면서 화살표 기차가 만들어져요.

그런데 $xD$ 좌표의 그래프에는 오직 방향 화살표에 대한 정보만이 있을 뿐, 이 화살표가 처음에 놓일 위치에 대한 정보는 없어요. 이 위치 정보는 외부에서 주어져야 하고 지금은 임의로 $(0, 0)$을 화살표 기차의 시작점으로 정했어요.

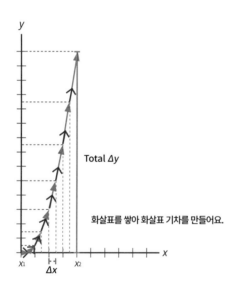

(5) 화살표 기차의 시작점에서 끝점까지의 변화량이 최종 변화량이 되고, 이것을 Total $\Delta x$와 Total $\Delta y$로 나타내요.

(6) 이러한 방식으로 만든 화살표 기차를 곡선으로 만들기 위해서는 연속적으로 방향이 변하는 방향 화살표들을 사용해야 하므로 $xD$ 좌표의 직선에서 $x_1$과 $x_2$ 사이에 존재하는 모든 방향 화살표를 선택해야 해요. 그런데 이 모든 화살표의 개수는 무한개였어요.: $n = All$(모든) 또는 $n = \infty$

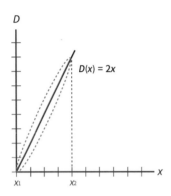

**$x_1$과 $x_2$ 사이에 존재하는 모든 방향 화살표를 선택해야 해요.**

이처럼 어떤 영역에 있는 모든 위치를 다루게 되면, 무한으로 연결된 바로 옆 위치라는 것을 떠올릴 수 있게 돼요. 이렇게 되면 지금까지 변화의 결과만을 나타내던 화살표가 변화의 과정을 나타낼 수 있게 되고, 이때 일반적인 변화율은 순간 변화율 $D = \dfrac{dy}{dx}$가 돼요.

(7) $n = \infty$를 적용하기 위해, 원하는 $n$ 값을 넣으면 곧바로 $\mathrm{Total}\,\Delta y$ 값을 알 수 있게 해 주는 식(함수)의 형태를 먼저 구해요.

$$\mathrm{Total}\,\Delta y = 2x_1(x_2 - x_1) - (x_2 - x_1)^2\left(-1 + \frac{1}{n}\right)$$

(8) 무한을 유한화시켜 생각함으로써, 연속성의 규칙이 무한까지도 적용되도록 만든 후 연속성으로 추리하기를 통해 $n = \infty$일 때의 Total $\Delta y$ 값을 구할 수 있어요. 극한 $\lim_{n \to \infty} \dfrac{1}{n} = 0$을 구해서 앞의 식에 넣으면 $\lim_{n \to \infty}$Total $\Delta y$ $= x_2{}^2 - x_1{}^2$을 구할 수 있어요. 이때 $n = \infty$가 되면 화살표 기차를 구성하는 화살표들이 무한($\infty$)을 접착제로 혼합 연결되면서 변화의 자취로 곡선이 만들어져요.

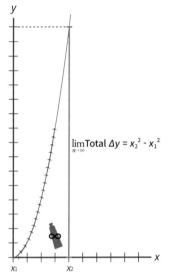

$\lim_{n \to \infty}$Total $\Delta y = x_2{}^2 - x_1{}^2$

화살표 기차가 혼합 연결되면서 곡선이 되었어요.

(2)와 (4)에서 보았듯이 $n$개의 방향 화살표들을 선택하기 위해 $x$를 등간격으로 나누는 것에서 글자 '분'을 따오고, 화살표들을 쌓아 올리는 것에서 글자 '적'을 따와서, 이 둘을 합해 위와 같이 변화를 나타내는 방법을 적분이라고 부를 수 있어요. 또는 분리되어 있던 화살표들을 쌓아올려서 화살표 기차를 만드는 것을 보고 적분이라고 부를 수도 있어요. 여기서 화살

표를 쌓는다는 것은 적분이 변화를 쌓는 작업이라는 것을 의미해요.

그런데 우리는 이 적분이라는 용어를 모든 변화의 과정에 존재하는 무한개의 순간 변화율을 사용해서 변화를 쌓았을 때에 한정해서 사용할 거예요. 왜냐하면 이처럼 모든 변화의 과정을 다루었을 때에야 비로소 두 대상에게 일어나는 변화를 우리가 이해하는 것이 되기 때문이에요.

# 02
.....
# 적분 기호

최종적으로 곡선을 만들었을 때 우리가 구하고자 하는 것은 총 $y$ 변화량이에요. (총 $x$ 변화량은 단순히 우리가 설정한 $x$ 영역의 길이에 해당해요.) 앞에서 우리는 개별적인 화살표의 $y$ 변화량인 $\Delta y$들의 총합 Total $\Delta y$가 $n = \infty$일 때 어떤 값을 향해 다가가고 있는지 연속성의 규칙을 사용해서 구했고, 이것을 기호 $\lim\limits_{n \to \infty} \text{Total} \, \Delta y$로 표현했어요.

그런데 $n = \infty$가 되면 개별적인 방향 화살표들은 순간 변화율을 의미하게 되고, 이때 개별적인 화살표는 $\Delta y$가 아닌 $dy$만큼 변하려고 했어요. 이러한 점을 반영해서 $\lim\limits_{n \to \infty} \text{Total} \, \Delta y$를 다음과 같이 합을 나타내는 새로운 기호로 표현할 수 있어요.

$$\lim_{n \to \infty} \text{Total} \, \Delta y = \int_{x_1}^{x_2} dy$$

여기서 $\Delta y = D(x) \times \Delta x = D(x)\Delta x$이고, $dy = D(x)dx$이므로 이렇게 나타낼 수도 있어요.

$$\lim_{n \to \infty} \text{Total}\,(D(x)\Delta x) = \int_{x_1}^{x_2} D(x)dx$$

$\int_{x_1}^{x_2} dy = \int_{x_1}^{x_2} D(x)dx$는 $x_1$과 $x_2$ 사이에 존재하는 무한개의 모든 변화율 $D(x)$로 변화가 일어났을 때의 화살표 기차의 총 $y$ 변화량을 의미해요. 기호 $\int$ 가 $x_1$과 $x_2$를 연결한다고도 생각할 수 있어요. 그런데 이 새로운 기호를 사용할 때는 한 가지 주의할 점이 있어요. $\int_{x_1}^{x_2} D(x)dx$를 보면, 마치 개별적인 화살표가 자신들의 방향을 따라서 $dy = D(x)dx$만큼씩 변했다고 생각해 버릴 수도 있어요. 그리고 이 $dy$들을 모두 단순하게 합한 것이 총 $y$ 변화량인 $\int_{x_1}^{x_2} dy$라고 생각할 수도 있어요. 하지만 기호 $\int$ 에는 언제나 보이지 않는 무한이 숨어 있다고 생각해야 해요. $\lim_{n \to \infty} \text{Total}$이 변한 것이 $\int$ 이기 때문이에요. 무한은 화살표들을 혼합 연결시키기 때문에 개별적인 화살표는 오직 자신만의 방향을 따라서 $dy = D(x)dx$만큼 변하지 않아요. 이렇게 변한다면 곡선이 아닌 접선으로 변하게 될 거예요. 즉 기호 $\int$ 은 개별적인 화살표들의 $dy = D(x)dx$를 단순히 합하라는 의미가 아니라, 무한에 의해 혼합 연결시켜서 합하라는 의미를 갖고 있어요. 그리고 이 합의 결과는 연속성을 통해 구할 수 있었어요.

그런데 지금까지 우리는 변화율을 $D(x)$라고 써 왔어요. 여기서 변화율 $D(x)$는 방향 화살표를 의미했어요. 나중에 알게 되겠지만 이 화살표로 인해 일어나는 변화는 $y(x)$가 되기 때문에 $D(x)$는 $y(x)$를 만드는 재료라고 볼 수 있어요. 이러한 뜻에서 $D(x)$ 대신 $y$와의 연관성을 더 드러내 주는 새로운 기호 $y'(x)$로 변화율을 표기하려고 해요. $y$ 오른쪽 위에 붙은 점은 프라임이라고 해요. 즉 변화율 $y'(x)$로 변화가 일어나 $y(x)$가 되는 셈이에요. 새로운 기호로 앞에 나온 식을 다시 적어 보면 다음과 같고, 앞으로는 이 새로운 기호를 적분 기호라고 할게요.

$$\int_{x_1}^{x_2} y'(x)dx : 변화율\ y'(x)로\ x_1과\ x_2\ 사이\ 영역에서\ 일어난\ 총\ y\ 변화량$$

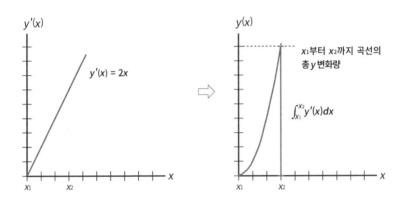

앞서 $y'(x) = 2x$일 때 $\lim_{n \to \infty} \mathrm{Total}\ \Delta y = x_2{}^2 - x_1{}^2$이었으므로

$$\int_{x_1}^{x_2} y'(x)dx = \int_{x_1}^{x_2} 2xdx = x_2{}^2 - x_1{}^2$$

으로 쓸 수 있어요. 새로운 기호 $\int_{x_1}^{x_2} y'(x)dx$에는 선택하게 되는 $x$ 영역이 함께 표시된다는 장점이 있어요. 위 그림에서는 $x$ 영역의 예로 $x_1 = 0$과 $x_2 = 3$일 때가 그려져 있으므로 총 $y$ 변화량은 $\int_0^3 2xdx = 3^2 - 0^2 = 9$이에요. 그런데 만약 $x_1 = 0$은 그대로 두고 $x_2 = 3$이 아닌 $x_2 = 1$을 선택한다면 다음 그림

처럼 될 거예요.

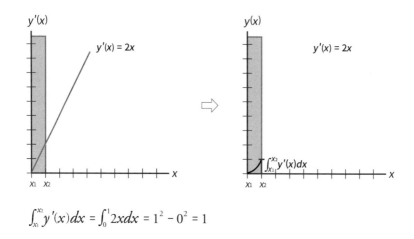

$$\int_{x_1}^{x_2} y'(x)dx = \int_0^1 2xdx = 1^2 - 0^2 = 1$$

그리고 이번에는 $x_2$부터 $x_3$까지의 영역을 사용해서 곡선을 만든다고 해 볼게요. $x_2 = 1$, $x_3 = 3$이라면 다음 그림처럼 될 거예요.

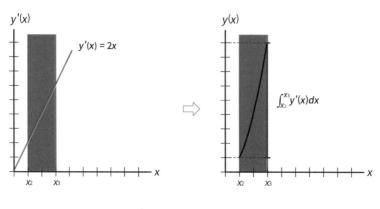

$$\int_{x_1}^{x_2} y'(x)dx = \int_1^3 2xdx = 3^2 - 1^2 = 8$$

이러한 작업은 화살표 방향이 기록된 $xy'$ 그래프에서 원하는 영역만을 선택해서 곡선을 만드는 것으로 볼 수 있어요. 만약 위 두 영역을 합한다면 다음처럼 그려질 거예요.

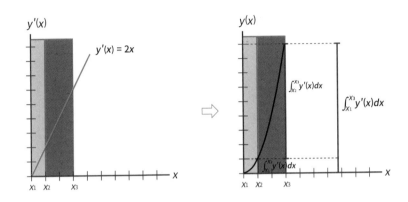

이것을 기호로 나타내면 $\int_0^1 2xdx + \int_1^3 2xdx = \int_0^3 2xdx$ 이고, $\int_0^1 2xdx = 1$, $\int_1^3 2xdx = 8$ 이므로, $\int_0^3 2xdx$ 은 $1 + 8 = 9$ 라는 것을 알 수 있어요. 이로부터 적분 기호를 합하는 방법을 알 수 있어요.

$$\int_{x_1}^{x_2} y'(x)dx + \int_{x_2}^{x_3} y'(x)dx = \int_{x_1}^{x_3} y'(x)dx$$

위 합에서 $x_2$ 는 두 기호를 하나로 이어주는 다리 역할을 한다고 생각할 수 있어요. 이 다리는 두 기호를 연결시키면서 사라지고, 아래에 놓인 $x_1$ 부터 위에 놓인 $x_3$ 까지가 합해진 기호의 새로운 영역이 돼요.

$y'(x) = 2x$ 일 때를 예로 살펴보면

$$\int_{x_2}^{x_3} 2x dx = x_3{}^2 - x_2{}^2$$

$$\int_{x_1}^{x_2} 2x dx = x_2{}^2 - x_1{}^2$$

이 둘을 더하면

$$\int_{x_2}^{x_3} 2x dx + \int_{x_1}^{x_2} 2x dx = x_3{}^2 - x_2{}^2 + x_2{}^2 - x_1{}^2$$

가운데 놓인 $x_2$와 관련된 요소들은 합해서 0이 되고 결국

$$\int_{x_2}^{x_3} 2x dx + \int_{x_1}^{x_2} 2x dx = x_3{}^2 - x_1{}^2 = \int_{x_1}^{x_3} 2x dx$$

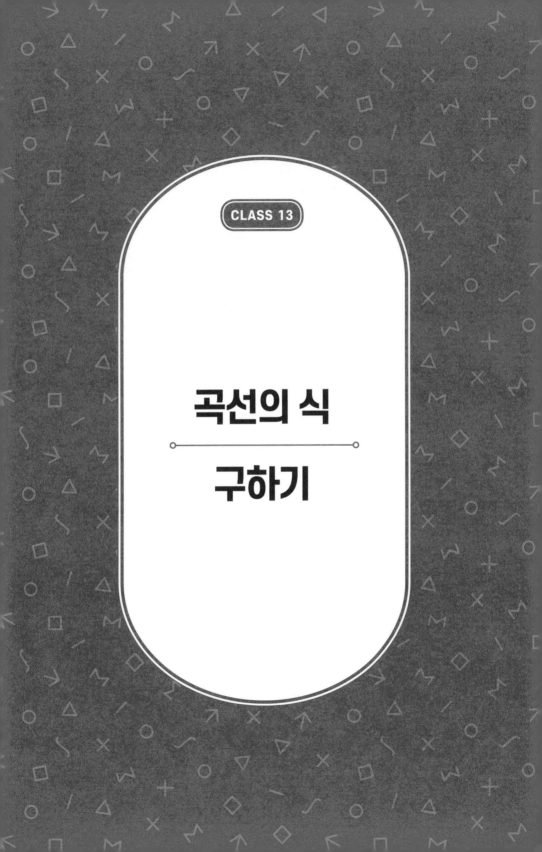

CLASS 13

# 곡선의 식 구하기

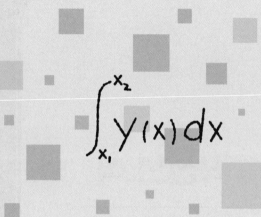

# 01
. . . . .
# 위치 정보가 없는 적분

우리가 앞에서 구한 $\int_{x_1}^{x_2} y'(x)dx$는 총 $y$ 변화량을 나타내요. 그리고 이것은 혼합 연결된 화살표 기차의 시작점과 끝점의 높이 변화량을 의미하기도 해요.

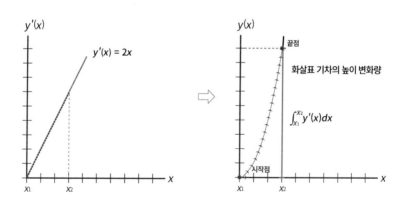

왼쪽에 있는 $xy'$ 그래프는 오직 화살표의 방향만이 기록되어 있어요. 즉 화살표의 위치에 대한 정보는 없으므로 이것을 토대로 화살표 기차를 만들 때 화살표를 어디에 놓아야 하는지는 정해져 있지 않아요. 오른쪽 그림은 화살표 기차의 시작점 위치가 $(0, 0)$이라는 정보가 주어졌을 때의 모습을 그린 거예요. 만약 위치 정보가 아직 주어지지 않았다면 다음 그림처럼 화살표 기차는 임의의 위치에 놓일 수 있어요.

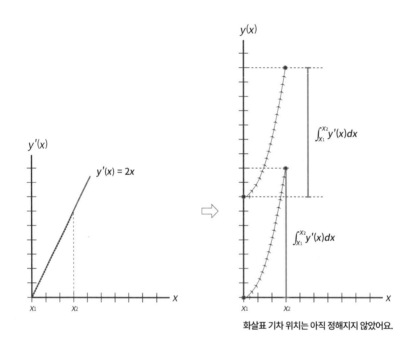

화살표 기차 위치는 아직 정해지지 않았어요.

즉 $\int_{x_1}^{x_2} y'(x)dx$ 자체는 위치에 대한 어떠한 정보도 갖고 있지 않아요. $\int_{x_1}^{x_2} y'(x)dx$는 오직 화살표 기차의 시작점과 끝점의 높이 변화량만을 나타내고 있어요.

# 02

## 시작점을 고정시키고, 끝점은 자유롭게 하기

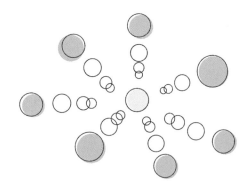

$\int_{x_1}^{x_2} y'(x)\,dx$에서 $x_1$은 영역의 시작점이고 $x_2$는 영역의 끝점이에요. $x_1$과 $x_2$에는 원하는 값을 넣을 수 있었어요.

이제 재밌는 것을 시도해 보려고 해요. $x_1$과 $x_2$ 둘 중에 시작점 $x_1$은 특정한 값으로 고정시켜요. 그리고 끝점 $x_2$는 여전히 자유롭게 어떤 값이든 넣을 수 있어요. 시작점 $x_1$은 고정된 값이 되었으므로 문자 $a$로 나타낼게요. 그리고 끝점 $x_2$는 어떤 $x$ 값이든 될 수 있으므로 문자 $x$로 쓸게요.

그림으로 나타내면 다음과 같아요. (오른쪽 그림의 화살표 기차의 위아래 위치는 임의로 정한 것이니 위치는 신경 쓰지 말아 주세요.)

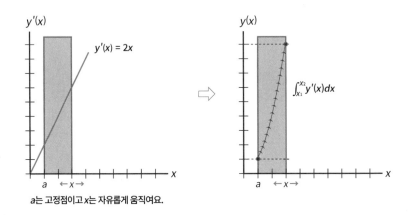

a는 고정점이고 x는 자유롭게 움직여요.

앞에서 $y'(x) = 2x$일 때 $\int_{x_1}^{x_2} y'(x)dx = \int_{x_1}^{x_2} 2xdx = x_2^2 - x_1^2$이었어요.

이것을 $a$와 $x$로 나타내면 $\int_a^x y'(x)dx = \int_a^x 2xdx = x^2 - a^2$이에요.

예를 들어 $a = 1$로 놓으면 $\int_1^x y'(x)dx = \int_1^x 2xdx = x^2 - 1^2$이에요.

이처럼 시작점을 고정시키고 끝점만을 자유로운 $x$로 두면 $\int_a^x y'(x)dx$가 $x$에 따라 결정되는 값이 된다는 것에 주목해 주세요. 즉 $\int_a^x y'(x)dx$ 자체가 $x$에 따라 결정되는 함수가 돼요.

즉 시작점을 $a = 1$로 고정시킨 화살표 기차의 높이 변화량은 화살표 기차의 끝점 $x$에 의해 결정돼요.

$$\int_1^x 2xdx = x^2 - 1^2$$

만약 $x = 2$이면, $\int_1^2 2xdx = 2^2 - 1^2 = 3$

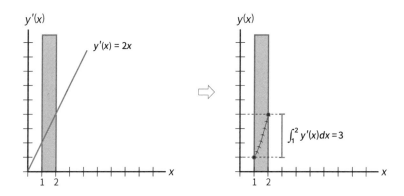

만약 $x = 3$이면 $\int_1^3 2x dx = 3^2 - 1^2 = 8$이 돼요.

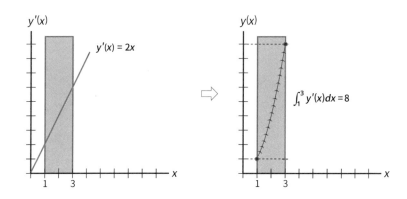

이것은 고정된 시작점 $a = 1$로부터 끝점 $x$가 자유롭게 움직이면서 곡선을 그려 나가는 것으로 볼 수 있어요.

# 03

## 곡선의 식으로 바꾸기

지금까지는 '얼마만큼 변했냐?'에 주목해서 보았다면, 앞으로는 변화 전의 위치가 주어졌을 때 여기서 얼마만큼의 변화가 일어났을 때, 결과적으로 '변화 후의 위치는 어디가 되는가?'에 주목해서 살펴볼 거예요.

본격적으로 들어가기 전에 〈Class 1〉에서 보았던 내용을 다시 한번 상기시켜 볼게요. 우리는 상상의 막대기 하나에서 일어나는 변화를 살펴봤어요. 또한 다음과 같은 $\Delta x$ = +3인 화살표가 주어졌을 때, 이 화살표 자체에는 위치적 요소가 없다고 했어요.

$$\xrightarrow{\quad \Delta x = +3 \quad}$$

화살표 자체에는 위치에 대한 개념이 없다.

그래서 이 화살표의 시작 위치가 외부에서 주어지면 화살표로 인한 변화 후의 위치가 결정되었어요. 다음 그림처럼 위치 2가 시작 위치로 주어지면 화살표로 인해 위치 5로 변하고, 위치 4가 시작 위치로 주어지면 위치 7로 변해요.

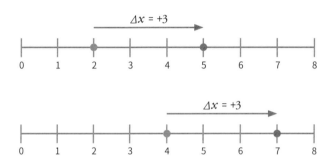

$xy$ 좌표의 화살표 기차에서도 이와 똑같은 일이 벌어져요. 이제 본래 우리의 화살표 기차로 돌아올게요.

시작점(변화 전)의 위치 정보 $(a, b)$가 주어졌다고 해 볼게요. 시작점에서부터 변화율 $y'(x)$를 따라 화살표 기차가 그려지면서 변화가 일어나고 결국 화살표 기차의 끝점인 변화 후의 위치 $(x, y(x))$에 도달해요.

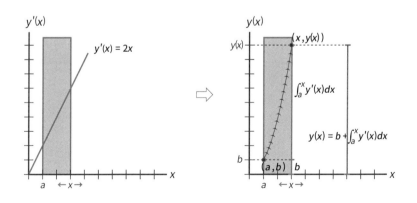

만약 화살표 기차의 끝점을 앞서 보았던 것처럼 자유로운 $x$로 놓는다면, 이 $x$에서의 $y(x)$는 앞의 오른쪽 그림처럼 화살표 기차가 시작하는 $y$ 위치인 $b$에다가 화살표 기차의 높이 변화량인 $\int_a^x y'(x)dx$를 더한 값이 된다는 것을 알 수 있어요.

$$y(x) = b + \int_a^x y'(x)dx$$

위 식은 변화 전 위치 $(a, b)$에서 변화율 $y'(x)$을 따라 변화가 일어났을 때, 변화 후의 위치인 임의의 $x$에서의 $y(x)$ 값을 나타내 주는 식이에요. 변화 후의 위치인 점 $(x, y(x))$의 자취들이 곡선을 그리는 것이 되므로 이 식이 바로 곡선을 나타내는 식이라고 말할 수 있어요.

즉 화살표 기차의 높이 변화량 또는 총 $y$ 변화량을 나타내는 $\int_a^x y'(x)dx$에 시작점의 위치 정보가 추가되면서 곡선의 식을 나타내는 함수 $y(x)$를 구하게 되었어요.

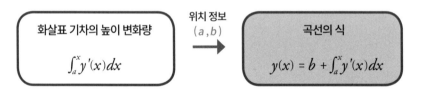

예를 들어 $\int_a^x y'(x)dx = \int_a^x 2xdx = x^2 - a^2$인 경우 시작점의 위치로 $(a, b)$가 주어진다면 곡선의 식은

$$y(x) = b + \int_a^x y'(x)dx = b + \int_a^x 2xdx = b + x^2 - a^2 = x^2 + b - a^2$$

가 돼요. 구체적인 시작점 값으로 위치 $(a, b) = (1, 2)$가 주어진다면

$$y(x) = 2 + \int_1^x 2xdx = x^2 + 2 - 1^2 = x^2 + 1$$

이 되어 곡선의 식 또는 함수 $y(x) = x^2 + 1$을 구하게 돼요. 그러면 이 식은 위치 $(1, 2)$에서부터 시작해서 순간 변화율 $y'(x) = 2x$로 변화가 일어났을 때, 그 변화의 결과를 알려 주는 식이 돼요. 우리는 이 함수에 원하는 $x$ 값을 넣기만 하면 그 $x$ 값에 따른 $y$ 값을 알 수 있어요. 만약 $x = 2$에서의 $y$ 값이 궁금하다면 이 식에 $x = 2$를 넣어서 $y(2) = x^2 + 1 = 2^2 + 1 = 5$를 구할 수 있어요.

즉 우리가 떠올릴 수 있는 모든 $x$ 값에서의 $y$ 값을 알 수 있는 거예요. 다시 말해 변화의 과정에 놓이게 되는 모든 점의 $(x, y)$ 위치를 알게 된 셈이에요. 그러므로 〈Class 8〉에서도 말했듯이 이것은 결국 변화의 결과를 나타내는 함수(식)를 통해 변화의 자취에 해당하는 변화의 과정을 알게 되었다고 할 수 있어요.

그런데 앞에 나온 식의 마지막 결과인 $y(x) = x^2 + b - a^2$은 두 부분으로 나눠서 생각할 수 있어요. 하나는 $x$와 관련된 요소들이고, 다른 하나는 $x$와 관련이 없는 나머지 요소들이에요.

$$y(x) = \boxed{x^2} + \boxed{b - a^2}$$
모양을 결정짓는 요소    위치를 결정짓는 요소

여기서 $x$와 관련이 없는 $b - a^2$은 곡선의 모양에는 영향을 미치지 않아
요. $x$와 관련이 없기 때문에 모든 $x$ 위치에서 같은 값을 가지기 때문이에요.
그러므로 이것은 오직 곡선이 놓이는 위아래 위치에만 영향을 미치게 돼
요. 반면에 $x$와 관련된 $x^2$은 $x$에 따라 변하는 수이기 때문에 곡선의 모양을
만드는 요소로 작용해요. 곡선의 모양에 영향을 주지 않는 $b - a^2$을 $c$로 나
타내면, 위 식은 다음과 같은 모습이 돼요.

$$y(x) = x^2 + c$$

마치 땅에 건물을 짓는 것과 비슷해요. 평탄한 땅의 높이가 $c$이고, 모양
을 갖는 건물 $x^2$을 이 땅 위에 짓는 거라고 생각할 수 있어요. 지금의 예에
서는 위 식에 $x = 0$을 넣으면 $y(0) = 0^2 + c = c$이므로 $x = 0$일 때 $y$ 값이 $c$가
된다는 것을 알 수 있어요.

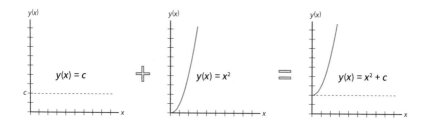

$y'(x) = 2x$를 토대로 곡선을 만들면, 곡선의 식은 위치 정보 $(a, b)$가 어떤 값이 되든 상관없이 $y(x) = x^2 + c$의 형태를 가져요. 그래서 이 형태를 $y'(x) = 2x$로 만든 곡선의 원형이라고 불러요. 이러한 원형을 나타내는 기호 역시 앞서 나왔던 적분 기호 $\int$ 를 사용해요.

$$\int y'(x)dx = \int 2xdx = x^2 + c$$

기존의 적분 기호에서 $x$의 시작점과 끝점 표시가 빠졌다는 것에 주목해 주세요. 그러니까 $x$ 영역이 표시된 적분 기호는 변화율 $y'(x)$로 '얼마만큼 변했나?'에 해당하는 총 $y$ 변화량을 나타내고, $x$ 영역 표시가 없는 적분 기호는 '그래서 이렇게 변화가 일어나면 곡선의 식의 형태는 무엇이 되는가?'를 나타내요.

$\int_{x_1}^{x_2} y'(x)dx$      $x$ 영역이 표시되어 있으면 총 $y$ 변화량을 나타내요

$\int y'(x)dx$      $x$ 영역이 표시되어 있지 <u>않으면</u> 곡선의 식(원형)을 나타내요.

영역 표시가 있는 적분 $\int_{x_1}^{x_2} y'(x)dx$를 정적분이라고 하고, 영역 표시가 없는 적분 $\int y'(x)dx$는 부정적분이라고 해요.

이제 한 가지만 더 살펴보고 다음 장으로 넘어갈게요. 앞에서 시작점을 $a = 1$로 고정하고 끝점 $x$를 자유롭게 움직이면서 곡선을 만들었어요. 그런데 만약 끝점 $x$가 1보다 작다면 어떻게 될까요? 이전에 우리는 변화율에

다음 그림과 같은 특징이 있다는 것을 알아보았어요.

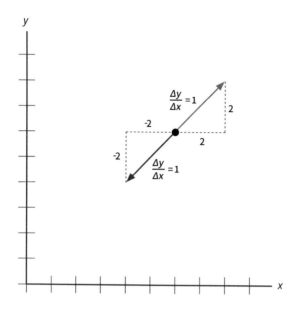

즉 거울에 비춘 것처럼 서로 반대 방향을 갖는 두 화살표는 같은 변화율을 갖고 있어요. 이것을 이용해 $a$ = 1일 때, $x$가 1보다 작은 경우를 살펴볼게요. $\int_1^x 2x\,dx = x^2 - 1$에서 만약 $x$가 0이라면 $\int_1^0 2x\,dx = 0^2 - 1 = -1$이 돼요. 화살표의 반대 방향도 같은 변화율을 가지므로, 다음 오른쪽 그림을 보면 $x$가 0에서 1로 변할 때와는 다르게 화살표들이 반대 방향으로 표시되면서 $x$가 1에서 0으로 변하고 있다는 것을 알 수 있어요.

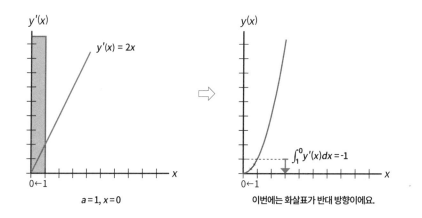

$a = 1, x = 0$                    이번에는 화살표가 반대 방향이에요.

즉 시작점 $a$보다 $x$가 더 왼쪽에 있는 경우도 똑같은 화살표를 반대로 작용시키면 돼요. 이처럼 $x$가 $a$보다 크든 작든 상관없이 우리는 모든 $x$에 대해서 $\int_a^x y'(x)dx$를 적용시켜서 곡선의 식을 구할 수 있어요.

# 04

## 정리하기

이제 〈Class 8〉부터 이번 장인 〈Class 13〉까지 우리가 공부한 것들을 정리해 보려고 해요. 이 여섯 개의 장을 통해서 우리는 특정 영역 안에 존재하는 모든 위치에서의 순간 변화율이 정보로서 주어졌을 때(이때 순간 변화율에 대한 정보는 '함수(식)'의 형태로 주어졌어요.) 이 순간 변화율들로 인해 두 대상이 어떻게 변하게 되는지를 살펴보았어요. 그런데 특정 영역 안에는 무한개의 위치가 존재했기 때문에 우리는 무한개의 순간 변화율을 다루어야만 했고, 이러한 무한은 연속성의 규칙을 통해 다룰 수 있었어요.

우리는 먼저 $x$의 변화량에 대한 $y$의 변화량(화살표 기차의 높이 변화량)을 구했고, 여기에 변화 전 위치인 초기 위치를 추가하면 화살표 기차의 높이 변화량은 변화의 형태를 알 수 있는 함수(식)로 바뀌게 되었어요.

이러한 작업에서 순간 변화율들이 일정하게 주어진 경우에는 두 대상이 직선의 형태로 변하게 된다는 것을 알게 되었어요. 반면에 순간 변화율이 연속적으로 변하게 된다면 두 대상은 곡선의 형태로 변하게 된다는 것을 알게 되었어요.

즉 우리는 순간 변화율에 대한 정보가 담겨 있는 '함수(식)'를 활용해 두 대상에게 일어난 변화의 형태를 얻게 되었는데 이 형태 역시 '함수(식)'로 구하게 된 거예요. 이처럼 함수(식)는 우리가 정보를 인식할 수 있게 해 주는 역할을 해요.

그런데 곡선의 경우, 우리는 곡선을 이루는 임의의 점 바로 옆 위치에 놓인 점이 얼마나 거리가 떨어져 있는지, 그리고 어떤 방향에 놓여 있는지에 대해서 뭐라고 명확하게 말할 수 없었어요. 어쩌면 이것을 본 여러분은 다음과 같은 의문을 가졌을 수도 있어요. "바로 옆 위치에 대해 명확히 말할 수 없는데, 우리가 떠올린 '바로 옆 위치'가 어떤 의미가 있다고 할 수 있나요?" 이에 대한 대답은 "그럼에도 불구하고 의미가 있다."예요.

위 질문에 대한 대답으로 바로 옆 위치가 의미가 있다고 말한 이유는, 이 바로 옆 위치를 통해 우리에게 가장 중요한 순간 변화율이라는 개념을 떠올릴 수 있었기 때문이에요. 이것으로 사실상 바로 옆 위치는 자신이 맡은 역할을 충실히 해낸 셈이에요. 즉 바로 옆 위치는 우리의 주인공 '순간 변화율'을 탄생시키는 어머니로서 의미를 갖는다고 볼 수 있어요. 그리고 이러한 순간 변화율로 인해 바로 옆 위치로 변화가 일어날 때, 우리는 군이 알 수 없는 미시적 변화인 바로 옆 위치로의 변화를 구할 필요가 없었어요. 우리는 연속성의 규칙을 사용해서 변화가 쌓여 만들어진 거시적 변화의 결과를 '식으로 표현된 함수'의 형태로 구할 수 있었어요. 그런데 함수는 임의의 위치에서의 변화의 자취를 나타내고 있었고, 이것은 우리가 모든 위치에서의 변화의 자취(형태)를 알게 되었다는 것을 의미했어요. 우리가 결국 최종적으로 알고자 했던 것은 순간 변화율이 만들어 내는 두 대상의 변화의 형태이므로 이것을 함수(식)로서 구하게 되었다라고 볼 수 있어요.

그림으로 정리하면 다음과 같아요.

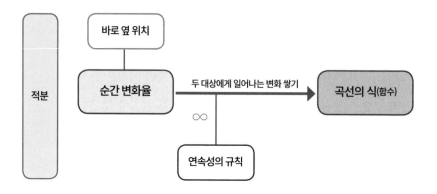

이처럼 순간 변화율에 의해 두 대상의 변화가 쌓여서 만들어지는 모습을 함수(식)의 형태로 구하는 작업을 적분이라고 불러요. 다음 장에서는 이러한 적분과 반대되는 작업을 하게 될 거예요. 즉 오히려 두 대상이 변한 모습 또는 식이 먼저 주어져요. 그리고 우리는 이 변화의 모습으로부터 특정 지점에서의 순간 변화율을 구해 볼 거예요.

# 곡선에서

# 방향 화살표

# 뽑아내기

# 01
## 곡선에서 방향 화살표를
## 뽑아내는 방법

우리는 앞에서 화살표들을 연결시키면서 화살표 기차를 만들었어요. 그리고 이 화살표들이 무한에 의해 혼합 연결될 때 화살표 기차는 곡선이 될 수 있었어요. 다음 그림은 이런 방식으로 만든 곡선이에요.

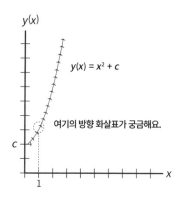

$y(x)$

$y(x) = x^2 + c$

**여기의 방향 화살표가 궁금해요.**

$c$

$1$

$x$

그런데 이번에는 거꾸로 이와 같은 곡선이 주어졌을 때, 이 곡선이 어떤 방향 화살표들로 이루어져 있는지 궁금할 수 있어요. 예를 들어 $x = 1$ 위치에서 이 곡선을 이루고 있는 방향 화살표는 어떤 방향을 갖고 있는지 궁금할 수 있어요.

바꿔 말하면 $x = 1$일 때 두 대상인 $x$와 $y$는 어떻게 변화하고 있었는가를 알고 싶은 거예요. 이것을 알려면 우리는 그 위치에서의 순간 변화율을 알아야 해요. 그래야 그 순간에 $x$가 변하려고 할 때 $y$는 이것의 몇 배만큼 변하려고 하는지를 인식할 수 있고 이것은 곧 두 대상의 변화를 이해한 것이 되기 때문이에요.

그런데 화살표들은 단순하게 연결되어 있는 것이 아니라 혼합 연결되어 있기 때문에 어떤 위치에서의 방향 화살표가 바로 눈에 보이지는 않아요. 직접적으로 보이지 않는 이런 방향 화살표를 우리는 어떻게 찾아낼 수 있을까요?

이것을 찾기 전에 꼭 알아야 할 사항이 있어요. 다음 그림에서 곡선을 이루는 임의의 한 점인 A점에서의 방향 화살표(순간 변화율)를 구하고 싶다고 해 볼게요.

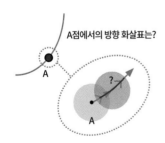

A점에서의 방향 화살표는?

그런데 만약 이 그림에서 곡선 없이 다음 그림처럼 오직 A점만 주어졌다고 생각해 볼게요. 그러면 당연하게도 우리는 이 한 점만으로부터는 방향 화살표를 구할 수 없을 거예요.

● A점만 있으면 방향 화살표를 구할 수 없어요.
A

즉 A점에서의 방향 화살표를 구하기 위해서는 A점 주변의 곡선이 반드시 필요해요. 이것은 어쩌면 너무나 당연한 말일 수도 있지만 사실 굉장히 중요한 부분이에요. A점에서의 방향 화살표는 A점 자체가 아니라 A점 주변에 있는 곡선의 정보를 바탕으로 찾을 수 있다는 말이니까요. 우리는 A점으로부터 직접적으로 방향 화살표를 찾는 것이 아니라 주변 곡선의 정보를 통해서 간접적으로 방향 화살표를 찾게 될 거예요.

다음 그림과 같이 화살표들이 혼합 연결되어 화살표 기차를 만들고 있다고 해 볼게요.(앞서 보았듯이 혼합 연결인 경우에는 일반 화살표가 아닌 방향 화살표를 사용해서 이들을 서로 조금씩 겹치게 그렸어요. 방향 화살표와 일반 화살표는 머리 모양이 달랐어요.) 이 화살표 기차의 시작점 ①(빨강)에서 끝점 ⑦(보라)을 향하는 검정 화살표를 그려 볼게요. 그러면 검정 화살표는 화살표 기차에 의해 일어난 변화의 최종적인 결과를 나타내게 돼요. 즉 화살표들이 합해져서 만든 최종 모습이 검정 화살표라고 생각할 수 있어요.

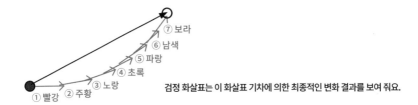

검정 화살표는 이 화살표 기차에 의한 최종적인 변화 결과를 보여 줘요.

쉽게 표현하기 위해 이 화살표 기차가 단지 일곱 가지의 무지개색으로만 이루어져 있다고 생각해 볼게요.(실제 무지개는 일곱 가지 색깔이 아닌 연속적으로 색이 변하는 무한한 색깔들로 이루어져 있어요. 우리의 화살표 기차도 마찬가지고요. 편의상 색깔 이름 옆에 번호를 붙여 표시했어요.)

이렇게 단순화시켜서 보면 위 검정 화살표는 다음과 같은 화살표들이 합해진 결과로 볼 수 있어요.(검정색을 모든 색이 혼합되었을 때 나오는 색으로 생각할게요.)

검정 화살표 = 빨강 화살표 ① + 주황 화살표 ② + 노랑 화살표 ③ + 초록 화살표 ④
+ 파랑 화살표 ⑤ + 남색 화살표 ⑥ + 보라 화살표 ⑦

이 중에 빨강 화살표가 시작점에서 우리가 구하고자 하는 방향 화살표라고 해 볼게요. 이 빨강 방향 화살표를 구하기 위해 끝점을 화살표 기차가 만드는 곡선을 따라 시작점 가까이 이동시켜 볼게요. 그럼 다음 그림처럼 될 거예요.

화살표 기차에서 보라 화살표가 사라졌어요.

(색이 빠진) 검정 화살표 = 빨강 화살표 ① + 주황 화살표 ② + 노랑 화살표 ③

+ 초록 화살표 ④ + 파랑 화살표 ⑤ + 남색 화살표 ⑥

좀 더 가까이 이동시키면

화살표 기차에서 남색 화살표가 사라졌어요.

(색이 더 빠진) 검정 화살표 = 빨강 화살표 ① + 주황 화살표 ② + 노랑 화살표 ③

+ 초록 화살표 ④ + 파랑 화살표 ⑤

이와 같은 방식으로 끝점을 계속해서 시작점 가까이 이동시키면

끝점을 시작점 가까이 다가가게 해요.

① 빨강 ② 주황

(색이 점점 빠지고 있는) 검정 화살표 = 빨강 화살표 ① + 주황 화살표 ②

+ 노랑 화살표 ③ + 초록 화살표 ④

(색이 점점 빠지고 있는) 검정 화살표 = 빨강 화살표 ① + 주황 화살표 ②

+ 노랑 화살표 ③

(색이 점점 빠지고 있는) 검정 화살표 = 빨강 화살표 ① + 주황 화살표 ②

……

…

처음의 검정 화살표는 일곱 색깔의 화살표들로 이루어져 있었지만, 위와 같은 단계가 진행될수록 검정 화살표를 이루는 화살표들이 하나둘 사라져가면서 색깔 역시 하나둘 빠져나가게 돼요. 그러면 검정 화살표의 검정색은 점점 다른 색들이 빠져나가기 때문에 점점 빨간색을 닮아 가게 될 거예요. 이것은 곧 검정 화살표가 점점 빨강 화살표가 가리키는 방향을 닮아가고 있다는 말이 돼요.

이제 앞에 나온 단계의 다음 단계가 진행되면 주황 화살표가 없어지고 빨강 화살표만 남을 것 같아요. 하지만 위 과정에서 곡선을 일곱 개만의 무지개색 화살표들로 나타낸 것은 단순하게 살펴보기 위해서였어요. 실제로는 무한히 많은 화살표가 곡선을 이루고 있어요. 그러므로 빨강 화살표와 주황 화살표만 남았다고 표현한 위 단계에서도 여전히 무한히 많은 화살표가 남아 있을 거예요. 아직도 이렇게 많은 화살표가 남아 있다면 우리가 지금까지 한 일들은 의미가 없는 걸까요?

그렇지 않아요. 다행히도 곡선을 이루고 있는 화살표들은 연속적으로 방향이 변하는 화살표들로 이루어져 있었어요. 즉 한 화살표의 다음에 오는 화살표가(실제로 '다음'이란 없지만) 갑자기 엉뚱한 방향이 되지는 않는다는 거예요. 반드시 곡선은 연속적으로 방향이 변하는 화살표들로 연결되어 있어요. 그러므로 이것을 거꾸로 생각하면 다음과 같이 생각할 수 있어요.

"끝점을 시작점에 계속 가까이 이동시키면, 시작점에서 끝점을 향하는 검정 화살표는 분명 우리가 찾고자 하는 빨강 화살표를 점점 닮아 갈 거야, 즉 검정 화살표는 다른 색깔들이 하나둘 빠지면서 검정색에서 빨강을 향해 점점 연속적으로 변해 갈 거야."

이때 주의할 점은 끝점이 시작점에 도착해 버리면 시작점 화살표마저도 사라져 버린다는 거예요. 그러므로 우리가 해야 할 일은 끝점이 시작점에 도착하지는 않고, 계속해서 다가갈 때 검정 화살표의 방향이 어떠한 방향에 도달하고자 하는지를 살펴보는 일이에요. 이 도달하고자 하는 방향이 시작점에 위치한 빨강 화살표가 가진 방향이 될 거예요. 즉 검정 화살표의 방향을 나타내는 것이 변화율이므로, 우리는 끝점이 시작점에 다가감에 따라 검정 화살표의 변화율이 어떤 값을 향해 다가가는지를 알아볼 거예요. 그리고 이렇게 구한 값이 바로 시작점에서의 순간 변화율이 돼요.

# 02
.....
# 식으로 방향 화살표
# 뽑아내기

곡선 $y(x) = x^2 + c$에서 $x = 1$인 위치에서의 방향 화살표를 구해 볼게요. 이때 식에 있는 $c$ 값은 상관이 없어요. $c$는 곡선의 모양에 영향을 미치는 수가 아니기 때문이에요.

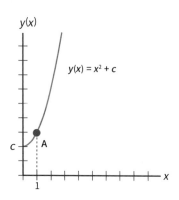

앞서 보았던 검정 화살표를 빨강 화살표로 바꾸는 과정을 적용하기 위해, 곡선 위의 임의의 점을 회색 점으로 잡을게요. 다음 그림과 같이 회색 점이 점 A의 $x$ 위치와 $\Delta x$만큼 차이가 난다면 회색 점의 $x$ 위치는 $1 + \Delta x$가 돼요. 그러면 다음 그림에 나타낸 것처럼 점 A의 위치는 $(1, y(1))$이고, 회색 점의 위치는 $(1 + \Delta x, y(1 + \Delta x))$가 돼요. 이제 점 A에서 회색 점을 향해 검정 화살표를 그려요.

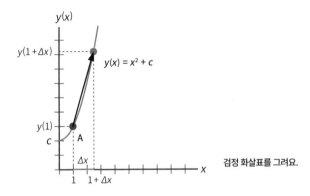

우리가 구하려는 것은 검정 화살표의 방향에 해당하는 변화율이에요. 변화율은 다음 식과 같아요.

$$\text{변화율} = \frac{y\text{의 변화량}}{x\text{의 변화량}} = \frac{\Delta y}{\Delta x} = \frac{\Delta y(1 + \Delta x) - y(1)}{\Delta x}$$

$y(x) = x^2 + c$에 $x = 1$과 $x = 1 + \Delta x$를 각각 넣으면

$$y(1) = 1^2 + c = 1 + c$$

$$y(1 + \Delta x)$$

$$= (1 + \Delta x)^2 + c$$

$$= (1 + \Delta x)(1 + \Delta x) + c$$

$$= 1^2 + (\Delta x)^2 + 2 \cdot 1 \cdot \Delta x + c$$

$$= 1 + (\Delta x)^2 + 2\Delta x + c$$

$(1+\Delta x)^2$은 $(a+b)^2 = (a+b)(a+b) = a^2 + ab + ab + b^2$ $= a^2 + 2ab + b^2$을 적용했어요.

결과만 다시 적으면 다음과 같아요.

$$y(1) = 1 + c$$

$$y(1 + \Delta x) = (\Delta x)^2 + 2\Delta x + 1 + c$$

이제 이 값들을 $\dfrac{\Delta y}{\Delta x} = \dfrac{\Delta y(1 + \Delta x) - y(1)}{\Delta x}$ 에 넣으면

$$\frac{\Delta y}{\Delta x} = \frac{\Delta y(1 + \Delta x) - y(1)}{\Delta x}$$

$$= \frac{((\Delta x)^2 + 2\Delta x + 1 + c) - (1 + c)}{\Delta x}$$

$$= \frac{(\Delta x)^2 + 2\Delta x}{\Delta x}$$

역시 상관없는 $C$는 사라졌어요.

우리는 회색 점을 점 A로 가까이 이동시킬 거예요. 이렇게 하면 $\Delta x$가 점점 작아지는 것이 되고($\Delta x \to 0$), 우리는 이때 검정 화살표의 변화율이 어떻게 변하는지를 살펴볼 거예요. 하지만 그 전에 검정 화살표의 변화율의 식 $\dfrac{\Delta y}{\Delta x} = \dfrac{(\Delta x)^2 + 2\Delta x}{\Delta x}$에, 회색 점이 점 A에 도착해 버린 상황인 $\Delta x = 0$을 그

대로 넣으면 어떻게 되는지 살펴볼게요.(사실 우리가 관심 있는 것은 $\Delta x$가 0이 되기 직전까지의 상황이지만, 그래도 $\Delta x = 0$일 때 어떠한 일이 일어나는지 한번 살펴보려고 해요.)

식에 $\Delta x = 0$을 넣으면 $\frac{\Delta y}{\Delta x} = \frac{(\Delta x)^2 + 2\Delta x}{\Delta x} = \frac{0}{0}$이 돼요. 그런데 수학에서 $\frac{0}{0}$이라는 것은 조금 독특한 의미를 갖고 있어요. $\frac{0}{0}$이 어떤 의미를 갖는지 알기 위해서 잠깐 곱셈과 나눗셈을 다뤄 볼게요.

이런 곱셈이 있어요.

$2 \times 3 = 6$

$3 \times 2 = 6$                 곱셈은 곱하는 순서를 바꿔도 똑같은 결과가 나와요.

위 곱셈을 나눗셈으로 바꾸면 다음과 같아요.

$2 \times 3 = 6 \rightarrow 2 = 6 \div 3$

$3 \times 2 = 6 \rightarrow 3 = 6 \div 2$       뒤에 곱해진 수를 등호 양쪽에 똑같이 나눠 주면 돼요.
                                                 첫 번째 식의 경우 등호 양쪽을 3으로 나눠요.

곱셈과 나눗셈을 숫자 0인 경우에 적용하면 신기한 일이 일어나요.
먼저 곱셈을 적으면 다음과 같아요.

$0 \times 2 = 0$               $0 \times 2 = 0$은 0을 두 번 더하라는 의미이므로 $0 + 0 = 0$이에요. 또한 곱셈은 곱하는 순서를 바꿔도 똑같은 결과가 나오

$2 \times 0 = 0$              므로 $2 \times 0 = 0$이에요.

이제 이것을 나눗셈으로 바꾸기 위해, 앞에서 보았던 것처럼 등호 왼쪽의 곱셈이 등호 오른쪽으로 가면서 나눗셈으로 바뀌었다고 생각해 볼게요.

$0 \times 2 = 0 \;\rightarrow\; 0 = 0 \div 2$

$2 \times 0 = 0 \;\rightarrow\; 2 = 0 \div 0 \;(?)$

어? $0 = 0 \div 2$라는 것은 그래도 납득이 가지만, 두 번째 식인 $0 \div 0 = 2$ 이라는 것은 좀 이상해요. 0을 0으로 나눴는데 2가 된다?

마찬가지로 다음 식들도 이상해요.

$3 \times 0 = 0 \;\rightarrow\; 0 \div 0 = 3 \;(?)$

$11 \times 0 = 0 \;\rightarrow\; 0 \div 0 = 11 \;(?)$

$532 \times 0 = 0 \;\rightarrow\; 0 \div 0 = 532 \;(?)$

…

어? 똑같은 $0 \div 0$인데 2가 되기도 하고, 3이 되기도 하고, 11이 되기도 하고, 532가 되기도 하고, ……. 그러니까 $0 \div 0$은 딱 하나의 정해진 값이 되는 것이 아니라 임의의 어떤 값이 될 수 있다는 말인 것 같아요. $0 \div 0$을 분수로 바꿔 표현하면 $\frac{0}{0}$이므로, $\frac{0}{0}$은 어떤 값이든 될 수 있다는 말이 돼요.

이전에 보았던 적분에서는 상상의 막대기의 오른쪽 끝점인 $\infty$에 큰 구멍이 뚫려 있어서 우리가 도달할 수 없는 상황이었어요.

실제로 오른쪽 끝점에 도달할 수는 없었지만 다행히도 연속성으로 추리하기를 사용해 오른쪽 끝점에서의 알고 싶어 하는 값을 구할 수 있었어요.

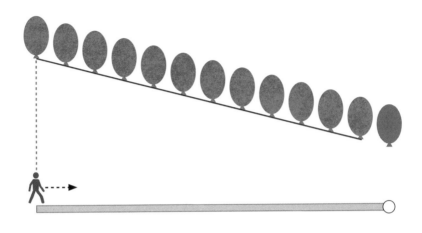

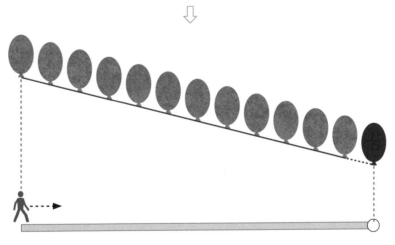

**연속성으로 추리할 수 있어요.**

지금 상황도 이와 비슷하게 생각해 볼 수 있어요. 다음 그림처럼 상상의 막대기가 주어졌을 때, 왼쪽 끝점에서부터 측정한 상상의 막대기의 길이를

$\Delta x$라고 해 볼게요. 그러면 막대기의 왼쪽 끝점은 $\Delta x = 0$이 돼요. 또한 이 위치에서 구하고자 하는 풍선의 높이가 변화율이라고 해 볼게요.

$\Delta x = 0$                                                           왼쪽 끝점 $\Delta x = 0$은 블랙홀이에요.

앞서 본 막대기에서는 오른쪽 끝점이 ∞로 도달할 수 없었기 때문에 구멍이 뚫려 있다고 생각했어요. 그런데 이번에는 좀 달라요. $\Delta x = 0$은 분명히 도달할 수 있는 곳이에요. 도달할 수는 있지만 앞에서 $\Delta x = 0$일 때 우리가 구하려고 한 변화율 값은 $\frac{\Delta y}{\Delta x} = \frac{0}{0}$이 되어 버렸어요. 즉 변화율은 어떤 값이든 될 수 있는 상황이에요.

우주에서는 블랙홀에 빠지면 (가상의) 화이트홀로 나올 수도 있다고 해요. 그런데 만약 이 화이트홀이 우주 어디에라도 생길 수 있다면, 여러분이 블랙홀에 들어갔을 때, 여러분이 어디에서 나타나게 될지 누구도 알 수 없을 거예요. 이것은 막대기의 왼쪽 끝점인 $\Delta x = 0$인 곳의 상황과 비슷해요. 이곳에 도달할 수는 있지만, 여기에 들어가 버리면 변화율로 어떤 값이 튀어나올지 알 수 없기 때문이에요. 그래서 막대기의 왼쪽 끝점을 블랙홀로 생각하고, 검은 구멍으로 나타냈어요.

그렇다면 다음 그림처럼 $\Delta x = 0$에서 여러 가지 변화율 값이 가능한 상황에서, 어떤 값이 우리가 진짜 찾고자 하는 변화율일까요? 이것을 해결해주는 도구가 바로 연속성으로 추리하기예요. 우리가 다루는 세상은 연속성이라는 규칙이 적용되는 곳이므로 $\Delta x = 0$ 주변에서의 변화율이 $\Delta x = 0$까지 연속적으로 이어졌을 때 도달하고자 하는 값이 바로 우리가 찾고자 하는 변화율이 될 거예요.

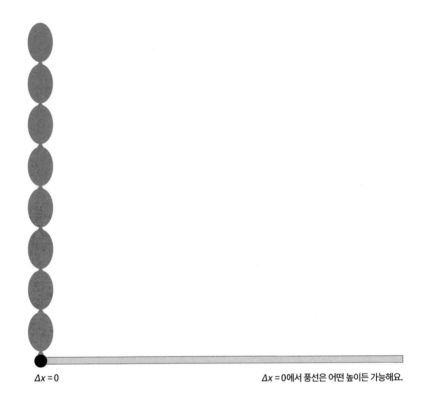

$\Delta x = 0$

$\Delta x = 0$에서 풍선은 어떤 높이든 가능해요.

연속성으로 추리하기를 의미하는 극한 기호인 lim를 사용해서 우리가 찾고자 하는 변화율을 $\lim\limits_{\Delta x \to 0} \dfrac{\Delta y}{\Delta x}$로 표현할 수 있어요. 기호 lim 밑에 있는 $\Delta x \to 0$는 연속성이 0까지 이어진다는 것을 나타내는 동시에, $\Delta x$가 0에 도착하지는 않으면서 0을 향해 다가갈 때 변화율 $\dfrac{\Delta y}{\Delta x}$는 어떤 값을 향해 다가가고 있는지 묻고 있어요.

앞에서 구해 놓은 변화율 식을 다시 적어 볼게요.

$$\frac{\Delta y}{\Delta x} = \frac{(\Delta x)^2 + 2\Delta x}{\Delta x}$$

이 식을 사용해서 우리는 연속성으로 추리하기를 해 볼 거예요. 그런데 이 식에 $\Delta x$의 값으로 직접적으로 0을 넣지는 않아요. 그러면 블랙홀에 빠져 버리니까요. 그래서 $\Delta x$는 0이 아닌 0의 주변 값이 돼요. $\Delta x$는 0이 아니기 때문에 $\Delta x$로 분자와 분모를 아래과 같이 마음 편하게 약분할 수 있어요.(보통의 숫자라면 $\frac{3}{3} = \frac{1}{1} = 1$로 약분할 수 있지만, $\frac{0}{0}$이라면 이렇게 약분할 수가 없어요.)

$$\frac{\Delta y}{\Delta x} = \frac{(\Delta x)^2 + 2\Delta x}{\Delta x} = \Delta x + 2$$

위 식의 결과에 $\lim\limits_{\Delta x \to 0}$를 붙이면 다음과 같아요.

$$\lim_{\Delta x \to 0}\frac{\Delta y}{\Delta x} = \lim_{\Delta x \to 0}\frac{(\Delta x)^2 + 2\Delta x}{\Delta x} = \lim_{\Delta x \to 0}\Delta x + \lim_{\Delta x \to 0}2$$

이제 위 식에 나온 다음과 같은 극한이 무엇을 의미하는지 살펴볼게요.

$$\lim_{\Delta x \to 0}\Delta x$$

이 식의 의미는 다음과 같아요.

"$\Delta x$가 (0은 아니면서) 0을 향해 다가갈 때, $\Delta x$는 어떤 값에 가까워질까?"

음, 말이 좀 이상하긴 하지만 $\Delta x$가 0을 향해 다가가면, 당연하게도 $\Delta x$ 는 0에 가까워지므로 자연스럽게 이 극한값은 $\lim\limits_{\Delta x \to 0}\Delta x = 0$이에요.

$$\lim_{\Delta x \to 0}\frac{\Delta y}{\Delta x} = \lim_{\Delta x \to 0}\Delta x + \lim_{\Delta x \to 0}2 = 0 + \lim_{\Delta x \to 0}2$$

또한 2는 $\Delta x$가 어떻게 변하든 전혀 영향을 받지 않으므로 $\lim\limits_{\Delta x \to 0}2 = 2$가 돼 요. 결국 변화율의 식은

$$\lim_{\Delta x \to 0}\frac{\Delta y}{\Delta x} = \lim_{\Delta x \to 0}\Delta x + \lim_{\Delta x \to 0}2 = 0 + \lim_{\Delta x \to 0}2 = 0 + 2 = 2$$

가 돼요. 이로써 검정 화살표가 닮아 가고자 했던, $x = 1$에서 곡선을 이루고 있는 빨강 방향 화살표 ①의 변화율 값은 2라는 것을 알게 되었어요. 그러 므로 우리는 곡선 $y(x) = x^2 + c$에서 $x = 1$인 위치에서의 순간 변화율 값이 2라는 것을 알게 되었어요.

예를 들어 곡선의 식 $y(x) = x^2 + c$에서 $c = 2$인 상황을 살펴볼게요. 그러 면 $y(x) = x^2 + 2$가 돼요. 이 식에서 $x = 0$일 때 $y(0) = 0^2 + 2 = 2$이므로 곡 선은 $(0, 2)$를 지나게 돼요. 이 곡선을 다음 왼쪽 그림에 나타냈어요.

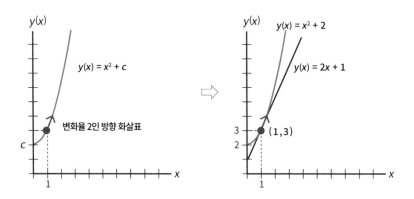

이 곡선은 $x = 1$일 때 $y(1) = 1^2 + 2 = 3$이므로, 곡선을 이루는 점 $(1, 3)$에서 이 곡선의 순간 변화율은 앞에서 구한 2가 돼요. 이것은 점 $(1, 3)$에서 $x$가 변하려고 할 때 $y$는 이것보다 2배 더 변하려고 하고 있다는 것을 의미해요. 그런데 앞에서 보았듯이 실제 곡선은 이 순간 변화율 값만으로 변하지 않고 혼합 연결된 뭐라 말할 수 없는 변화율 값으로 변화가 일어났어요.

그러므로 이전에 보았듯이 만약 점 $(1, 3)$에서 오직 이 순간 변화율 값 2를 나타내는 방향 화살표만을 따라 변화가 일어난다면 곡선과는 서로 가는 길이 전혀 다른 직선(접선)이 그려질 거예요. 이전에 직선의 식을 구했던 방법을 그대로 적용해서 접선의 식을 한번 구해 볼게요. 점 $(1, 3)$에서 변화율 2로 변화가 일어난 후의 위치를 $(x, y)$라고 하면 변화율의 정의에 따라 $\dfrac{\Delta y}{\Delta x} = \dfrac{y - 3}{x - 1} = 2$가 돼요.

$\dfrac{\Delta y}{\Delta x} = \dfrac{y - 3}{x - 1} = 2$에서 $y$를 구해 보면

$$y - 3 = 2(x - 1)$$

$$y = 2x + 1$$

이 돼요. 이렇게 점 $(1, 3)$에서의 접선의 식 $y = 2x + 1$을 구할 수 있어요.

이전에 적분에서도 살펴보았지만, 이런 결과를 보고 어쩌면 다음과 같은 의문을 가질 수도 있어요.

"그렇지만 곡선에서 우리가 구한 순간 변화율대로 실제로 변화가 일어나지 않았잖아요. 그렇게 되면 직선이 되어 버린다면서요. 그럼 우리가 구한 순간 변화율이 의미가 있다고 할 수 있나요?"

이 질문에 대한 대답은 여기서도 역시나 "그럼에도 의미가 있다."예요. 실제로 이 이상한 세계에서 변화가 일어날 때는 무한에 의해 주변의 순간 변화율과 혼합 연결이 일어나면서 우리가 직접적으로 알 수 없는 변화율 값으로 변화가 일어나게 돼요. 하지만 순간 변화율이 그 지점에서 자신의 독립성을 유지하고 있었기 때문에 이 이상한 세계는 이들을 재료로 혼합 연결함으로써 우리가 뭐라 말할 수 없는 새로운 방향으로 변화를 일으키는 것이 가능했다라고도 생각할 수 있어요. 그러므로 결국 우리가 구한 이 독립된 순간 변화율 값이 곡선으로의 변화를 일으켰다고 생각할 수 있어요. 그리고 사실 순간 변화율은 이 이상한 세계에 진짜 존재한다기보다는 우리의 필요에 의해 상상으로 떠올린 존재라는 것을 항상 기억하고 있어야 해요. 이것이 상상임에도 우리에게 의미가 있는 진짜 이유는, 이 이상한 세계에 있는 곡선의 한 점에서 두 대상에게 일어나는 변화를 우리가 인식할 수 있게 해 주는 최선의 개념이 바로 순간 변화율이기 때문이에요.

# 03
.....
# 무한으로 연결하고
# 무한으로 분리하고

앞에서 우리는 극한 $\lim_{\Delta x \to 0} \Delta x = 0$을 통해서 곡선을 이루고 있는 방향 화살표들 중 하나를 뽑아낼 수 있었어요. 그런데 $\Delta x \to 0$ 즉 $\Delta x$가 0을 향해 다가간다는 것을 조금 다른 방식으로 살펴보면 여기에 숨은 또 다른 의미를 발견할 수 있어요.

다음에 나와 있는 막대기의 길이를 $\Delta x$라고 하고, 처음 막대기의 길이는 $\Delta x = d$라고 해 볼게요.

$$d$$

이제 이 막대기의 길이가 줄어들기 시작해요. 그런데 길이가 줄어드는 과정을 이전에 적분에서 했던 것처럼 동일한 간격으로 나누는 것으로 대체해서 생각할 수 있어요.

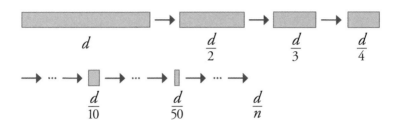

나누는 값을 $n$이라고 한다면 각 단계마다 막대기의 길이는 $\Delta x = \dfrac{d}{n}$이에요. $n = 1$이면 $\Delta x = \dfrac{d}{1} = d$로 처음 막대기의 길이예요. $n = 2, 3, 4, 5, \cdots$로 커지면 막대기 길이 $\Delta x$는 반대로 작아져요. $n$이 계속해서 커진다면 이것을 $n \to \infty$로 나타낼 수 있어요.

처음 막대기 길이인 $d$를 1로 놓으면, 매 단계마다 막대기 길이는 $\Delta x = \dfrac{1}{n}$이 돼요. 우리는 앞서 적분에서 $\lim\limits_{n\to\infty}\dfrac{1}{n} = 0$이라는 것을 알게 되었어요.

$\dfrac{1}{n} = \Delta x$이므로, 이것을 식 $\lim\limits_{n\to\infty}\dfrac{1}{n} = 0$에 넣으면 $\lim\limits_{n\to\infty}\Delta x = 0$이 돼요. 이 식의 의미는 $n \to \infty$면 $\Delta x$는 0을 향해 다가간다는 말이에요. 즉 $n \to \infty$와 $\Delta x \to 0$은 같은 말이 돼요. 이제 극한 기호 $\lim\limits_{n\to\infty}\dfrac{1}{n}$에서 $n \to \infty$ 대신에 $\Delta x \to 0$을 넣고, $\dfrac{1}{n} = \Delta x$를 넣으면 $\lim\limits_{n\to\infty}\dfrac{1}{n} = \lim\limits_{\Delta x \to 0}\Delta x$가 됨을 알 수 있어요.

$$\lim_{\Delta x \to 0}\Delta x = \lim_{n\to\infty}\frac{1}{n}$$

앞의 식은 $\Delta x$가 0을 향해 다가가는 과정인 $\lim\limits_{\Delta x \to 0}\Delta x$의 또 다른 모습이 $\lim\limits_{n\to\infty}\dfrac{1}{n}$이라는 것을 보여 주고 있어요.

즉 $\Delta x$가 0을 향해 다가가는 과정에도 무한($\infty$)이라는 요소가 들어 있었던 거예요. 결국 우리는 무한을 통해서 곡선을 이루고 있는 한 점에서의 방향 화살표(순간 변화율)를 구한 셈이에요. (이렇듯 $\Delta x$는 0을 향해 무한히 다가갈 수 있어요. 이것이 가능한 이유는 유한한 영역 안에 무한한 위치가 존재하기 때문이에요. $\Delta x$가 0을 향해 계속 다가가도 여전히 더 다가갈 수 있는 무한한 위치가 계속해서 존재하니까요.)

이것을 무한의 입장에서 다시 정리하면 다음과 같아요.

앞서 적분에서 화살표들이 연결된 화살표 기차가 곡선이 되기 위해서는 접착제로 무한($\infty$)이 필요하다는 것을 보았어요. 그리고 이번 장에서 우리가 한 일은 이렇게 혼합 연결된 화살표 기차에서 하나의 화살표를 뽑아내는 작업이었어요. 이렇게 화살표를 뽑아내기 위해서는 화살표 기차의 혼합 연결을 먼저 끊어 내야 할 거예요. 이때 사용한 것이 바로 극한 $\lim\limits_{\Delta x \to 0}$ 이에요. 여기에도 역시나 무한이 들어 있다고 했으므로, 혼합 연결된 화살표들을 분리시키기 위해 필요한 분리제 역시 무한($\infty$)이라는 것을 알 수 있어요.

즉 곡선을 만들기 위한 접착제도 무한이고 곡선의 혼합 연결을 끊어 내기 위한 분리제 역시 무한이에요.

**두 화살표에 접착제를 넣으면**       **혼합 연결되며 곡선이 돼요.**

**곡선에 분리제를 넣으면**       **혼합 연결을 끊을 수 있어요.**

접착제       분리제

**접착제와 분리제 모두 무한이에요.**

# 04

곡선을 이루는
방향 화살표 기록하기

앞에서 점 A 위치로 $x = 1$을 예로 들어 알아보았어요. 하지만 이제 곡선 위 다른 점에서의 방향 화살표도 알고 싶어요. 그래서 특정한 값 대신 정해지지 않은 값인 $x$를 그대로 식에 넣어 방향 화살표를 구해 볼게요.

$$변화율 = \frac{y의 \ 변화량}{x의 \ 변화량} = \frac{\Delta y}{\Delta x} = \frac{\Delta y(x + \Delta x) - y(x)}{\Delta x}$$

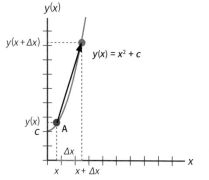

점 A의 위치를 $x$로 놓아요.

$x = 1$ 대신에 $x$로 그대로 놓은 후, 앞서 보았던 과정을 그대로 진행하면 돼요.

식 $y(x) = x^2 + c$에 $x$ 대신 $x + \Delta x$를 넣으면

$$y(x + \Delta x) = (x + \Delta x)^2 + c = x^2 + 2x\Delta x + (\Delta x)^2 + c$$

$y(x + \Delta x) - y(x)$를 계산하면

$$y(x + \Delta x) - y(x)$$
$$= (x^2 + 2x\Delta x + (\Delta x)^2 + c) - (x^2 + c)$$
$$= 2x\Delta x + (\Delta x)^2$$

이제 $\Delta x$로 나누면

$$\frac{\Delta y(x + \Delta x) - y(x)}{\Delta x} = 2x + \Delta x$$

$\lim\limits_{\Delta x \to 0}$를 붙이면 변화율은

$$\lim_{\Delta x \to 0}(2x + \Delta x) = \lim_{\Delta x \to 0} 2x + \lim_{\Delta x \to 0}\Delta x = 2x + \lim_{\Delta x \to 0}\Delta x$$

가 돼요. $\lim\limits_{\Delta x \to 0} 2x$에서 $2x$와 $\Delta x$ 둘 다 문자 $x$를 갖고 있어서 이 둘이 연관되어 있다고 착각할 수 있지만, 사실 이 둘은 전혀 관련이 없어요. 그러므로 극한

$\lim\limits_{\Delta x \to 0} 2x$는 그대로 $2x$가 돼요. 앞서 보았듯 $\lim\limits_{\Delta x \to 0} \Delta x = 0$이므로 결국 $2x$가 우리가 구하고자 하는 임의의 $x$ 위치에서의 순간 변화율 값이에요.

$$\lim_{\Delta x \to 0} \frac{\Delta y(x + \Delta x) - y(x)}{\Delta x} = 2x$$

이처럼 식을 통해 우리가 떠올릴 수 있는 임의의 $x$ 위치에서의 순간 변화율 값을 알 수 있게 되면, 결국 모든 $x$ 위치에서의 순간 변화율을 구한 것이 돼요. 원하는 특정한 $x$ 값을 이 식에 넣어 주기만 하면 그 위치에서의 구체적인 순간 변화율 값을 알 수 있어요. 예를 들어 $x = 1$을 넣으면 $2x = 2$로 앞에서 우리가 예로서 구한 변화율 값과 일치해요. 그러므로 이렇게 구한 순간 변화율은 $x$에 따라 결정되는 함수가 돼요.

순간 변화율을 기호 $\dfrac{dy}{dx}$를 사용해서 나타낼 수 있고, 또한 $y(x)$를 만드는 변화율을 $y'(x)$로 나타내기로 했으므로, 두 기호를 사용해서 앞의 식을 정리하면 다음과 같이 돼요.

$$y'(x) = \frac{dy}{dx} = 2x$$

참고로 우리는 순간 변화율 $\dfrac{dy}{dx}$를 극한 $\lim\limits_{\Delta x \to 0} \dfrac{\Delta y}{\Delta x}$로 구할 수 있었어요.

$$\frac{dy}{dx} = \lim_{\Delta x \to 0} \frac{\Delta y}{\Delta x}$$

이로써 모든 $x$ 위치에서 곡선 $y(x) = x^2 + c$가 어떤 방향 화살표들로 이루어져 있는지 알 수 있게 되었어요. 변화율 $y'(x) = 2x$를 $xy'$ 좌표에 나타내면 다음 그림과 같아요.

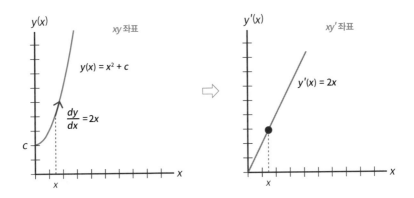

위 왼쪽 그림에 있는 방향 화살표가 점으로 변해서 오른쪽 그림에 기록되었다고 생각할 수 있어요.

$y'(x) = 2x$는 우리가 '곡선 만들기'에서 곡선 $y(x) = x^2 + c$를 만드는 데 사용했던 식과 일치해요. 그러므로 우리가 곡선에서 제대로 방향 화살표를 뽑아냈다는 것을 확인할 수 있어요.

# 정리하기

그럼 이번 장을 정리해 볼게요. 우리는 곡선을 만들고 있는 화살표 기차에서 화살표 하나를 뽑아내고 싶었어요. 이것을 하려면 다음 그림처럼 화살표 기차를 낱개의 화살표들로 분리시켜서 원하는 화살표 하나를 택하면 될 것처럼 보여요.

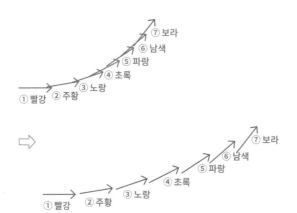

하지만 아쉽게도 화살표들은 그냥 연결된 것이 아니라 무한이라는 접착제로 혼합 연결되어 있어서 이렇게 직접 분리할 수가 없어요. 그래서 우리는 다음 그림처럼 검정 화살표를 사용해서 간접적으로 화살표들을 분리했어요.

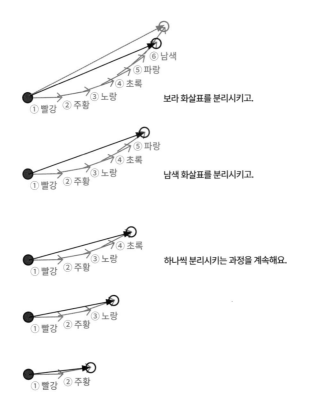

보라 화살표를 분리시키고.

남색 화살표를 분리시키고.

하나씩 분리시키는 과정을 계속해요.

시작점에서 끝점으로 검정 화살표를 그린 후, 끝점을 곡선을 따라 시작점에 가까이 다가가게 함으로써 화살표 기차에서 화살표를 하나씩 분리시켜 나가는 방법을 택했어요. 사실 곡선을 만드는 화살표 기차는 무한개의 화살표로 이루어져 있으므로 위 과정은 계속될 거예요. 여기서 우리는 '연속성으로 추리하기'를 사용했고, '무한'이라는 분리제를 작용시켜서 결과적으로 검정 화살표가 도달하고자 하는 방향을 구할 수 있었어요. 극한값에 해당하는 방향이 바로 우리가 곡선에서 뽑아내고자 했던 화살표가 나타내는 순간 변화율이었어요.

그리고 특정한 점 대신에 임의의 점에서 방향 화살표를 구할 수 있도록 문자 $x$를 사용해 순간 변화율을 구했어요. 이렇게 하면 곡선을 이루는 모든 점에서의 순간 변화율을 알게 된 것이므로, 결국 곡선을 이루는 화살표들을 모두 분리시킨 것이 돼요.

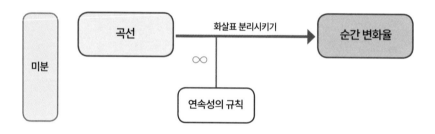

이처럼 곡선을 이루고 있는 화살표 기차를 잘게 잘게(미(微)) 분(分)리시킴으로써 원하는 위치에서의 방향 화살표(순간 변화율)를 얻는 작업을 미분이라고 불러요. 앞서 보았던 적분이 분리되어 있던 화살표들을 쌓아(적)올려서 곡선을 만드는 작업이었으므로 미분과 적분은 정반대의 작업이라는 것을 알 수 있어요.

이렇게 해서 우리는 순간 변화율(방향 화살표)을 통해 변화를 살펴보는 두 가지 작업인 미분과 적분을 모두 만나보았어요. 앞에서도 말했지만 우리가 이처럼 두 대상에게 일어나는 변화를 순간 변화율을 사용해 살펴본 이유는 순간 변화율이 우리가 두 대상에게 일어나는 변화를 진정으로 인식할 수 있게 해 주는 도구였기 때문이에요. 우리가 매 순간 변화의 과정 속에 있는 순간 변화율을 인식하게 되면 두 대상의 변화를 '이해'하는 것이 되므로, 순간 변화율을 주인공으로 변화를 살펴보는 미분과 적분 또는 이 둘을 합해 말하는 용어인 미적분을 통해 우리는 두 대상의 변화를 '이해'한 것이 돼요.

그런데 아마 여러분은 이번 장에서 다루었던 미분의 계산이 이전에 보았던 적분의 계산보다 훨씬 간단했다는 것을 느끼셨을지도 몰라요. 다음 장에서는 미분과 적분이 어떠한 관계를 갖고 있는지를 살펴보게 돼요. 그리고 이를 통해 어렵고 복잡한 적분을 쉽고 간단한 미분으로 대체해서 구하는 방법을 알게 되실 거예요.

# 짝꿍 찾기

# 01

## 가장 중요한 질문

우리는 방향 화살표, 즉 순간 변화율에 대한 정보가 기록된 $y'(x) = 2x$를 사용해서 곡선 $y(x) = x^2 + c$를 만들어 보았어요. 그리고 거꾸로 곡선 $y(x) = x^2 + c$가 주어졌을 때 이 곡선을 이루고 있는 방향 화살표들을 뽑아내서 순간 변화율 $y'(x) = 2x$를 구하고 기록할 수 있었어요.

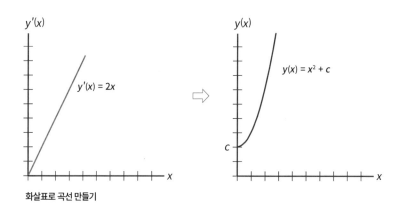

화살표로 곡선 만들기

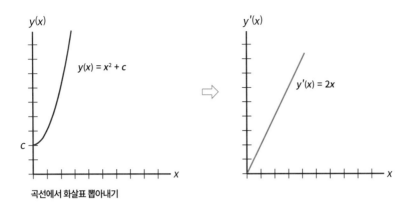

곡선에서 화살표 뽑아내기

그럼 여기서 질문을 해 볼게요.

방향 화살표 $y'(x) = 2x$를 토대로 변화가 일어났을 때, $y(x) = x^2 + c$가 아닌 다른 형태의 식을 가진 곡선을 만들 수 있을까요?

위 질문을 반대로 하면 다음과 같아요.

곡선 $y(x) = x^2 + c$에서 방향 화살표를 뽑아내서 기록했을 때, $y'(x) = 2x$가 아닌 다른 식이 되는 게 가능할까요?

위 두 질문에 대한 대답은 "불가능하다."예요.

순간 변화율 $y'(x) = 2x$로 곡선을 만들면 오직 $y(x) = x^2 + c$가 되고, 곡선 $y(x) = x^2 + c$에서 순간 변화율을 구하면 오직 $y'(x) = 2x$가 돼요.

이것을 조립식 완구에 빗대어 생각해 볼 수 있어요. 조립식 완구를 사면 박스 안에는 아직 조립되지 않은 낱개의 [재료]들이 있고, 조립하는 법을 알려 주는 [조립 설명서]가 있어요. 그리고 재료들을 접착시킬 [접착제]도 들어 있어요. 이 [재료]들을 [조립 설명서]대로 조립해서 [접착제]로 붙이면 멋진 완구가 완성될 거예요.

이때 [재료]에 해당하는 것이 방향 화살표(순간 변화율)인 $y'(x) = 2x$이고, [조립 설명서]에 해당하는 것이 '화살표의 머리와 꼬리를 연결시켜 화살표 기차를 만든다.'예요. 그리고 [접착제]는 '무한'이에요. 이렇게 주어진 재료와 접착제를 사용해 조립 설명서대로 정확하게 만들면 [완성된 완구]에 해당하는 곡선 $y(x) = x^2 + c$가 만들어져요. 또한 조립 설명서를 거꾸로 적용하면 이것은 [분해 설명서]가 돼요. [완성된 완구]인 곡선 $y(x) = x^2 + c$와, 접착된 것을 떼어낼 수 있는 [분리제]를 사용해서(역시 '무한'이에요.) [분해 설명서]대로 완구를 정확하게 분해한다면 원래의 재료에 해당하는 순간 변화율 $y'(x) = 2x$를 다시 얻게 될 거예요.

그러므로 $y'(x) = 2x$와 $y(x) = x^2 + c$는 미적분의 관계에 있어서 서로에게 단 하나밖에 없는, 유일한 짝꿍이라고 말할 수 있어요.

$$y'(x) = 2x \quad \xleftrightarrow[\text{화살표 뽑아내기(미분)}]{\text{곡선 만들기(적분)}} \quad y(x) = x^2 + c$$

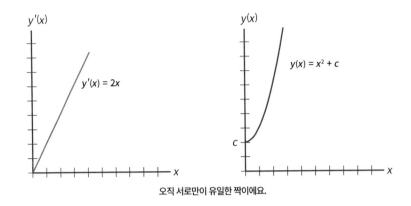

오직 서로만이 유일한 짝이에요.

이렇듯 당연해 보이기까지 하는 위 질문과 대답이 어쩌면 지금까지 우리가 다뤄 왔던 내용들 중에서, 그리고 앞으로 다뤄야 할 내용들 중에서 가장 중요한 것일지도 몰라요. 왜냐하면 이것은 다음과 같은 결론을 이끌어 내기 때문이에요.

이번에도 질문을 던져 볼게요.

"여러분은 곡선 $y(x) = x^2 + c$에서 방향 화살표를 뽑아내서(미분) 식 $y'(x) = 2x$를 구하게 되었어요. 그렇다면 거꾸로 $y'(x) = 2x$를 토대로 곡선을 만들면(적분하면) 어떤 식이 될까요?"

여러분은 생각할 필요도 없이 이렇게 대답할 거예요.

"그건 계산해 볼 필요도 없어요. 답은 당연히 $y(x) = x^2 + c$예요. 왜냐하면 둘은 짝꿍이니까요."

즉 여러분은 직접 $y'(x) = 2x$를 토대로 곡선을 만드는 계산을 하지 않고도 $y(x) = x^2 + c$를 구하게 된 거예요.

방향 화살표를 뽑아내는 작업(미분)과 이를 토대로 곡선을 만드는 작업(적분) 두 가지를 비교해 보면 미분이 적분보다 훨씬 쉽다는 것을 알 수 있어요. 적분은 복잡한 데다가 때로는 창의적인 아이디어까지 필요해서 쉽지 않은 계산이에요.(앞서 보았던 적분에서 1부터 $n$까지의 합을 구하기 위해 양 끝끼리 더하는 아이디어를 떠올려야만 했어요.)

반면에 미분은 훨씬 간단하게 계산할 수 있어요.

즉 직접적으로 하면 어렵고 복잡한 '곡선을 만드는 작업'인 적분을, 쉽고 간편한 '화살표를 뽑아내는 작업'인 미분을 이용해서(짝꿍 찾기를 통해) 간접적으로 할 수 있어요.

지금까지 우리는 식 $y(x) = x^2 + c$를 통해서만 미분해 보았어요. 그래서 지금부터는 좀 더 일반적인 형태를 가진 식

$$y(x) = ax^n + bx^m + c$$

를 미분해 보려고 해요. 사실 앞에서 했던 미분과 똑같은 과정이지만 단지 일반화된 형태에 미분을 적용하는 것이 다를 뿐이에요.

변화율을 나타내는 식은 다음과 같았어요.

$$변화율 = \frac{y의\ 변화량}{x의\ 변화량} = \frac{\Delta y}{\Delta x} = \frac{\Delta y(x + \Delta x) - y(x)}{\Delta x}$$

$y(x) = ax^n + bx^m + c$에 $x + \Delta x$를 넣으면

$$y(x + \Delta x) = a(x + \Delta x)^n + b(x + \Delta x)^m + c$$

이에요. 그러므로 변화율은

$$\frac{\Delta y(x + \Delta x) - y(x)}{\Delta x}$$

$$= \frac{(a(x + \Delta x)^n + b(x + \Delta x)^m + c) - (ax^n + bx^m + c)}{\Delta x}$$

위 식의 분자를 $a$는 $a$끼리, $b$는 $b$끼리, $c$는 $c$끼리 묶어서 정리하면

$$\frac{\Delta y(x + \Delta x) - y(x)}{\Delta x}$$

$$= \frac{(a(x + \Delta x)^n - ax^n) + (b(x + \Delta x)^m - bx^m) + (c - c)}{\Delta x}$$

$$= \frac{(a(x + \Delta x)^n - ax^n)}{\Delta x} + \frac{(b(x + \Delta x)^n - bx^n)}{\Delta x} + \frac{(c - c)}{\Delta x}$$

미분은 위 식에 극한 기호만 붙이면 되므로, 다음과 같이 돼요.

$$\lim_{\Delta x \to 0} \frac{\Delta y(x + \Delta x) - y(x)}{\Delta x}$$

$$= \lim_{\Delta x \to 0} \frac{(a(x + \Delta x)^n - ax^n)}{\Delta x} + \lim_{\Delta x \to 0} \frac{(b(x + \Delta x)^n - bx^n)}{\Delta x} + \lim_{\Delta x \to 0} \frac{(c - c)}{\Delta x}$$

위 식을 통해 $y(x) = ax^n + bx^m + c$를 미분하려면, $y(x) = ax^n$을 미분한

것과 $y(x) = bx^m$을 미분한 것, 그리고 $y(x) = c$를 미분한 것을 단순히 합하면 된다는 것을 알 수 있어요. 결국 형태는 같으므로 우리는 $y(x) = ax^n$의 미분만 살펴보면 될 거예요. 그리고 앞의 식 $\lim_{\Delta x \to 0} \dfrac{(c - c)}{\Delta x}$에서 $c - c = 0$이므로 $y(x) = c$를 미분하면 0이 된다는 것을 알 수 있어요. $y(x) = c$를 구성하는 화살표들은 아래 왼쪽 그림처럼 수평으로 놓여 있어요. 이것은 $x$가 변해도 $y$는 전혀 변하지 않는 방향이기 때문에 순간 변화율이 0인 화살표들로 구성되어 있다고 볼 수 있어요. 즉 숫자만 있는 식을 미분하면 0이 돼요.

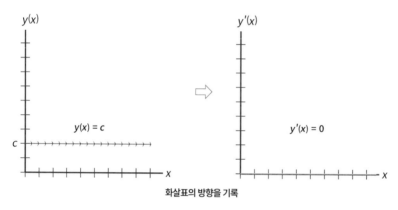

**화살표의 방향을 기록**

이제 $y(x) = ax^n$을 미분할게요. 식이 조금 복잡해 보일 수도 있지만 결국 우리가 하는 것은 덧셈과 뺄셈, 그리고 곱셈과 나눗셈뿐이에요. 다만 식을 숫자가 아닌 문자로 나타내서 어려워 보일 뿐이에요. 그럼 차근차근 써 볼게요.

$y(x) = ax^n$의 변화율은 다음과 같아요.

$$\frac{\Delta y(x + \Delta x) - y(x)}{\Delta x} = \frac{a(x + \Delta x)^n - ax^n}{\Delta x}$$

여기서 $(x + \Delta x)^n$을 먼저 구해 볼게요.

$(A + B)^n$을 구해 적용할 수 있는데, $n$ = 1, 2, 3, 4, …일 때를 구해 보면 규칙을 알아낼 수 있어요.

$$(A + B)^1 = A^1 + B^1$$
$$(A + B)^2 = A^2 + 2AB + B^2$$
$$(A + B)^3 = A^3 + 3A^2B + 3AB^2 + B^3$$
$$(A + B)^4 = A^4 + 4A^3B + 6A^2B^2 + 4AB^3 + B^4$$
$$\cdots$$

$(A + B)^n$ 형태를 가진 식들을 풀어 보면, 식의 시작은 모두 $A^n$이고, 끝은 모두 $B^n$이라는 것을 알 수 있어요. 또한 위 식들을 보면 $A^n$은 $n$ 값이 하나씩 줄어들면서 마지막에는 사라지고, 거꾸로 $B$는 $n$ 값이 하나씩 늘어나면서 마지막에는 $B^n$이 된다는 것을 알 수 있어요.

그리고 앞에서 두 번째 요소와 끝에서 두 번째 요소에 곱해진 수는 항상 $n$이라는 것을 알 수 있어요. $(A + B)^2$의 경우는 앞에서 두 번째 요소와 끝에서 두 번째 요소가 같아요. 그리고 $(A + B)^4$일 때를 보면 중간에 있는 요소 앞에 6이 곱해져 있다는 것을 알 수 있는데, 이 수는 $n$ 값과 이 요소가 순서상으로 몇 번째에 위치하는지에 따라 결정돼요. 그런데 우리는 여기서 이 수가 별로 중요하지 않아요. 그러므로 편의상 중간에 있는 요소들의 앞에 곱해진 수를 가장 단순한 1로 대체해서 생각하기로 할게요. (다음에 나오는 식은 실제로 좀 더 복잡하지만, 단순하게 보이도록 계수 부분을 1로 만들었어요.)

결과적으로 $(A + B)^n$을 풀면 이런 형태가 돼요.

$$(A + B)^n = A^n + nA^{n-1}B^1 + A^{n-2}B^2 + A^{n-3}B^3 + \cdots + nA^1B^{n-1} + B^n$$

이것을 $(x + \Delta x)^n$에 적용하면 다음과 같아요. $\Delta x^n$은 $(\Delta x)^n$를 간단하게 표기했다고 생각해 주세요.

$$(x + \Delta x)^n = x^n + nx^{n-1}\Delta x^1 + x^{n-2}\Delta x^2 + x^{n-3}\Delta x^3 + \cdots + nx^1\Delta x^{n-1} + \Delta x^n$$

이제 위 결과를 변화율을 구하는 식에 넣으면

$$\frac{a(x + \Delta x)^n - ax^n}{\Delta x}$$

$$= \frac{a(x^n + nx^{n-1}\Delta x^1 + x^{n-2}\Delta x^2 + x^{n-3}\Delta x^3 + \cdots + nx^1\Delta x^{n-1} + \Delta x^n) - ax^n}{\Delta x}$$

괄호 안의 첫 번째 요소인 $x^n$은 $a$를 곱해서 괄호 밖으로 꺼낸 후, 맨 뒤에 위치한 $-ax^n$과 만나면서 0이 돼요.

$$\frac{a(x + \Delta x)^n - ax^n}{\Delta x}$$

$$= \frac{a(nx^{n-1}\Delta x^1 + x^{n-2}\Delta x^2 + x^{n-3}\Delta x^3 + \cdots + nx^1\Delta x^{n-1} + \Delta x^n)}{\Delta x}$$

괄호 안의 각 요소들을 분모에 있는 $\Delta x$로 나눠 주면 다음과 같아요.

$$\frac{a(x + \Delta x)^n - ax^n}{\Delta x}$$
$$= a(nx^{n-1} + x^{n-2}\Delta x^1 + x^{n-3}\Delta x^2 + \cdots + nx^1\Delta x^{n-2} + \Delta x^{n-1})$$

$a$를 괄호 안의 각 요소에 곱하면

$$\frac{a(x + \Delta x)^n - ax^n}{\Delta x}$$
$$= anx^{n-1} + ax^{n-2}\Delta x^1 + ax^{n-3}\Delta x^2 + \cdots + anx^1\Delta x^{n-2} + a\Delta x^{n-1}$$

여기에 극한 $\lim\limits_{\Delta x \to 0}$을 붙이면 돼요.

$$\lim_{\Delta x \to 0}\frac{a(x + \Delta x)^n - ax^n}{\Delta x}$$
$$= \lim_{\Delta x \to 0}(anx^{n-1} + ax^{n-2}\Delta x^1 + ax^{n-3}\Delta x^2 + \cdots + anx^1\Delta x^{n-2} + a\Delta x^{n-1})$$

위 식의 괄호 안을 잘 살펴보면 맨 앞에 위치한 $anx^{n-1}$을 제외하고는 모두 $\Delta x$를 갖고 있다는 것을 알 수 있어요. $\Delta x$를 갖고 있는 요소에 $\lim\limits_{\Delta x \to 0}$를 적용시키면 어떤 값이 되는지를 알아보도록 할게요.

만약 $\Delta x$에 임의의 수 $a$를 곱해 $a\Delta x$를 만든 후, $\lim\limits_{\Delta x \to 0}$를 붙이면 $\lim\limits_{\Delta x \to 0}a\Delta x$가 될 거예요. 각각 요소에 $\lim\limits_{\Delta x \to 0}$를 적용시키면 $\lim\limits_{\Delta x \to 0}a\Delta x = \lim\limits_{\Delta x \to 0}a \times \lim\limits_{\Delta x \to 0}\Delta x$가 될 거예요. $a$는 $\Delta x$와 전혀 상관이 없는 수이므로 $\lim\limits_{\Delta x \to 0}a = a$가 되고, 앞에서 $\lim\limits_{\Delta x \to 0}\Delta x = 0$임을 보았으므로 $\lim\limits_{\Delta x \to 0}a\Delta x = \lim\limits_{\Delta x \to 0}a \times \lim\limits_{\Delta x \to 0}\Delta x = a \times 0 = 0$임을 알 수 있어요. 마찬가지로 $\Delta x$에 다시 $\Delta x$를 곱한 $(\Delta x)^2$ 역시 $\lim\limits_{\Delta x \to 0}\Delta x^2 = \lim\limits_{\Delta x \to 0}\Delta x \times \lim\limits_{\Delta x \to 0}\Delta x = 0 \times 0 = 0$이 돼요. 이것은 $\Delta x$를 여러 번 곱한 경우에도 마찬가지예요.

즉 $\Delta x$에 임의의 수를 곱하거나,(문자 $x$도 결국 숫자를 대신해 사용한 것이므로 $x$도 임의의 수예요.) $\Delta x$ 자체를 여러 번 곱하더라도 극한 $\lim\limits_{\Delta x \to 0}$를 붙이면 모두 0이 돼요. 그러므로 앞의 식에서 $\lim\limits_{\Delta x \to 0}$를 괄호 안의 각각의 요소에 적용시키면 $\Delta x$를 갖고 있는 요소들은 모두 0이 되고, 결국 유일하게 $\Delta x$를 갖고 있지 않은 맨 앞에 위치한 $\lim\limits_{\Delta x \to 0} anx^{n-1}$만 남게 돼요. 그런데 여기서 $anx^{n-1}$은 $\Delta x$와 전혀 상관이 없으므로 $\lim\limits_{\Delta x \to 0} anx^{n-1} = anx^{n-1}$이 돼요.

결과적으로 $y(x) = ax^n$을 미분하면 $y'(x) = anx^{n-1}$이 된다는 것을 알 수 있어요. 그러므로 $y(x) = ax^n$과 $y'(x) = anx^{n-1}$을 서로의 짝꿍이라고 볼 수 있을 것 같아요. ($x^n$에서 오른쪽 위에 위치한 $n$을 지수라고 해요. 위 미분의 결과는 $x^n$에서 지수 $n$이 앞으로 내려오고, $n$에서 1을 뺀 $n-1$이 지수가 되는 형태예요.)

그런데 여기에는 중요한 한 가지가 빠져 있어요. 우리는 단순히 숫자로만 된 식을 미분해도 0이 된다는 것을 알고 있어요. 즉 $y(x) = c$에서 $y'(x)$를 구하면 $y'(x) = 0$이에요. 그러므로 $y(x) = ax^n$이 아닌 $y(x) = ax^n + c$를 미분하면 $c$가 사라지면서 $y'(x) = anx^{n-1}$이라는 것을 알 수 있어요. 이로써 $y(x) = ax^n$이 아닌, 여기에 숫자 $c$를 더한 $y(x) = ax^n + c$가 $y'(x) = anx^{n-1}$의 유일한 짝꿍이 된다는 것을 알게 되었어요.

이것은 $c$가 곡선의 모양이 아닌, 곡선의 위아래 위치만을 결정하는 요소이기 때문이에요. 즉 식에 $c$를 추가해도 곡선의 모양은 변하지 않아요.

예를 들어 $y(x) = 3x^2 + 4$를 미분했을 때 $y'(x) = 3 \cdot 2x^{2-1} + 0 = 6x$가 된다

는 것을 알 수 있어요. 그런데 앞의 짝꿍 찾기는 $y(x) = ax^n + c$의 입장에서 좀 더 알기 쉬운 형태를 갖고 있어요. 예를 들어 $y'(x) = 4x^3$로부터 곡선을 만들려고 할 때, 짝꿍 찾기에 의하면 이 식을 $y'(x) = anx^{n-1}$ 형태로 생각해야 하는데 조금 복잡해 보여요. 그러므로 똑같은 짝꿍 찾기를 $y'(x)$의 입장에서 좀 더 알기 쉽게 바꾸려 해요.

지금부터는 $y'(x) = anx^{n-1}$를 $y'(x) = bx^n$의 형태로 바꿨을 때의 짝꿍을 구해 볼게요. $y'(x) = anx^{n-1}$일 때 짝꿍은 $y(x) = ax^n + c$이었어요. 여기서 $n$ 대신에 $n + 1$을 넣으면 $y'(x) = a(n + 1)x^{(n+1)-1} = a(n + 1)x^n$이 되고, 이것의 짝꿍은 $y(x) = ax^{n+1} + c$가 돼요. 여기서 $a(n + 1) = b$라고 두면 $y'(x) = bx^n$이 되고, $a = b\dfrac{1}{n + 1}$이므로 $y(x) = b\dfrac{1}{n + 1}x^{n+1} + c$가 돼요.

즉 $y'(x) = bx^n$의 유일한 짝꿍의 형태는 $y(x) = b\dfrac{1}{n + 1}x^{n+1} + c$예요.

이것은 $x^n$에서 지수 $n$에 1을 더해 $n + 1$로 만든 후, 앞으로 내려올 때 분모에 위치시키는 형태예요.

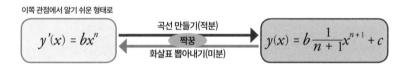

그럼 이제 $y'(x) = 4x^3$로 곡선을 만들면(적분을 하면) 짝꿍 찾기를 통해 $y(x) = 4\dfrac{1}{3 + 1}x^{3+1} + c = x^4 + c$가 된다는 것을 알 수 있어요. 짝꿍 찾기가 아니라 직접 $y'(x) = 4x^3$을 적분한다면 상당히 어려웠을 거예요. 이처럼 어려운 적분을 우리는 훨씬 쉬운 미분을 통해 간접적으로 짝꿍을 찾음으로써 쉽게 할 수 있어요.

또 다른 예로 $y(x) = -\dfrac{1}{4}x^2 + 2x + c$와 $y'(x) = -\dfrac{1}{2}x + 2$를 짝꿍 찾기에

적용해서 살펴볼게요.

$y(x) = -\frac{1}{4}x^2 + 2x + c$를 미분하면 합을 이루고 있는 각각의 요소를 따로 미분하면 되므로

$$y'(x) = (-\frac{1}{4}) \cdot 2x^{2-1} + 2 \cdot 1x^{1-1} + 0 = -\frac{1}{2}x^1 + 2x^0 = -\frac{1}{2}x + 2$$

가 돼요. ($x^0 = 1$이에요.)

$y'(x) = -\frac{1}{2}x + 2$를 적분할 때도, 마찬가지로 각각의 요소를 따로 적분하면 돼요.

$y'(x) = -\frac{1}{2}x + 2 = -\frac{1}{2}x^1 + 2x^0$이므로 이것을 적분하면

$$y(x) = \left(-\frac{1}{2} \cdot \frac{1}{1+1}x^{1+1} + d\right) + \left(2 \cdot \frac{1}{0+1}x^{0+1} + e\right)$$
$$= -\frac{1}{4}x^2 + d + 2x + e$$
$$= -\frac{1}{4}x^2 + 2x + (d+e)$$
$$= -\frac{1}{4}x^2 + 2x + c \qquad \text{\small $d+e$는 임의의 숫자이므로 그냥 $c$로 놓을 수 있어요.}$$

이렇게 $y(x) = -\frac{1}{4}x^2 + 2x + c$를 미분하면 $y'(x) = -\frac{1}{2}x + 2$가 되고, 거꾸로 $y'(x) = -\frac{1}{2}x + 2$를 적분하면 $y(x) = -\frac{1}{4}x^2 + 2x + c$가 된다는 것을 알 수 있어요. 이 둘은 서로에게 유일한 짝꿍이에요.

이처럼 직접적으로 적분하지 않고 짝꿍 찾기를 이용하면 계산이 엄청나게 쉬워져요. 그러므로 앞서 본 $y(x) = ax^n$의 형태 말고도, 또 다른 형태의

다양한 함수들을 미분해서 이러한 작업을 통해 짝꿍을 미리 찾아 놓으면 적분을 쉽게 할 수 있어요. 이렇게 짝꿍을 찾아 놓은 것들을 표로 기록해 두는 것도 좋은 방법일 거예요.

# 짝꿍 찾기로
# 정적분 구하기

이전에 우리는 〈Class 13〉에서 $x$ 영역이 표시된 적분 기호는 그 영역에 있는 순간 변화율 $y'(x)$로 인해 변하게 된 총 $y$ 변화량을 나타내고, $x$ 영역의 표시가 없는 적분 기호는 이렇게 변화가 일어났을 때 만들어지는 곡선의 식의 형태를 나타낸다는 것을 알아보았어요.

$$\int_{x_1}^{x_2} y'(x)dx$$

$x$ 영역이 표시되어 있으면
총 $y$ 변화량을 나타내요.

$$\int y'(x)dx$$

$x$ 영역이 표시되어 있지 않으면
곡선의 식의 원형을 나타내요.

$x$ 영역이 정해져 있는 적분 기호를 정적분이라고 불렀고, $x$ 영역의 표시가 없는 적분 기호는 부정적분이라고 불렀어요. 우리가 짝꿍 찾기를 통해 구하게 되는 것은 곡선의 식의 원형이므로 부정적분이에요.

이전에 우리는 정적분을 먼저 구한 후 이로부터 식의 형태를 나타내는 부정적분을 구했어요. 그런데 지금부터는 거꾸로 짝꿍 찾기를 통해 부정적분을 먼저 구한 후, 이로부터 정적분을 구하는 방법을 알아볼게요.

$x_1$과 $x_2$ 사이에 있는 변화율 $y'(x)$로 인해 변화가 일어났을 때의 총 $y$ 변화량인 $\int_{x_1}^{x_2} y'(x)dx$를 구하고 싶다고 해 볼게요. 이전에는 이것을 구하기 위해 $n$에 대한 일반적인 식을 구한 다음에, 연속성으로 추리하기로 $n \to \infty$일 때 도달하고자 했던 값을 찾아서 화살표 기차의 높이 변화량을 구했어요. 그런데 이런 모든 과정을 거치는 대신에 짝꿍 찾기를 통해 먼저 곡선의 원형을 구한 후, 이 곡선의 식에 $x_2$를 넣은 것에서 $x_1$을 넣은 것을 빼면 손쉽게 총 $y$ 변화량을 구할 수 있어요.

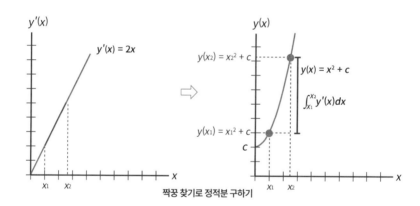

짝꿍 찾기로 정적분 구하기

예를 들어 $y'(x) = 2x$를 적분해서 얻은 곡선 식의 원형은 짝꿍 찾기를 통해 $y(x) = \int 2x dx = x^2 + c$라는 것

을 알 수 있어요. ($y'(x) = bx^n$의 짝꿍은 $y(x) = b\dfrac{1}{n+1}x^{n+1} + c$이므로, 여기에 $b = 2$와 $n = 1$을 넣어 주면 돼요.)

그러면 이제 이 곡선의 식에 $x_2$를 넣어서 얻은 $y(x_2) = x_2{}^2 + c$와, $x_1$을 넣어서 얻은 $y(x_1) = x_1{}^2 + c$를 빼 주면 손쉽게 총 $y$ 변화량을 구할 수 있어요.(앞의 오른쪽 그림에서 볼 수 있듯이 $\int_{x_1}^{x_2} y'(x)dx = y(x_2) - y(x_1)$이기 때문이에요.)

$$\int_{x_1}^{x_2} y'(x)dx = \int_{x_1}^{x_2} 2xdx = (x_2{}^2 + c) - (x_1{}^2 + c) = x_2{}^2 - x_1{}^2$$

앞으로는 이렇게 짝꿍 찾기를 통해 손쉽게 정적분을 구할게요.

# 미분하고 또 미분하기, 적분하고 또 적분하기

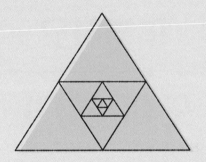

앞에서 우리는 $y(x) = x^2 + c$를 미분해서 $y'(x) = 2x$를 구할 수 있었어요.

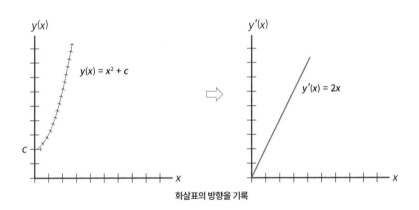

화살표의 방향을 기록

그런데 이렇게 미분한 $y'(x)$ 자체도 연속된 점들의 모임인 선이므로, $y'(x)$ 도 마찬가지로 어떠한 화살표들이 연결되어 만들어진 선이라고 생각할 수 있을 것 같아요. 이것을 다음 그림처럼 나타낼 수 있어요. 그러면 우리는 또다시 이 화살표들의 방향인 순간 변화율을 새로운 좌표에 기록할 수 있을 거예요.

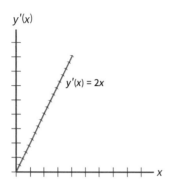

$y(x)$에서 방향 화살표를 뽑아낸 것을 $y'(x)$로 표기했으므로, $y'(x)$에서 또다시 방향 화살표를 뽑아낸 것은 프라임 기호를 하나 더 붙여서 $y''(x)$로 표기할게요.

$y'(x) = 2x$를 미분하면 〈Class 15〉에서 보았듯이 $y''(x) = 2\cdot1\cdot x^{1-1} = 2x^0$ $= 2$가 돼요. 미분의 결과는 $x$와 관계없는 숫자 2가 나왔어요. 이것은 $y''(x)$에 어떤 $x$ 값을 넣더라도 결과가 항상 2가 된다는 말이므로, 모든 $x$ 값에서 순간 변화율이 2로 동일하다는 의미가 돼요. $y''(x) = 2$를 $xy''$좌표에 나타내면 다음 그림과 같아요.

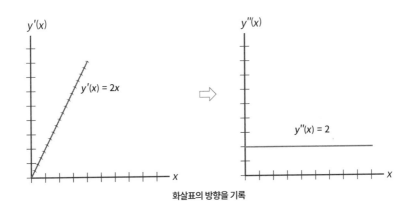

**화살표의 방향을 기록**

그런데 $y'(x)$는 순간 변화율 $\dfrac{dy}{dx}$ 로도 표기할 수 있었어요.

또한 $y'(x) = \dfrac{dy}{dx} = \dfrac{dy(x)}{dx} = \dfrac{d}{dx}y(x)$도 같은 기호들이에요.

그러면 $y''(x)$는 $\dfrac{dy'}{dx}$ 가 되고,

$$y''(x) = \dfrac{dy'}{dx} = \dfrac{dy'(x)}{dx} = \dfrac{d}{dx}y'(x) = \dfrac{d}{dx}\left(\dfrac{d}{dx}y(x)\right)$$로 표기할 수 있어요.

이것을 간단하게 $y(x)$를 두 번 미분했다는 의미로

$$y''(x) = y^{(2)}(x) = \dfrac{d^2y}{dx^2}$$

로도 표기해요.

이렇게 $y''(x) = 2$를 구했는데, 마찬가지로 이것 또한 미분을 해서 변화율

을 구할 수 있어요. $y''(x) = 2$는 숫자로만 되어 있으므로 이것을 미분하면 앞서 '짝꿍 찾기'에서 보았듯이 $y'''(x) = 0$이 돼요. $y''(x)$를 미분한 것은 다시 프라임 기호를 하나 더 붙여서 $y'''(x)$로 표기해요.

$$y'''(x) = y^{(3)}(x) = \frac{d^3y}{dx^3}$$

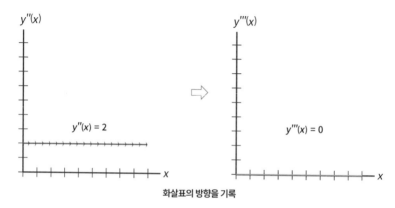

화살표의 방향을 기록

한 번 더 $y^{(3)}(x) = 0$에서 화살표를 뽑아내면 예상할 수 있는 것처럼 $y^{(4)}(x) = 0$이 돼요. $y^{(3)}(x) = 0$도 마찬가지로 순간 변화율이 0인 화살표들로 이루어져 있기 때문이에요. 즉 화살표를 뽑아내는 과정을 계속하다가 0이 되면, 화살표를 뽑아내는 과정의 마지막 단계에 다다랐다고 볼 수 있어요. 0은 미분해도 마찬가지로 0이 되기 때문이에요.

한꺼번에 모아 보면 이렇게 보여요.

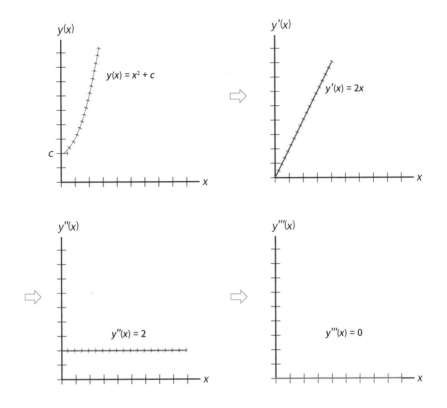

앞의 과정은 짝꿍 찾기에서 $y(x) = ax^n + c$를 미분해서 $y'(x) = anx^{n-1}$을 구하는 과정이에요. 미분을 계속해 나갈수록 $x$의 오른쪽 위에 있는 지수 $n$이 하나씩 줄어드는 것을 알 수 있어요.

즉 $y(x) = ax^n + c$의 형태를 미분하다 보면 종착역인 0을 만나게 돼요. 그런데 '미분'과 '적분'은 거꾸로의 작업이므로 '적분' 또는 '곡선 만들기'의 입장에서 보면 0을 종착역이 아닌 출발역으로 삼을 수 있어요.

# 0을 시작으로
# 곡선을 만들고 또 만들기

지금부터는 0에서 출발하는 적분이 어떤 곡선들을 만들게 되는지 알아볼게요. 이 작업은 0에서 출발한다는 점에서 특별하다고 볼 수 있어요. 0은 아무것도 없는 상태를 나타내기도 하니까요. 또한 편의를 위해 이번 장에서만 기호를 표기할 때 $y$로부터 곡선을 만들어도 마찬가지로 $y$가 된다고 할게요.

먼저 $y(x) = 0$으로 곡선을 만든다면, 이 식이 의미하는 것은, 모든 $x$에서 순간 변화율이 0이라는 의미이므로 $xy$ 좌표의 방향 화살표는 모두 수평을 가리키게 돼요. 수평으로 놓인 화살표들이 연결된 화살표 기차는 마찬가지로 수평으로 놓이게 돼요. 그런데 이전에 말했듯이 변화율이 기록된 그래프에는 위치 정보가 없으므로 이 수평 기차가 놓일 위아래 위치 정보는 따로 주어져야 해요. 이것을 $c$라고 한다면, 변화율 $y(x) = 0$으로부터 만든 선은 $y(x) = c$가 돼요.

여기서 다시 $c = 0$이 될 수도 있어요. 하지만 그러면 적분해도 여전히 $y(x) = 0$이 되어 이전의 모습에서 벗어나지 못하므로 우리는 $c = 0$이 아닌 경우를 살펴볼게요.

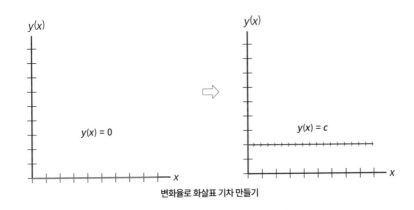

**변화율로 화살표 기차 만들기**

또는 '짝꿍 찾기'에서 보았듯이 미분해서 $y(x) = 0$이 되는 것은 $y(x) = c$였으므로(둘이 유일한 짝꿍이므로) $y(x) = 0$을 적분하면 $y(x) = c$가 된다고 생각할 수도 있어요.

이제 다음 단계예요. 이번에는 $y(x) = 0$로 만든 선 $y(x) = c$를 다시 순간변화율로 생각하고 이로부터 곡선을 만들어 볼 거예요. 앞서 '짝꿍 찾기'에서 $cx^n$로 곡선을 만들면 곡선의 식은 $c\dfrac{1}{n+1}x^{n+1} + d$가 된다는 것을 보았어요. $n = 0$이면 $cx^0 = c$이고 이것으로 선을 만들면 $c\dfrac{1}{0+1}x^{0+1} + d = cx + d$가 돼요.

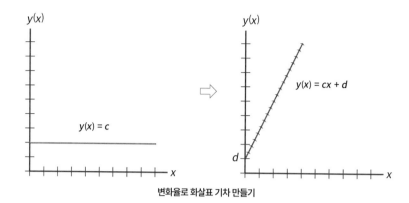

변화율로 화살표 기차 만들기

$y(x) = cx + d$에서 $x = 0$일 때 $y(0) = c \cdot 0 + d = d$이므로 오른쪽 그림과 같이 직선은 $(0, d)$를 지나게 돼요.

또다시 이렇게 만들어진 $y(x) = cx + d$를 적분할게요. 짝꿍 찾기를 통해 $cx^n$을 적분하면 $c\dfrac{1}{n+1}x^{n+1} + d$가 된다는 것을 알고 있고, 이것을 합으로 이루어진 $y(x) = cx + d$의 각각의 요소에 적용시키면 돼요.

$y(x) = cx + d$는 $y(x) = cx^1 + dx^0$으로, 각각 $n = 1$과 $n = 0$인 경우이므로 적분하면

$$
\begin{aligned}
y(x) &= \left(c\frac{1}{1+1}x^{1+1} + e\right) + \left(d\frac{1}{0+1}x^{0+1} + f\right) \\
&= \left(c\frac{1}{2}x^2 + e\right) + (dx + f) \\
&= c\frac{1}{2}x^2 + dx + e + f
\end{aligned}
$$

여기서는 식의 형태만 중요해요. 그래서 $c\dfrac{1}{2}x^2$는 $cx^2$로, $e + f$는 $e$로 나타낼게요. 그러면 위 결과는 $y(x) = cx^2 + dx + e$의 형태가 돼요.

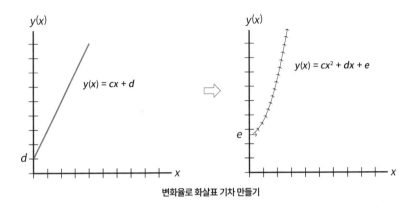

변화율로 화살표 기차 만들기

$y(x) = cx^2 + dx + e$에서 $x = 0$일 때 $y(0) = c \cdot 0^2 + d \cdot 0 + e = e$이므로 오른쪽 그림과 같이 곡선은 $(0, e)$를 지나게 돼요.

정리하면, 출발역 0에서 시작한 곡선 만들기는 다음과 같이 진행된다는 것을 알 수 있어요.

0단계: 0

1단계: $y(x) = c$

2단계: $y(x) = cx + d$

3단계: $y(x) = cx^2 + dx + e$

4단계: $y(x) = cx^3 + dx^2 + ex + f$

......

각 단계는 $x^n$에서 지수 $n$이 큰 것부터 작은 것 순서로 적혀 있어요. 이번에는 이것을 거꾸로 $n$이 작은 것부터 적어 볼게요.

0단계: 0

1단계: $y(x) = c$

2단계: $y(x) = d + cx$

3단계: $y(x) = e + dx + cx^2$

4단계: $y(x) = f + ex + dx^2 + cx^3$

......

지금 우리는 식의 형태만을 보고 있으므로, 더 간편하게 보기 위해 4단계의 $f, e, d, c$ 대신에 기호 $c_0, c_1, c_2, c_3$를 사용해 적어 보면 4단계는 다음과 같아요.

$$y(x) = c_0 + c_1 x + c_2 x^2 + c_3 x^3$$

미분에서는 마지막 종착역인 '$y(x) = 0$'이 존재했지만, 적분인 '곡선 만들기'에서는 그 끝이 없어요. 즉 위 과정을 무한히 계속해서 할 수 있어요. 만약 그렇게 한다면 다음과 같이 될 거예요.

$$y(x) = c_0 + c_1 x + c_2 x^2 + c_3 x^3 + c_4 x^4 + c_5 x^5 + \cdots$$

이런 식으로 계속해서 곡선을 만들어 간다면 각 단계마다 곡선은 다른 모양으로 변할 거예요. 이러한 과정을 끝없이 계속해 나갈 수 있고 그때마다 곡선의 모양은 달라지게 돼요.

위 단계에서, 2단계에서 3단계로 곡선이 만들어질 때는 순간 변화율이 일정하게 변하는 경우에 두 대상에게 일어나는 변화를 살펴본 것이 돼요. (순간 변화율이 직선의 형태로 주어진 경우에 해당해요.) 즉 $x$가 변할 때마다 순간 변화율이 항상 일정한 양만큼 변하는 경우예요. 하지만 3단계에서 4단계로 가는 단계부터는 순간 변화율이 일정하게 변하는 경우가 아니에요. 즉 $x$가 변할 때마다 순간 변화율이 변하는 양이 이전에 변했던 양과 달라지고 있는 경우에 해당해요. 그러므로 우리는 이번 장을 통해 순간 변화율이 일정하게 변하지 않는 경우에 두 대상이 어떻게 변하는지에 대해서도 살펴본 것이라고 할 수 있어요.

그런데 이처럼 계속해서 새로운 모양의 곡선이 만들어진다면 다음과 같은 재미있는 호기심이 떠올라요.

"곡선을 만들 때마다 계속해서 곡선의 모양이 달라지는구나. 그리고 이러한 과정을 끝도 없이 할 수 있으니까 곡선의 모양도 끝도 없이 변하겠지. 그렇다면 혹시 이 세상에 존재하는 여러 가지 곡선의 모양을 $x^n$들의 합으로 이루어진 식으로 만들 수 있지는 않을까?"

# 03

# $x^n$들의 합으로
# 만드는 곡선

무언가를 만들 때 재료가 다양하게 준비되어 있을수록, 만들 수 있는 종류도 다양해질 거예요. 앞에 나온 식을 구성하는 각 요소들은 $x$의 제곱, 세제곱, 네제곱, … 인 $x^n$으로 이루어져 있어요. 이 각각을 곡선을 만들기 위한 재료라고 생각한다면 $n$이 큰 숫자일수록 다양한 재료가 준비되는 것이라고 생각할 수 있어요. 그러므로 우리가 어떤 곡선을 만들려고 할 때 $n$이 크면 클수록, 재료가 많아지니까 더 다양한 곡선을 만들 수 있을 거예요.

가장 좋은 건 우리가 생각해 낼 수 있는 '모든 재료'를 준비해 놓는 거예요. 여기서 모든 재료를 다 준비해 놓는다는 것은 위 적분 과정을 끝없이 할 수 있으므로 $n = \infty$를 의미해요. 즉 재료가 무한개예요. 그런데 이렇게 무한히 많은 재료를 우리가 전부 다룰 수 있을까요? 네, 다룰 수 있어요. 왜냐하면 아무렇게나 준비된 재료들이 아닌, 규칙에 의해 질서 있게 준비된 재료들이니까요.

즉 아무리 끝이 없다고 해도 $n = 0$부터 1, 2, 3, 4, 5, … 로 질서 정연하게 줄 서 있는 수들이 $x^n$에 들어가서 합해진다라는 규칙을 지키고 있는 식이에요. 그러므로 무한인 것 같지만 규칙 안에 갇혀 있다는 점에서 유한으로 볼 수도 있어요. 또한 무한의 유한화라는 관점으로 식을 바라보면 식의 끝에 있는 …은 끝없이 더하는 상태가 아니라, 이미 모든 재료가 다 합해진 상태로 볼 수 있어요. 이때의 $n$의 개수는 $n = \infty$예요.

$$y(x) = c_0 + c_1 x + c_2 x^2 + c_3 x^3 + c_4 x^4 + c_5 x^5 + \cdots$$

$n = \infty$일 때 $x^n$의 합

그런데 사실 위 식은 이전의 단계 단계들로부터 곡선을 만들어 온 결과였어요. 즉 최종 결과물인 $y(x)$는 바로 이전 단계인 순간 변화율 $y'(x)$을 재료로 만들어진 것이고, 마찬가지로 $y'(x)$는 그 이전 단계인 $y''(x)$을 재료로 만들어졌어요. 그러므로 $y''(x)$는 $y(x)$의 입장에서 보면 자신을 만든 재료의 재료라고 할 수 있어요. 이러한 방식으로 생각하면 $y'(x), y''(x), y'''(x), \cdots$는 최종 결과물인 $y(x)$를 만들기 위해 필요한, 시작점에 해당하는 근본적인 재료를 향해 가고 있다고 할 수 있어요.

우리는 지금부터 $x^n$에 앞에 곱해져 있는 $c_n$을, $y(x)$을 만드는 재료인 $y'(x), y''(x), y'''(x), \cdots$ 의 모습으로 바꾸는 작업을 할 거예요. 이렇게 바꾸면 위 식 $y(x) = c_0 + c_1 x + c_2 x^2 + c_3 x^3 + c_4 x^4 + c_5 x^5 + \cdots$ 에서 합을 구성하는 요소들을 온전히 $y$를 만드는 재료들로 표현할 수 있게 돼요.

$c_n$을 새로운 모습으로 바꾸기 위해 우선 $y(x) = c_0 + c_1x + c_2x^2 + c_3x^3 + c_4x^4 + c_5x^5 + \cdots$ 에 $x = 0$을 한번 넣어 볼게요. 그러면 $y(x) = c_0 + 0 + 0 + 0 + 0 + 0 + \cdots = c_0$가 돼요. 즉 $y(0) = c_0$예요.

이번에는 $y'(x)$를 구해 볼게요. $y(x) = c_0 + c_1x + c_2x^2 + c_3x^3 + c_4x^4 + c_5x^5 + \cdots$ 가 이미 완결된 무한이라면 합을 구성하는 각각의 요소를 미분할 수 있고, '짝꿍 찾기'에서 보았던 미분을 사용하면 다음과 같은 식이 돼요.

$$y(x) = c_0 + c_1x + c_2x^2 + c_3x^3 + c_4x^4 + c_5x^5 + \cdots \quad \text{C}_0\text{는 미분하면 0이 되므로}$$

$$y'(x) = c_1 + 2c_2x + 3c_3x^2 + 4c_4x^3 + 5c_5x^4 + 6c_6x^5 + \cdots$$

마찬가지로 위 식에 $x = 0$을 넣어 보면

$$y'(0) = c_1 + 0 + 0 + 0 + 0 + 0 + \cdots = c_1$$

가 돼요. 즉 $y'(0) = c_1$예요.

이런 작업을 계속해 보면 규칙을 찾을 수 있어요.

$$y'(x) = c_1 + 2c_2x + 3c_3x^2 + 4c_4x^3 + 5c_5x^4 + 6c_6x^5 + \cdots \text{ 을 다시 미분하면,}$$

$$y''(x) = 2\cdot1c_2 + 3\cdot2c_3x + 4\cdot3c_4x^2 + 5\cdot4c_5x^3 + 6\cdot5c_6x^4 + 7\cdot6c_7x^5 + \cdots$$

$x = 0$을 넣으면,

$$y''(0) = 2 \cdot 1 c_2$$

마찬가지로 다시 미분하고 $x = 0$을 넣으면

$$y'''(x) = 3 \cdot 2 \cdot 1 c_3 + 4 \cdot 3 \cdot 2 c_4 x + 5 \cdot 4 \cdot 3 c_5 x^2 + 6 \cdot 5 \cdot 4 c_6 x^3 + 7 \cdot 6 \cdot 5 c_7 x^4$$
$$+ 8 \cdot 7 \cdot 6 c_8 x^5 + \cdots$$

$$y'''(0) = 3 \cdot 2 \cdot 1 c_3$$

$y'(x)$는 $y^{(1)}(x)$, $y''(x)$는 $y^{(2)}(x)$, $y'''(x)$는 $y^{(3)}(x)$, $\cdots$ 로 숫자를 사용해 표시하기로 하고, 위 식들의 결과만 다시 적으면 다음과 같아요.

$$y(0) = c_0$$
$$y^{(1)}(0) = c_1$$
$$y^{(2)}(0) = 2 \cdot 1 c_2$$
$$y^{(3)}(0) = 3 \cdot 2 \cdot 1 c_3$$
$$y^{(4)}(0) = 4 \cdot 3 \cdot 2 \cdot 1 c_4$$
$$y^{(5)}(0) = 5 \cdot 4 \cdot 3 \cdot 2 \cdot 1 c_5$$
$$\cdots$$

이제 이 식들을 $c_n$의 입장으로 바꿔 적으면

$$c_0 = y(0)$$

$$c_1 = y^{(1)}(0)$$

$$c_2 = \frac{1}{2 \cdot 1} y^{(2)}(0)$$

$$c_3 = \frac{1}{3 \cdot 2 \cdot 1} y^{(3)}(0)$$

$$c_4 = \frac{1}{4 \cdot 3 \cdot 2 \cdot 1} y^{(4)}(0)$$

$$c_5 = \frac{1}{5 \cdot 4 \cdot 3 \cdot 2 \cdot 1} y^{(5)}(0)$$

$\cdots$

이렇게 해서 $y(x) = c_0 + c_1 x + c_2 x^2 + c_3 x^3 + c_4 x^4 + c_5 x^5 + \cdots$ 에 있는 $c_n$ 들을 $y$를 만드는 재료들인 $y^{(n)}(x)$로 나타낼 수 있게 되었어요. 그런데 위 $c_n$ 들의 식에서 분모를 살펴보면 재미있는 점이 눈에 띄어요.

분모에는 $c_n$의 숫자 $n$에서부터 숫자가 하나씩 작아지면서 1까지 곱해지고 있어요. 이것을 간단히 느낌표를 사용해서 $n!$로 나타내요. 이 느낌표를 팩토리얼이라고 불러요. 그리고 전체적인 통일성을 위해 $0! = 1$이라고 약속해요. 주의할 점은 $0! = 1$이면서 동시에 $1! = 1$이에요.

이 표기법으로 앞의 식들을 다시 적으면 다음과 같아요.

$$c_0 = y(0)$$

$$c_1 = y^{(1)}(0)$$

$$c_2 = \frac{1}{2!} y^{(2)}(0)$$

$$c_3 = \frac{1}{3!} y^{(3)}(0)$$

$$c_4 = \frac{1}{4!} y^{(4)}(0)$$

$$c_5 = \frac{1}{5!}y^{(5)}(0)$$

$\cdots$

훨씬 깔끔해졌어요. 위 식은 결국 이렇게 표현할 수 있어요.

$$c_n = \frac{1}{n!}y^{(n)}(0)$$

$c_n$들을 $y(x) = c_0 + c_1 x + c_2 x^2 + c_3 x^3 + c_4 x^4 + c_5 x^5 + \cdots$ 에 넣으면 $y(x)$는
다음과 같이 돼요.

$$y(x) = y(0) + y^{(1)}(0)x + \frac{1}{2\cdot1}y^{(2)}(0)x^2 + \frac{1}{3\cdot2\cdot1}y^{(3)}(0)x^3 + \frac{1}{4\cdot3\cdot2\cdot1}y^{(4)}(0)x^4$$
$$+ \frac{1}{5\cdot4\cdot3\cdot2\cdot1}y^{(5)}(0)x^5 + \cdots$$

또는

$$y(x) = y(0) + y^{(1)}(0)x + \frac{1}{2!}y^{(2)}(0)x^2 + \frac{1}{3!}y^{(3)}(0)x^3 + \frac{1}{4!}y^{(4)}(0)x^4$$
$$+ \frac{1}{5!}y^{(5)}(0)x^5 + \cdots$$

이것을 합을 나타내는 기호 $\Sigma$를 사용해 나타내면 훨씬 더 깔끔해져요.

$$y(x) = \sum_{n=0}^{\infty}\left(\frac{1}{n!}y^{(n)}(0)x^n\right)$$

이 식의 의미는 $\Sigma$ 밑에 적혀 있는 $n = 0$을 $\Sigma$ 오른쪽에 있는 식에 넣으

라는 의미예요. 그리고 $n$이 $\Sigma$ 위에 적혀 있는 숫자가 될 때까지, $n$에 1씩 더하면서 반복해서 $\Sigma$ 오른쪽에 있는 식에 넣은 후, 이들을 모두 더하라는 의미예요. 여기서는 $\Sigma$ 위에 $\infty$가 적혀 있으니 끝없이 더하라는 뜻이에요.

이로써 $y(x)$라는 곡선의 식을 온전히 $y(x)$를 만드는 재료들로 나타내게 되었어요. 이 재료들은 $y^{(n)}(x)$와 $x^n$이에요. 그런데 우리는 〈Class 11〉에서 무한에는 무한한 무한과 유한한 무한 두 종류가 있다는 것을 보았어요. 만약 무한한 합이 '유한한 무한'에 속하는 경우에, 이 식은 어떠한 형태를 갖는 곡선 $y(x)$를 만들어 낼 수 있어요. 이 책에서는 다루지 않지만 삼각함수 $\cos x$와 $\sin x$를 비롯해서 다양한 형태의 곡선도 이 식으로 만들 수 있어요.

그런데 이렇게 $c_n$을 $y^{(n)}(x)$의 형태로 표현했지만 앞의 식을 잘 보면 $y^{(n)}(x)$가 $x = 0$일 때인 $y^{(n)}(0)$로 표현되어 있다는 것을 알 수 있어요. 이것은 언뜻 생각하면 조금 이상해 보여요. 왜냐하면 우리는 모든 $x$ 값에 대한 $y$ 값을 알 수 있는 함수인 $y(x)$를 구했는데, 여기에 사용된 재료는 모든 $x$가 아닌 오직 $x = 0$에서만의 $y^{(n)}(0)$이기 때문이에요. 즉 마치 한 위치 $x = 0$에서만의 정보를 통해 모든 $x$ 위치에서의 $y$를 구한 것처럼 보이게 돼요. 하지만 이것은 이전에 우리가 화살표 기차의 높이 변화량에 하나의 $x$ 위치에서의 $y$ 값 (시작점에 대한 위치 정보)이 주어지면 모든 $x$ 위치에서의 $y$가 결정되면서 곡선의 식이 만들어졌던 것과 같은 개념이라고 할 수 있어요. $y(x)$가 만들어지기까지 그 이전 단계들인 $y^{(n)}(x)$에서, 각 단계마다 $x = 0$에서의 $y^{(n)}(0)$ 값의 정보를 토대로 모든 $x$에 대한 $y^{(n)}(x)$ 값이 결정되었던 거예요. 그러므로 이것은 사실상 이상할 것이 없어요.

다만 만약에 우리가 무한한 재료들이 합쳐져 있는 $y(x)$의 식에서 어떠한 이유로 인해 단지 몇 개의 유한한 재료들만을 택해서 $y(x)$를 근사적으로 사용하고 싶을 때는(예를 들어 $y(x) \approx y(0) + y^{(1)}(0)x + \frac{1}{2!}y^{(2)}(0)x^2$로 무한개가 아닌 단지 세 개의 재료들만으로 $y(x)$를 사용하고자 한다면) 이때는 우리가 이 식을 $x = 0$에서의 정보를 바탕으로 만들었기 때문에 $x = 0$ 근처에서는 어느 정도 정확도가 보장되지만 $x = 0$에서 벗어날수록 유한한 개수의 재료로 표현한 $y(x)$는 실제 무한한 모든 재료를 사용해 만들어지는 진짜 $y(x)$와는 점점 오차가 커지게 돼요.

# 04
·····
# 미분과 적분을 해도
# 변하지 않는 신비한 곡선

재료들의 합으로 나타낸 $y(x)$를 활용하면 재미있는 생각을 해 볼 수 있어요. 앞서 우리가 본 $y(x)$들은 미분하면 식이 변했어요. 예로 $y(x) = x^2 + 3$을 미분하면 $y'(x) = 2x$로 식이 변해요. 식이 변한다는 건 이 식으로 표현되는 곡선의 모양도 변한다는 의미예요. 그런데 여기서 다음과 같은 궁금증이 떠올라요.

'혹시 미분을 해도 식이 변하지 않는, 즉 곡선의 모양이 변하지 않는 $y(x)$가 존재할까?'

미분을 해도 식이 변하지 않는다면, 미분의 반대 작업인 적분을 해도 곡선의 모양이 변하지 않을 거예요. 그런 $y(x)$를, 재료들의 합으로 표현된 앞에 나온 식을 이용해 한번 찾아볼게요.

$$y(x) = y(0) + y^{(1)}(0)x + \frac{1}{2 \cdot 1}y^{(2)}(0)x^2 + \frac{1}{3 \cdot 2 \cdot 1}y^{(3)}(0)x^3 + \frac{1}{4 \cdot 3 \cdot 2 \cdot 1}y^{(4)}(0)x^4$$
$$+ \frac{1}{5 \cdot 4 \cdot 3 \cdot 2 \cdot 1}y^{(5)}(0)x^5 + \cdots$$

미분을 해도 식이 똑같다면 $y(x) = y^{(1)}(x) = y^{(2)}(x) = y^{(3)}(x) = \cdots$ 이에요.
모든 $x$에 대해 이 식이 성립한다면 이 식에 $x = 0$을 넣을 수 있어요.

$$y(0) = y^{(1)}(0) = y^{(2)}(0) = y^{(3)}(0) = \cdots$$

즉 모든 $y^{(n)}(0)$을 $y(0)$으로 바꿔 쓸 수 있어요.

$$y(x) = y(0) + y(0)x + \frac{1}{2 \cdot 1}y(0)x^2 + \frac{1}{3 \cdot 2 \cdot 1}y(0)x^3 + \frac{1}{4 \cdot 3 \cdot 2 \cdot 1}y(0)x^4$$
$$+ \frac{1}{5 \cdot 4 \cdot 3 \cdot 2 \cdot 1}y(0)x^5 + \cdots$$

위 식을 $y(0)$으로 묶으면

$$y(x) = y(0)\left(1 + x + \frac{1}{2 \cdot 1}x^2 + \frac{1}{3 \cdot 2 \cdot 1}x^3 + \frac{1}{4 \cdot 3 \cdot 2 \cdot 1}x^4 + \frac{1}{5 \cdot 4 \cdot 3 \cdot 2 \cdot 1}x^5 + \cdots\right)$$

위 식을 간단하게 나타내기 위해 $y(0) = 1$로 해 볼게요. 그러면 다음과
같이 돼요.

$$y(x) = 1 + x + \frac{1}{2 \cdot 1}x^2 + \frac{1}{3 \cdot 2 \cdot 1}x^3 + \frac{1}{4 \cdot 3 \cdot 2 \cdot 1}x^4 + \frac{1}{5 \cdot 4 \cdot 3 \cdot 2 \cdot 1}x^5 + \cdots$$

시험 삼아 위 식을 미분해서 $y'(x)$를 구해 보세요. 정말 위 식에서 변하

지 않고 여전히 똑같은 모습인가요? Σ를 사용해 나타내면 다음과 같아요.

$$y(x) = \sum_{n=0}^{\infty} \left( \frac{1}{n!} x^n \right)$$

미분을 해도, 적분을 해도 변하지 않는 이 식을, 수학에서 자주 만나게 되는 신비로운 수인 $e$를 사용해서

$$y(x) = e^x$$

로 나타낼 수도 있어요.

$$y(x) = e^x = \sum_{n=0}^{\infty} \left( \frac{1}{n!} x^n \right)$$

즉 $y(x) = e^x$는 미분을 해도 변하지 않는 함수예요. 그러니까 만약 한 대상 $x$와 또 다른 대상 $y$가 $y(x) = e^x$의 관계를 갖고 있다면, $x$가 변하려고 할 때, 이에 대응해서 $y$가 변하려는 비율인 순간 변화율을 $x$ 위치마다 기록하면, 여전히 이 $x$와 순간 변화율 $y'$은 원래 곡선의 모습과 똑같은 $y' = e^x$의 관계를 갖게 돼요. 마찬가지로 또다시 여기서 순간 변화율 $y''$을 구해도 여전히 $y'' = e^x$가 되고요. 이전에 〈Class 15〉에서 순간 변화율을 [재료]로 생각하고, 이 재료로부터 만든 곡선을 [완성된 완구]로 생각했던 것에 비유해서 말해 본다면, $y(x) = e^x$은 미적분의 관점으로 보았을 때 [재료]와 [완성된 완구]가 똑같은 모습을 갖는 신기한 함수라고 볼 수 있어요.

어? 그런데 잘 생각해 보면 이런 비슷한 성질을 우리는 이미 만나 보았던 것 같아요. 맞아요. 우리가 이 책의 처음에 보았던 '상상의 막대기'는 부분이 전체와 똑같은 모습을 갖고 있었어요. 재료와 완성품이 같은 모습을 갖는 것도, 부분이 전체와 같은 모습을 갖는 것도, 넓은 시각으로 보면 같은 맥락이라고 생각할 수 있어요. 이러한 신기한 성질을 자기 닮음성이라고 부르고 프랙탈(fractal)이라고 해요.

# 미분하고 적분하기, 적분하고 미분하기

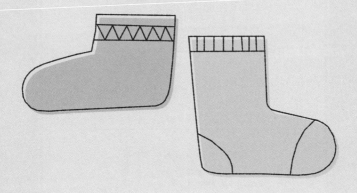

# 01
.....
# 미분하고 적분하기

앞 장에서 〈미분하고 또 미분하기, 적분하고 또 적분하기〉를 살펴보았
다면, 이번 장에서는 미분을 한 후 다시 적분을 하면 어떻게 되는지, 또는
적분을 한 후에 미분을 하면 어떻게 되는지 살펴보려고 해요.

다음과 같이 먼저 무한으로 혼합 연결된 화살표 기차가 주어졌다고 해
볼게요. 이 화살표 기차는 곡선을 만들어요.

화살표 기차를 [분리제] 무한을 사용해 낱개의 화살표들로 분리시켜요.: 미분
그 후 다시 이 화살표들을 [접착제] 무한을 사용해 원래 화살표 기차로 연결시켜요.: **적분**

이렇게 미분한 후 다시 적분을 하면 다음 그림에서 보듯이 원래의 모습
으로 돌아간다는 것을 알 수 있어요.

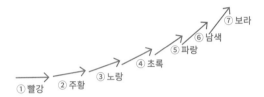

위 작업을 $xy$ 좌표와 $xy'$ 좌표에서 살펴보면 다음과 같아요.

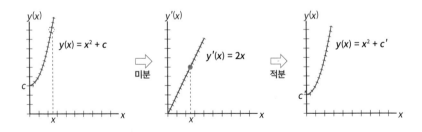

$xy$ 좌표의 곡선 $y(x) = x^2 + c$를 이루고 있는 화살표 기차를 미분을 통해 낱개의 화살표들로 분리시켜요.

미분 기호 $\dfrac{d}{dx}$ 를 입히면

$$\frac{dy(x)}{dx} = \frac{d}{dx}(x^2 + c) = \frac{d}{dx}(x^2) + \frac{d}{dx}(c) = 2x + 0 = 2x$$

가 돼요. 즉 분리시킨 화살표들의 방향 또는 순간 변화율 값을 각각의 $x$ 위치에 기록하면 $\dfrac{dy(x)}{dx} = 2x$가 돼요. 이제 이 변화율의 기록을 토대로 다시 곡선을 복원하기 위해, 곡선의 원형의 식을 구하는 부정적분 기호 $\int dx$를 입히면 $\int \dfrac{dy(x)}{dx}\,dx = \int 2x\,dx$가 돼요. '짝꿍 찾기'를 통해 $y(x) = \int 2x\,dx = x^2 + c'$을 구할 수 있어요. 이것은 미분을 하기 전 곡선의 형태이므로, 원래대로 돌아왔다는 것을 알 수 있어요.

여기서 주의할 점은 미분을 하면 오직 곡선의 형태 또는 모양의 정보만이 $xy'$ 좌표에 기록된다는 점이에요. 즉 곡선의 위아래 위치에 대한 정보는 미분할 때 손실돼요. 그래서 미분 기록을 토대로 다시 적분을 하게 되면, 원래의 곡선 모양은 복원되지만 곡선의 위아래 위치는 다를 수 있어요. 식에서 위아래 위치를 결정짓는 것은 $x$와 상관이 없는 수인 $c$이므로, 복원한 후에는 이것을 $c'$으로 표시했어요.

즉 다음과 같이 $y(x)$에 먼저 미분 기호 $\dfrac{d}{dx}$ 를 입힌 후, 여기에 다시 부정적분 기호 $\int dx$를 입히면 원래의 $y(x)$로 돌아오게 돼요. 결국 미분 기호와 적분 기호가 만나면 사라지는 효과가 발생해요.

$$\int \frac{dy(x)}{dx}\,dx = y(x)$$

이때 등호 양쪽에 있는 $y(x)$는 형태 면에서 같다는 것이지 완전히 똑같다는 의미는 아니에요. 예를 들어 둘 다 $y(x) = x^2 + c$의 형태를 가질 뿐, $c$ 값이 같지는 않아요.

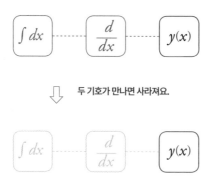

두 기호가 만나면 사라져요.

위에서 본 적분은 짝꿍 찾기를 통해 곡선의 식의 형태를 구하는 부정적분이었어요. 그런데 사실 우리가 짝꿍 찾기를 통해 부정적분을 구하는 방법을 알기 이전에는, 화살표 기차의 높이 변화량을 구하는 정적분을 먼저 구한 후 이로부터 곡선의 식의 형태를 나타내는 부정적분을 구했어요. 그러므로 이번에는 정적분이 미분과 어떤 관계에 있는지 한번 살펴볼게요.

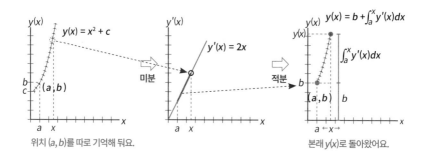

위치 $(a, b)$를 따로 기억해 둬요.
본래 $y(x)$로 돌아왔어요.

왼쪽 그림의 곡선 $y(x) = x^2 + c$를 미분하려고 해요. 이때 곡선을 이루는 점 중에 하나의 위치를 임의로 택해서 따로 적어 놓을게요. 지금은 위치 정보 $(a, b)$를 적어 놓았어요. $y(x) = x^2 + c$를 미분하면 $y'(x) = 2x$가 되어 순간 변화율이 기록돼요. 미분한 이 기록의 일부 영역을 선택해서(중간 그림의 $a$와 $x$ 사이) 다시 적분해 오른쪽 그림처럼 화살표 기차를 만들어 볼 수 있어요.

영역의 시작점을 $a$로 고정시키고 끝점을 $x$로 자유롭게 놓으면, 화살표 기차의 시작점은 고정되어 있고 기차의 끝점이 움직이는 것으로 생각할 수 있어요. 이것은 $x$ 영역이 표시되는 정적분 기호 $\int_a^x y'(x)dx$로 표기되고, 이 기호는 화살표 기차의 총 $y$ 변화량 또는 총 높이 변화량을 나타냈어요.

그런데 이렇게 만든 오른쪽 그림의 화살표 기차는 아직 위아래에 해당하는 $y$ 위치가 정해져 있지 않아요. 중간 그림인 $y'(x)$에는 위치 정보가 없기 때문이에요. 이때를 위해 아까 미분하기 전에 위치 정보 $(a, b)$를 따로 적어 놓았어요. 이제 이 화살표 기차의 시작점의 위치로 $(a, b)$가 주어지면 비로소 화살표 기차는 위치가 정해지고, 이와 동시에 화살표 기차는 곡선의 식으로 바뀌게 돼요. 곡선의 식이란 어떤 $x$ 값에 대응하는 $y$ 값을 바로 알 수 있는 식을 말해요. 오른쪽 그림을 보면 곡선의 식은 다음과 같이 된다는 것을 알 수 있어요.

$$y(x) = b + \int_a^x y'(x)dx$$

이 식에 들어 있는 $y'(x)$는 순간 변화율 $y'(x) = \dfrac{dy}{dx} = \dfrac{dy(x)}{dx}$로도 표기

할 수 있어요. 그러므로 $y'(x)$ 대신에 $\dfrac{dy(x)}{dx}$를 넣으면 다음과 같아요.

$$y(x) = b + \int_a^x \frac{dy(x)}{dx}\, dx$$

이 식을 잘 보면 $y(x)$에 미분 기호 $\dfrac{d}{dx}$를 입힌 후,(이때 위치 정보가 손실되므로, 위치 정보 $(a, b)$를 따로 기록해 둬요.) 여기에 고정된 시작점 $a$부터 높이 변화량을 구하라는 기호 $\int_a^x dx$를 다시 입혔어요. 그런 후 아까 기록해 두었던 위치 정보 $(a, b)$를 추가하면 본래의 $y(x)$로 돌아가게 된다는 것을 알 수 있어요.

즉 화살표 기차에서 화살표를 뽑아내는 미분 기호 $\dfrac{d}{dx}$를 먼저 입히고, 여기에 다시 화살표 기차의 높이 변화량을 구하는 정적분 기호 $\int_a^x dx$를 입히면 결국 기호가 사라지는 효과를 만들 수 있어요.(주의: 위치 정보는 추가해야 해요.)

위치 정보 $(a, b)$ 추가     ⇩     두 기호가 만나면 사라져요.

예를 들어 $y(x) = x^2 + 3$에 $\dfrac{d}{dx}$를 먼저 입히면, $\dfrac{dy}{dx} = 2x$이에요. 이때 위치 정보를 잃어버리므로 $(1, 4)$를 따로 적어 놓아요.$(x = 1$일 때, $y = 4)$ 그런 후 여기에 $\int_a^x dx$를 다시 입히면 $\int_a^x \dfrac{dy}{dx} dx = \int_a^x 2x dx$가 돼요. 이는 $n \to \infty$일

때 화살표 기차의 높이 변화량이고 연속성으로 추리하기를 통해 $\int_a^x 2x dx =$ $x^2 - a^2$이 된다는 것을 보았어요.(또는 짝꿍 찾기를 통해 $\int y'(x)dx$를 먼저 구한 후 정적분을 구할 수도 있어요.) 그러므로 $\int_a^x \dfrac{dy}{dx} dx = \int_a^x 2x dx = x^2 - a^2$이에요.

$y(x) = b + \int_a^x \dfrac{dy(x)}{dx} dx$에 이 결과를 적용하고, 아까 적어 두었던 $(a, b)$ $= (1, 4)$을 넣으면, $y(x) = 4 + \int_1^x 2x dx = 4 + x^2 - 1^2 = x^2 + 3$이 되어 본래의 $y(x) = x^2 + 3$으로 돌아오게 돼요.

# 02
·····
# 적분하고 미분하기

앞에서 미분하고 적분하기를 해 보았으므로, 이번에는 적분을 먼저 한후 미분을 하면 어떻게 되는지를 살펴볼게요.

(1) 처음에 낱개로 분리된 방향 화살표(순간 변화율)들이 주어져요.

(2) 이 화살표들을 [접착제] 무한을 사용해서 화살표 기차로 혼합 연결시켜요.: 적분

(3) 이제 이 화살표 기차에 [분리제] 무한을 사용해서 다시 낱개의 화살표들로 분리시켜요.: 미분

이렇듯 적분을 한 후에 다시 미분을 하면 다음 그림처럼 원래의 모습으로 돌아가게 된다는 것을 알 수 있어요.

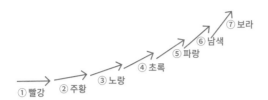

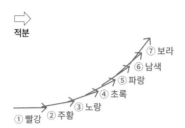

위 작업을 $xy$ 좌표와 $xy'$ 좌표에서 살펴보면 다음과 같아요.

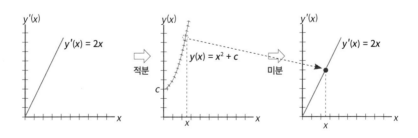

순간 변화율이 기록되어 있는 $xy'$ 좌표의 $y'(x) = 2x$를 토대로 변화가 일어났을 때의 모습인 곡선을 구해요. 곡선의 원형의 식을 구하는 부정적분 기호 $\int dx$를 입히면 $\int y'(x)dx = \int 2xdx$가 돼요. 그러면 '짝꿍 찾기'를 통해 $y(x) = \int 2xdx = x^2 + c$라는 것을 구할 수 있어요.

이제 다시 이 곡선을 이루고 있는 화살표들을 낱개로 분리시키기 위해 미분 기호 $\dfrac{d}{dx}$를 입히면,

$$\frac{d}{dx}\int y'(x)dx = \frac{d}{dx}\int 2xdx = \frac{d}{dx}(x^2 + c) = 2x$$

가 돼요. 결국 적분을 하기 전의 본래의 모습인 $y'(x) = 2x$로 돌아오게 되었어요. 즉 다음과 같이 $y'(x)$에 먼저 부정적분 기호 $\int dx$를 입힌 후, 여기에 다시 미분 기호 $\dfrac{d}{dx}$를 입히면 원래의 $y'(x)$로 돌아오게 돼요. 결국 적분 기호와 미분 기호가 만나면 사라지는 효과가 발생해요.

$$\frac{d}{dx}\int y'(x)dx = y'(x)$$

두 기호가 만나면 사라져요.

앞에서 본 적분은 짝꿍 찾기를 통해 곡선의 식의 형태를 구하는 부정적분이었어요. 이번에는 화살표 기차의 높이 변화량을 구하는 정적분과 미분의 관계를 살펴볼게요.

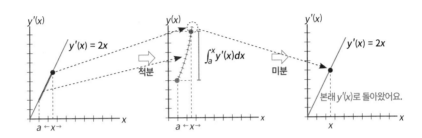

영역의 시작점 $a$부터 끝점 $x$까지의 변화율 $y'(x)$을 택해서 화살표 기차를 만들면(적분) 화살표 기차의 총 높이 변화량을 나타내는 $\int_a^x y'(x)dx$가 돼요. 여기서 영역의 끝점인 $x$가 자유롭게 움직임에 따라, 화살표가 추가되면서 화살표 기차의 높이가 변하게 된다라고 생각할 수 있어요. 화살표 기차가 놓일 위아래 위치에 대한 정보는 변화율에 없으므로 위 중간 그림에서는 화살표 기차를 임의의 위치에 놓았어요.

이제 화살표 기차의 높이인 $\int_a^x y'(x)dx$를 미분하면, 미분 기호를 입혀서 $\dfrac{d}{dx}\int_a^x y'(x)dx$ 또는 $\dfrac{d(\int_a^x y'(x)dx)}{dx}$로 쓸 수 있어요. 변화율의 의미로부터, 이 식은 $x$가 $dx$만큼 변한다면, 화살표 기차의 높이는 $dx$의 몇 배만큼 변하려고 하는지를 묻고 있어요.

그런데 $x$가 변할 때 화살표 기차에 영향을 주려는 화살표는 왼쪽 그림의 $x$ 위치에 놓인 방향 화살표(점으로 기록된 화살표)예요. 이 방향 화살표가 의미하는 순간 변화율 $\dfrac{dy}{dx}$ 는 $x$가 $dx$만큼 변한다면, $y$는 $dx$의 '순간 변화율' 배만큼 변하려 한다는 것을 뜻해요. 예를 들어 $\dfrac{dy}{dx}$ = 2라면 $x$가 $dx$만큼 변할 때, $y$는 $dx$의 2배만큼 변하려 한다는 것을 의미해요.

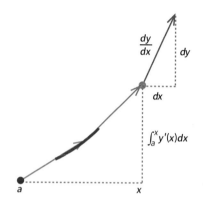

화살표 기차의 높이 $\int_a^x y'(x)dx$는 $dx$만큼 변할 때
$x$에 있는 화살표의 $dy$만큼 변하려고 해요.

결국 $x$가 $dx$만큼 변한다면, 화살표 기차의 높이는 $dx$에 [$x$ 위치에서의 순간 변화율 $y'(x)$]를 곱한 만큼 변하려고 할 거예요. ('변했다.'가 아닌 '변하려고 했다.'라는 표현에 주의해 주세요. 실제로는 이 방향에 이어지는 다른 방향과 혼합 연결된 방향으로 변하기 때문이에요.)

즉 우리의 물음에 대한 대답은 $y'(x)$가 돼요. 그러므로 $\dfrac{d}{dx}\int_a^x y'(x)dx$ = $y'(x)$가 된다는 것을 알 수 있어요.

$$\frac{d}{dx}\int_a^x y'(x)\,dx = y'(x)$$

$$\Downarrow \quad \text{두 기호가 만나면 사라져요.}$$

$$\boxed{\frac{d}{dx}} \text{------} \boxed{\int_a^x dx} \text{------} \boxed{y'(x)}$$

예를 들어 변화율 $y'(x) = 2x$에서 영역의 시작점 $a$부터 끝점 $x$까지의 순간 변화율을 택해서 화살표 기차의 높이 변화량을 구해 보면 $\int_a^x y'(x)dx = \int_a^x 2xdx$이고, 이것은 $n \to \infty$일 때 '연속성으로 추리하기'를 통해 $\int_a^x 2xdx = x^2 - a^2$가 돼요.(또는 짝꿍 찾기를 통해 $\int y'(x)dx$를 먼저 구한 후 정적분을 구할 수도 있어요.) 이것을 다시 미분하면

$$\frac{d}{dx}\int_a^x 2xdx = \frac{d}{dx}(x^2 - a^2) = \frac{d}{dx}(x^2) - \frac{d}{dx}(a^2) = 2x - 0 = 2x$$

가 되어 원래의 $y'(x) = 2x$로 돌아온다는 것을 확인할 수 있어요.

# 정리하기

## 미분하고 **적분하기**

$$\int \frac{dy(x)}{dx}\, dx = y(x) \qquad\qquad \int dx \qquad\qquad \frac{d}{dx} \qquad\qquad y(x)$$

$$b + \int_a^x \frac{dy(x)}{dx}\, dx = y(x) \qquad\qquad \int_a^x dx \qquad\qquad \frac{d}{dx} \qquad\qquad y(x)$$

**위치 정보 추가**

## **적분하고** 미분하기

$$\frac{d}{dx} \int y'(x)\, dx = y'(x) \qquad\qquad \frac{d}{dx} \qquad\qquad \int dx \qquad\qquad y'(x)$$

$$\frac{d}{dx} \int_a^x y'(x)\, dx = y'(x) \qquad\qquad \frac{d}{dx} \qquad\qquad \int_a^x dx \qquad\qquad y'(x)$$

'미분하고 적분하기'와 '적분하고 미분하기'를 정리해 봤어요.

이렇게 해서 '미분을 한 후 적분을 하면 원래대로 돌아온다.'와 '적분을 한 후 미분을 하면 원래대로 돌아온다.'는 것을 기호로 살펴보았어요. 결국 미분과 적분은 서로 반대로 작용하는 작업이라는 것을 알 수 있어요.

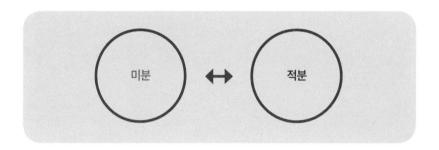

# 화살표의

# 또 다른 모습:

# 넓이

# 01
.....
# 화살표와
사각형의 관계

우리는 지금까지 $xy'$ 좌표에 점으로 기록되어 있는 변화율을 $xy$ 좌표에
방향 화살표로 실체화시켜서 변화를 나타냈어요. 예를 들어 $y'(x) = 2x$ 에
서 $x = 2$ 일 때의 변화율은 $y'(2) = 2 \cdot 2 = 4$ 가 돼요. 이것을 아래 오른쪽 그림
$xy$ 좌표에 방향 화살표로 나타낼 수 있어요.(방향 화살표는 길이가 의미가 없
고, 오직 방향만 의미가 있어요.)

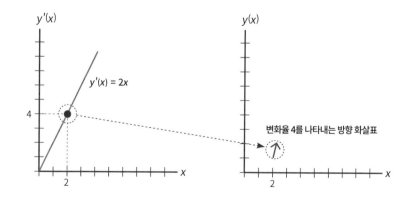

변화율 $= \dfrac{\varDelta y}{\varDelta x}$ 이므로 이 변화율대로 $\varDelta x$만큼 변화가 일어나면 $\varDelta y =$ 변화율 $\times \varDelta x$가 되었어요. 이것은 방향과 길이 둘 다 의미가 있는 일반 화살표로 나타낼 수 있었어요.

예를 들어 변화율 4로 $\varDelta x = 2$만큼 변화가 일어나면, $\varDelta y$는 $\varDelta y = 4 \times 2 = 8$만큼 변하게 되고 방향 화살표가 가리키는 방향을 따라 모습을 드러낸 일반 화살표 $\langle \varDelta x, \varDelta y \rangle = \langle 2, 8 \rangle$로 나타낼 수 있어요. 이처럼 지금까지는 변화가 일어나는 공간인 $xy$ 좌표에만 관심을 갖고 살펴보았어요. 그런데 $xy$ 좌표에서 이와 같은 일이 일어날 때, 관심을 돌려서 $xy'$ 좌표를 살펴보면 재밌게도 전혀 다른 모습을 만나게 돼요.

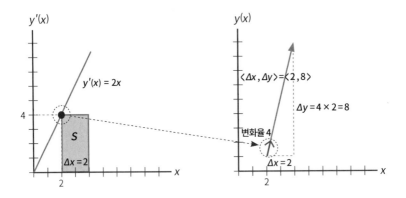

위 오른쪽 그림의 $xy$ 좌표에서 '변화율 $\times \varDelta x$'는 $\varDelta y$가 되면서 일반 화살표의 높이 변화량을 나타내요. 그런데 이것을 위 왼쪽 그림인 $xy'$ 좌표에서 살펴보면, 변화율은 세로 길이에 해당하고 $\varDelta x$는 가로 길이가 돼요. 그래서 '변화율 $\times \varDelta x$'는 '세로 $\times$ 가로'로 사각형의 넓이 $S$를 나타내요. 즉 똑같은 식인 '변화율 $\times \varDelta x$'가 $xy$ 좌표에서는 화살표로 인한 $y$ 변화량을 나타내고, $xy'$ 좌표에서는 사각형의 넓이를 나타내고 있는 셈이에요.

# 02

## 화살표 기차와
## 넓이의 관계

$xy'$ 좌표로 시선을 돌리면 화살표 대신 여러 사각형이 모습을 드러내요.
〈Class 9〉에서 보았던 예를 다시 한번 볼게요.

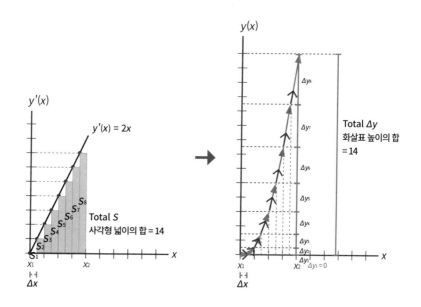

$x$ 영역 $x_1 = 0$과 $x_2 = 4$ 사이에서 등간격 $\Delta x$로 $y'(x) = 2x$의 방향 화살표 $n = 8$개를 택해서 변화를 그리면 이런 화살표 기차가 만들어져요.

이때 $\Delta x = \dfrac{d}{n} = \dfrac{x_2 - x_1}{n} = \dfrac{4 - 0}{8} = 0.5$이고, 각각의 화살표의 $y$ 변화량은 식 $\Delta y = y'(x) \times \Delta x$를 통해 구할 수 있어요. 그리고 이 $y$ 변화량들을 모두 합하면 총 $y$ 변화량인 Total $\Delta y$가 돼요. 지금의 예에서 Total $\Delta y$는 다음과 같아요.

$$\text{Total } \Delta y = \Delta y_1 + \Delta y_2 + \Delta y_3 + \Delta y_4 + \Delta y_5 + \Delta y_6 + \Delta y_7 + \Delta y_8$$

그리고 각각의 $\Delta y$에 식 $\Delta y = y'(x) \times \Delta x$를 적용하면 다음과 같이 Total $\Delta y = 14$라는 결과를 얻을 수 있어요.

$$
\begin{aligned}
\text{Total } \Delta y &= (0)\cdot 0.5 + (1)\cdot 0.5 + (2)\cdot 0.5 + (3)\cdot 0.5 + (4)\cdot 0.5 + (5)\cdot 0.5 \\
&\quad + (6)\cdot 0.5 + (7)\cdot 0.5 \\
&= 0 + 0.5 + 1 + 1.5 + 2 + 2.5 + 3 + 3.5 \\
&= 14
\end{aligned}
$$

그런데 식 $y'(x) \times \Delta x$를 왼쪽 그림의 $xy'$ 좌표에서 보면 높이 $\times$ 밑변의 길이로 사각형의 넓이를 나타내는 식이 돼요. 그래서 화살표 각각의 $y$ 변화량이었던 $\Delta y$는 사각형 각각의 넓이인 $S$와 같아요.

$$\Delta y_1 = S_1, \Delta y_2 = S_2, \Delta y_3 = S_3, \Delta y_4 = S_4, \Delta y_5 = S_5, \Delta y_6 = S_6, \Delta y_7 = S_7, \Delta y_8 = S_8$$

즉 각각의 사각형의 넓이는 각각의 화살표의 $y$ 변화량과 같아요.

그러므로 화살표들의 $y$ 변화량을 모두 합했던 Total $\Delta y$는, 사각형들의 넓이를 모두 합한 Total $S$와 같아요.

$$\text{Total } \Delta y = \Delta y_1 + \Delta y_2 + \Delta y_3 + \Delta y_4 + \Delta y_5 + \Delta y_6 + \Delta y_7 + \Delta y_8$$
$$= S_1 + S_2 + S_3 + S_4 + S_5 + S_6 + S_7 + S_8 = \text{Total } S$$

마찬가지로 각각의 $S$에 높이 × 밑변의 길이를 적용해서 Total $S$를 구하면 다음과 같이 Total $S = 14$라는 것을 알 수 있어요.

$$\text{Total } S = (0)\cdot 0.5 + (1)\cdot 0.5 + (2)\cdot 0.5 + (3)\cdot 0.5 + (4)\cdot 0.5 + (5)\cdot 0.5$$
$$+ (6)\cdot 0.5 + (7)\cdot 0.5 = 14$$

이 식은 Total $\Delta y = 14$를 구했던 식과 똑같지만 $y'(x) \times \Delta x$를 '높이 × 밑변의 길이'로 보고 있다는 점이 달라요.

이렇게 해서 $xy$ 좌표에서의 화살표들의 높이의 합이 $xy'$ 좌표에서는 사각형들의 넓이의 합이 된다는 것을 알게 되었어요. 본질은 똑같은데 서로 다른 공간에서 다른 모습으로 나타난다는 점이 참 재밌어요.

그럼 이제 $n = 8$이 아니라 영역 $x_1 = 0$과 $x_2 = 4$ 사이에 있는 모든 변화율 $y'(x)$를 선택하면 어떻게 되는지 살펴볼게요. 상상의 막대기의 성질에 의해 이 영역 안에는 무한개의 $y'(x)$가 존재해요. 즉 $n = \infty$가 돼요.

$n = \infty$일 때, $xy$ 좌표에서는 화살표들이 혼합 연결되면서 곡선을 만들

었어요. 곡선이 되었을 때의 총 $y$ 변화량은 다음과 같은 정적분 기호로 나타낼 수 있었어요.

$$\int_{x_1}^{x_2} y'(x)dx = \int_0^4 2xdx$$

$y'(x) = 2x$의 '짝꿍'은 $y(x) = \int 2xdx = x^2 + c$이었고, 이로부터 $x$ 영역이 정해진 정적분 $\int_0^4 2xdx$를 구하면

$$\int_{x_1}^{x_2} 2xdx = y(x_2) - y(x_1) = (x_2^2 + c) - (x_1^2 + c) = x_2^2 - x_1^2$$
$$\int_0^4 2xdx = 4^2 - 0^2 = 16$$

이 돼요. 즉 $x_1 = 0$과 $x_2 = 4$ 사이에서 곡선의 총 $y$ 변화량은 16이고, 이것이 다음 오른쪽 그림인 $xy$ 좌표에 나타나 있어요.

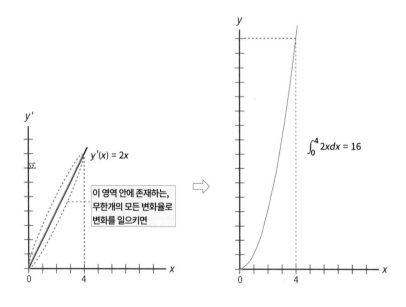

이번에는 똑같은 상황을 $xy'$ 좌표에서 살펴볼게요. 다음 그림과 같이 선택하는 변화율의 개수가 많아지면, 사각형 밑변의 길이에 해당하는 $\Delta x = \dfrac{x_2 - x_1}{n} = \dfrac{4}{n}$ 에서 분모인 $n$이 커지므로 거꾸로 $\Delta x$는 작아져요. 즉 개개의 사각형 밑변의 길이는 점점 작아져요.

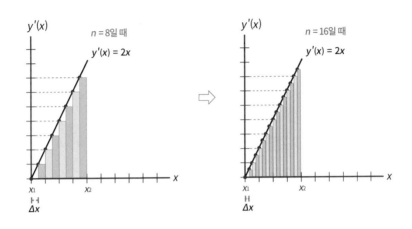

그렇다면 $x_1 = 0$과 $x_2 = 4$ 사이에 존재하는 모든 변화율을 선택하게 되는 $n = \infty$인 경우에 사각형들은 어떻게 되는 걸까요? 순간 변화율은 $xy$ 좌표에서 화살표의 방향을 나타냈고, $n = \infty$가 되어 이들이 혼합 연결되면 이 방향도 아니고 저 방향도 아닌, 서로 구별되지 않는 방향이 되었어요. 그런데 지금은 순간 변화율을 넓이를 갖는 사각형의 높이라는 관점으로 보고 있어요. 그러므로 이번에도 마찬가지로 $n = \infty$가 되어 이들이 혼합 연결된다면, 이 높이도 아니고 저 높이도 아닌, 서로 구별되지 않는 높이가 된다고 볼 수 있어요. 이렇게 되면 재미있는 일이 일어나게 돼요. 혼합 연결 이전에는 원래 높이차에 의해 다음 왼쪽 그림처럼 직선 아래에 빈 공간이 존재했지만, 혼합 연결이 일어나면 다음 오른쪽 그림처럼 높이차가 사라지므로 직선 아래의 빈 공간이 없어져요.

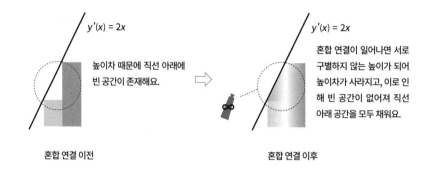

혼합 연결 이전 ⇒ 혼합 연결 이후

$y'(x) = 2x$

높이차 때문에 직선 아래에 빈 공간이 존재해요.

$y'(x) = 2x$

혼합 연결이 일어나면 서로 구별하지 않는 높이가 되어 높이차가 사라지고, 이로 인해 빈 공간이 없어져 직선 아래 공간을 모두 채워요.

결국 혼합 연결된 사각형들은 다음 왼쪽 그림처럼 직선 $y'(x) = 2x$ 아래에 존재하는 공간을 모두 덮어 버리게 될 거예요. 그러므로 $n = \infty$일 때 사각형들의 넓이의 합은 직선 아래 공간의 모양인 삼각형의 넓이를 나타내게 돼요.

여기서 한 가지 언급하고 넘어갈 것이 있어요. 이전에 화살표들이 혼합 연결되었을 때 개개의 화살표의 $y$ 변화량이 얼마인지는 알 수 없지만, '연속성으로 추리하기'를 통해 곡선이 된 화살표 기차의 총 $y$ 변화량은 구할 수 있었던 것과 마찬가지로, 혼합 연결이 되면 개개의 사각형의 넓이가 얼마인지는 알 수 없지만 이 사각형들의 넓이의 총합은 얼마인지 알 수 있다는 점을 기억해 주세요.

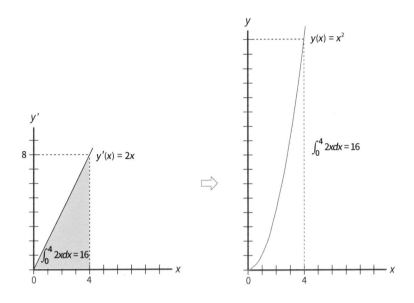

우리는 앞에서 $n = \infty$일 때 곡선의 총 $y$ 변화량 $\int_0^4 2xdx = 16$을 구했어요. $xy$ 좌표에서의 총 $y$ 변화량이 곧 $xy'$ 좌표에서의 사각형들의 넓이의 총합이었으므로, 위 왼쪽 그림에 보이는 삼각형의 넓이는 $\int_0^4 2xdx = 16$이 되어야 해요. 이것이 정말로 맞는지 확인하기 위해 삼각형의 넓이를 구하는 식인 삼각형의 넓이 = (밑변 × 높이) ÷ 2에, 위 왼쪽 그림에서 보이는 밑변 길이 4와, 높이 8을 넣으면 (4 × 8) ÷ 2 = 16으로 우리가 구한 값과 일치한다는 것을 알 수 있어요.

이로써 우리는 연속적으로 이어진 점들의 모임인 선의 아래 부분의 넓이를 구할 수 있게 되었어요. 이것이 중요한 이유는 도형의 경계가 직선이 아니라 곡선인 경우에도 넓이를 구할 수 있기 때문이에요. 곡선인 경우에도 마찬가지로 사각형들을 그릴 수 있고, 이 사각형들이 혼합 연결되면 곡선 아래의 공간을 나타내게 돼요. 예를 들어 이번에는 앞에 나온 오른쪽 그림에서 $x_1 = 0$과 $x_2 = 4$ 사이 영역의 곡선 $y(x) = x^2$ 아래 넓이를 구해 볼게요. 이것을 구하려면, $y(x) = x^2$을 다시 정적분한 $\int_0^4 x^2 dx$를 구하면 돼요.

$y(x) = x^2$을 적분하기 위해 짝꿍 찾기를 해 볼게요. $bx^n$ 형태의 유일한 짝꿍은 $b\dfrac{1}{n+1}x^{n+1} + c$이므로, $b = 1$과 $n = 2$를 넣으면 $x^2$의 짝꿍은 $\dfrac{1}{3}x^3 + c$가 돼요. 이로부터 $\int_0^4 x^2 dx$를 구하면 $\int_{x_1}^{x_2} x^2 dx = \left(\dfrac{1}{3}x_2^3 + c\right) - \left(\dfrac{1}{3}x_1^3 + c\right) = \dfrac{1}{3}x_2^3 - \dfrac{1}{3}x_1^3$이므로, $\int_0^4 x^2 dx = \dfrac{1}{3}\cdot 4^3 - \dfrac{1}{3}\cdot 0^3 = \dfrac{64}{3}$가 돼요. 즉 $x_1 = 0$과 $x_2 = 4$ 사이에서, 곡선 $y(x) = x^2$ 아래의 넓이는 $\dfrac{64}{3}$예요.

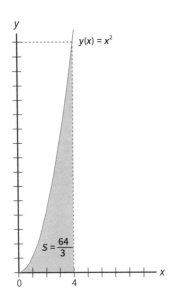

이와 같은 방식으로 경계가 곡선으로 이루어진 다양한 모양의 도형도 넓이를 구할 수 있어요.

# 03
.....
# 적분의 두 가지 본질

이번 장에서는 적분의 또 다른 모습인 넓이를 살펴보았어요. 그런데 많은 사람이 적분을 오직 넓이를 구하는 작업으로만 알고 있어요. 넓이는 적분의 두 가지 본질 중에 하나일 뿐이에요. 우리는 이 책에서 적분을 넓이로서 바라보지 않았고, 또 다른 본질인 변화를 쌓는 작업 또는 화살표를 쌓는 작업으로 살펴보았어요.

그리고 적분을 이런 관점으로 보았을 때, 미분과 적분이 서로 반대로 작용하는 작업이라는 것을 알아차릴 수 있었어요. 적분을 넓이로 바라보면 왜 넓이를 구하는 작업이 순간 변화율을 구하는 작업인 미분과 반대가 되는지 잘 이해가 되지 않아요. 하지만 적분을 변화를 쌓는 작업으로 바라보면, 자연스럽게 미분과 적분이 서로 반대라는 것을 알 수 있게 돼요.

이처럼 적분에는 다음 그림처럼 두 가지 본질이 있어요. 그리고 이 두 가지가 모두 적분의 모습이에요. 그중에서 미분의 반대으로서의 적분을 생각할 때는 넓이가 아니라 변화를 쌓는 작업으로 바라봐야 한다는 점을 꼭 기억해 주세요!

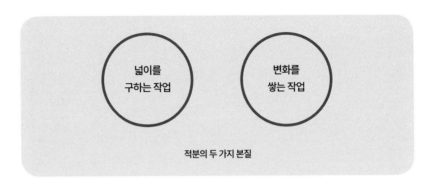

적분의 두 가지 본질

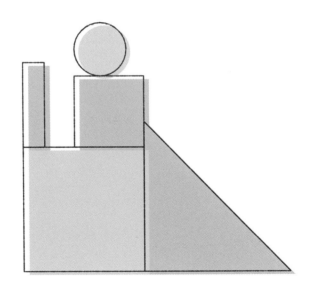

CLASS 19

# 일상의 예:

## 속도

# 01
·····
# 이상한 세계에서
# 현실 세계로

　우리가 지금까지 살펴봤던 이 이상한 세계는 상상의 막대기로부터 출발된 세계였어요. 이 상상의 막대기는 '바로 옆 위치에 대해 뭐라고 말할 수 없다.'라든지 '유한한 영역 안에 무한한 위치가 존재한다.'와 같은, 우리의 상식과는 많이 다른 신기하고 이상한 성질들을 가지고 있었어요. 이런 이상한 성질들은 아무래도 우리의 현실과는 많이 동떨어져 있는 것처럼 보이므로, 이 이상한 세계는 그저 우리의 상상 속에서만 존재하는 세계일 것 같아요. 하지만······ 정말 그럴까요?

　우리는 현실 세계에서 보통 다음과 같은 생활을 해요. 아침에 일어나 집에서 학교 또는 회사로 이동을 하고, 점심에는 식당으로 이동해서 식사를 한 후, 저녁에는 다시 집으로 돌아와요. 여기서 아침, 점심, 저녁은 시간이고, 집, 학교, 회사, 식당은 공간이에요. 즉 우리는 현실에서 '시간'과 '공간'을 무대로 살아가고 있다고 볼 수 있어요.

그런데 여기서 한 가지 질문을 해 볼게요. 여러분은 지금 시계에서 본 시간의 바로 다음 시간에 대해 말할 수 있나요? 예를 들어 지금이 4시 12분 32초라면 바로 다음 시간은 언제일까요? 4시 12분 33초일까요? 아니에요. 12분 32.5초도 있을 수 있고, 12분 35.005초도 그 사이에 존재하니까요. 여러분은 더 가까이 존재하는 시간들을 무한히 계속해서 떠올릴 수 있을 거예요.

그렇다면 공간은 어떨까요? 만약 여러분이 지금 서 있는 위치의 바로 옆 위치에 대해 말하고 싶다면 1m 떨어진 곳일까요? 아니에요. 0.5m 떨어진 곳도 있고, 0.005m 떨어진 곳도 있으니까요. 마찬가지로 여러분은 더 가까이 존재하는 위치들을 무한히 계속해서 떠올릴 수 있을 거예요.

잠깐만요. 혹시 시간과 공간도 이처럼 바로 옆 위치에 대해 말할 수 없고, 게다가 유한한 영역 안에 무한한 위치가 존재한다면, 이들에게도 우리가 지금까지 봐 왔던 이상한 세계의 프레임을 적용할 수 있을지도 몰라요. 좀 더 정확히 표현한다면 현실 세계에 있는 두 대상을 수치화시킬 수 있고, 이들이 갑자기 또는 순간적으로 변하지 않는다면, 이들에게도 우리가 지금까지 다뤄 왔던 미적분이라는 작업을 적용시킬 수 있다는 말이 돼요. 즉 현실 세계에도 미적분을 사용할 수 있어요! 물론 과학자들이 시간의 최소 단위를 밝혀내서 지금의 바로 다음 순간을 말할 수 있게 된다거나, 공간도 실은 어떤 굉장히 작은 알갱이들의 모임인 게 밝혀져서 한 위치의 바로 옆 위치를 말할 수 있게 될지도 몰라요. 하지만 그때는 또 나름대로 이러한 상황에 적용할 수 있는 미적분이 생겨나게 될 거예요.

이렇게 해서 '이상한 상상 속 세계'에 머물러 있던 '미적분'은 우리가 사는 '현실 세계'로 연결되었어요.

# 02
·····
# 속도

그래서 이번 장에서는 변하는 두 대상으로, 현실의 시간과 공간을 택해서 이들을 미적분으로 다뤄 보려고 해요. 이전에는 두 대상을 $x$와 $y$로 나타냈지만, 이번에는 시간은 'time'의 앞 글자인 $t$를 사용하고, 공간은 $x$를 사용해서 $xy$ 좌표 대신 $tx$ 좌표로 나타낼게요.

곧게 뻗은 도로에 자동차가 놓여 있어요. 여러분은 바깥에서 시계를 사용해서, 시간 $t$에 따른 자동차의 위치 $x$를 관찰하고 있어요.

 $t$

$x$

자동차가 출발점에 있을 때의 시간을 0초, 위치를 0m라고 설정할게요. 이제 자동차는 시간이 흘러감에 따라 이동을 하기 시작했고, 중간에 어떻게 이동했는지는 모르겠지만 2초가 지난 후 자동차의 위치를 보니 출발점으로부터 6m만큼 떨어진 위치에 있다는 것을 알게 되었다고 할게요.

이때의 시간에 따른 공간의 변화율은 식 $\dfrac{\Delta x}{\Delta t}$ 를 통해서 구할 수 있어요.

$$\frac{\Delta x}{\Delta t} = \frac{6 - 0}{2 - 0} = \frac{6}{2} = \frac{3}{1} = 3$$

이것은 다음 그림의 $tx$ 좌표에서 변화 전의 $(0, 0)$부터 변화 후의 $(2, 6)$까지 화살표를 그린 후, 이 화살표의 방향을 나타내는 방향 화살표를 구하는 작업에 해당해요. (이번에는 세로축이 $x$축이라는 것에 주의해 주세요.)

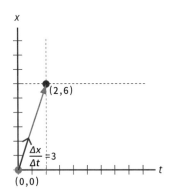

변화율이 3이라는 의미는 시간이 변한 양보다 공간이 변한 양이 3배 더 많다는 것을 뜻해요. 그런데 시간과 공간은 서로 완전히 다른 종류라고 볼 수 있어요. 예를 들어 시간 2초와 공간 2m는 숫자는 같지만 그렇다고 해서 이 둘이 같다고 말할 수는 없어요. 이것을 "서로 차원이 다르다."라고 표현해요. 이처럼 두 대상이 다른 차원을 가질 때는 그것의 단위로서 둘이 다르다는 것을 드러내요. 시간의 단위는 '초(s)'이고, 공간의 단위는 '미터(m)'예요.

사과와 오렌지의 경우 둘 다 단위로 '개'를 사용하므로 둘은 같은 차원을 갖는다고 말할 수 있고, "오렌지가 사과보다 개수가 3배 더 많다."라고 표현하는 것은 납득할 수 있어요. 하지만 "시간이 위치보다 3배 더 많다."라고 표현하는 것은 서로 다른 차원을 비교하는 것이므로 납득이 가지 않아요. 이럴 때는 "시간 2s보다 위치 6m가 숫자상으로 보았을 때 3배 더 많다."라고 표현해야 해요.

이렇게 차원이 다른 두 대상을 비교할 때는 변화율을 우리가 이전에 알고 있었던 것과는 조금 다른 방식으로 바라볼 필요가 있어요. 이전에는 과일 창고에 사과가 2개 늘어날 때 오렌지는 6개가 늘어나면, 전체 사과의 개수 2를 1묶음, 즉 기준 1로 생각했을 때, 이와 같은 묶음이 오렌지에서는 3묶음이 나오므로, 이것을 "오렌지가 사과보다 3배 더 많이 늘어났다."라고 표현했어요. 그리고 이 3배가 바로 사과와 오렌지의 변화를 비교할 수 있게 해 주는 변화율이었어요.

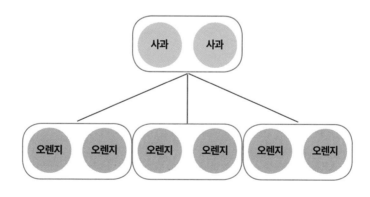

전체 관점에서

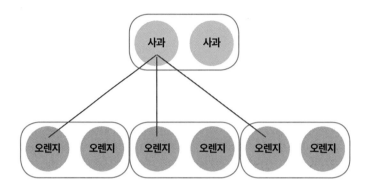

**낱개 관점에서**

　그런데 이것을 사과 1개의 관점으로 바꿔서 생각해 볼 수도 있어요. 〈낱개 관점에서〉 그림을 보면 결과적으로 변화는 사과 1개당 오렌지가 3개씩 늘어난 것과 같아요. 여기서 중요한 점은 실제로 사과가 1개 늘어날 때 오렌지가 3개 늘어났는지는 알 수 없다는 거예요. 하지만 결과적으로 보면 사과 1개당 오렌지가 3개씩 늘어난 것이 돼요.

　그러므로 변화율을 $\frac{6}{2} = \frac{3}{1}$ 로 약분할 때, 이것은 두 가지 의미로 해석할 수 있어요. 첫 번째는 분모 2 전체를 1묶음으로 보았을 때 분자는 이것의 3배가 된다는 전체의 관점이고, 두 번째 관점은 낱개의 관점으로, 분모 2를 이루는 낱개 하나의 관점에서 보았을 때 분자는 분모 하나당 3배가 된다는 것을 의미해요. 두 관점 모두 동일한 결과를 어떻게 보느냐의 차이만 있을 뿐 본질은 같아요. 변화율을 생각할 때는 위 두 관점을 다 생각하는 것이 좋아요.

　이제 앞에 나온 변화율을 구하는 식을 단위와 함께 다시 나타내 볼게요.

$$\frac{\Delta x}{\Delta t} = \frac{6\text{m} - 0\text{m}}{2\text{s} - 0\text{s}} = \frac{6\text{m}}{2\text{s}} = \frac{3\text{m}}{1\text{s}} = 3\text{m/s}$$

식의 마지막에 나누기를 나타내는 기호 / 를 사용해, m/s로 두 단위를 함께 나타냈어요. 3m/s의 의미를 변화율의 두 가지 관점으로 살펴보면 다음과 같아요.

❶ 전체의 관점 : 전체 시간이 흐른 양보다 공간이 변한 양이 (숫자로 비교했을 때) 3배 더 많다.

❷ 낱개의 관점 : 실제로 1초가 흐른 후 3m가 변했는지는 알 수 없지만, 결과적으로 보았을 때 2초 후에 6m만큼 변했다는 것은 시간 1초당 3m씩 변한 것과 같다.

두 대상이 시간과 공간인 경우, 3m/s와 같은 시간에 따른 공간의 변화율을 우리는 특별히 속도라고 해요. 그리고 앞으로 속도(velocity)를 기호 $v$로 나타낼게요. 또한 앞에서 구한 속도처럼 중간 과정에 상관없이 오직 변화의 결과만으로 측정한 속도를 평균 속도라고 부를게요.

그럼 이번에는 변화율인 평균 속도가 주어졌을 때 일어나는 변화를 살펴볼게요. 만약 여러분이 시간 0초, 위치 0m에서 평균 속도 3m/s로 움직였다면, 2초 후에 어디에 위치하게 될까요? 이것을 구하기 위해 변화율의 식을 거꾸로 적용시키면 다음과 같이 돼요.

속도 $v = \dfrac{\Delta x}{\Delta t}$ 이므로 $\Delta x = v\Delta t$

이 식에 $v = 3\text{m/s}$와 $\Delta t = 2\text{s}$를 넣으면 $\Delta x = v\Delta t = 3\text{m/s} \times 2\text{s} = 6\text{m}$가 돼요. 단위 s는 약분되고 m만 남아요.

이 식을 화살표를 통해 보면, 다음 그림과 같이 평균 속도에 해당하는 방향 화살표 $v = 3\text{m/s}$가 가리키는 방향으로 $\varDelta t = 2s$만큼 변해서, 일반 화살표 $\langle \varDelta t, \varDelta x \rangle = \langle \varDelta t, v\varDelta t \rangle = \langle 2, 6 \rangle$만큼 변화가 일어난 것이 돼요.

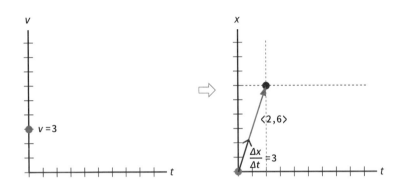

항상 주의해야 하는 점은 실제로 2초라는 시간 동안 위치가 중간에 어떻게 변해 왔는지는 모른다는 점이에요. 다만 2초가 지난 후 위치를 보니 6m라는 것만 알 수 있는 상황이에요.

그런데 우리는 일상생활에서 보통 다음과 같은 말을 사용해요.

"지금 이 순간 자동자의 속도는 20m/s이다."

보통 자동차의 속도는 단위 km/h를 사용하지만 우리는 m/s를 사용하기로 해요. 또한 속도가 아닌 속력(speed)이라는 말도 있는데 이것은 속도의 크기만을 나타내는 말이에요. 즉 속도는 +20m/s 또는 -20m/s와 같이 크기와 함께 방향도 갖는 개념이지만, 이 방향을 빼고 오직 속도의 크기만을 물어본다면 속력 20m/s라고 답할 수 있어요.

위와 같이 말했을 때, 여기서 말하는 속도는 순간 속도예요. 즉 순간 변화율이에요. 그러나 앞서 보았던 것처럼 순간 변화율이라는 것은 실제로 존재하는 것이 아니었어요. 왜냐하면 순간 변화율이라는 개념이 성립하기 위해서는 반드시 그 순간에 이어지는 바로 다음 순간이라는 것이 필요했는데, 상상의 막대기의 성질에 의해 이 바로 '다음' 순간에 대해 뭐라고 말할 수 없었기 때문이에요. 하지만 그럼에도 불구하고 우리는 '바로 옆 순간'을 상상으로 떠올림으로써 순간 변화율이라는 가상의 개념을 만들어 낼 수 있었어요. 그리고 이 순간 변화율을 사용해서 변화의 과정에 대해 다룰 수 있었어요.

마찬가지로 현실에서도 우리는 시간의 바로 '다음' 순간을 알 수 없기 때문에 실제로 순간 속도를 직접적으로 측정해서 구할 수는 없어요. 그러므로 여러분이 구할 수 있는 건 오직 거시적인 변화로부터 측정한 평균 속도뿐이에요. 하지만 그럼에도 불구하고 실생활에서 우리는 순간 속도라는 것을 말하고 싶기 때문에, 근사적으로 아주 짧은 시간 동안 변한 위치를 측정해서 순간 속도에 가까운 평균 속도를 순간 속도라고 생각하며 사용하고 있어요. 그렇다면 이러한 가짜가 아니라 진짜 순간 속도에 대해서 말하는 것은 불가능할까요? 실제로는 존재하지 않는 순간 속도이지만 다음과 같이 이상적인 경우를 떠올려서 순간 속도에 대해 말하는 것이 가능해요.

"만약 2초 후에 위치가 6m만큼 변했다면 자동차의 변화율인 평균 속도는 3m/s이다. 그런데 2초 동안 이러한 변화율로 시간과 공간의 변화가 계속해서 진행되어 왔다고 가정한다면, 2초 동안 순간 속도 3m/s로 계속해서 변화가 일어났다고 말할 수 있다."

비록 상상이지만 2초 동안, 순간의 바로 다음 순간으로 시간이 변할 때 그에 따라 공간은 계속해서 이것보다 3배 더 많이 변해 왔다고 가정하는 거예요. 이러한 상상을 통해 평균 속도를 순간 속도로 대체해서 생각할 수 있어요. 그리고 이렇게 일어나는 변화가 이전에 보았던 변화율이 일정할 때 일어나는 변화인, 직선을 그리는 변화예요.

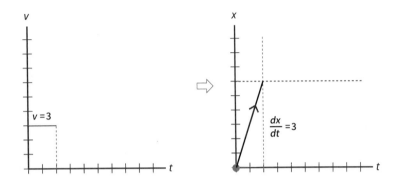

이렇게 되면 평균 속도 $v = \dfrac{\Delta x}{\Delta t}$ 를 순간 속도에 해당하는 $v = \dfrac{dx}{dt}$ 로 바꿔 쓸 수 있어요. 2초보다 훨씬 더 짧은 시간에서 측정한 후에 위와 같은 방식 으로 순간 속도를 상상하면 더욱 실제적인 순간 속도를 얻을 수 있어요.

# 03
.....
# 액셀을 밟으면

시간에 따라 위치를 변화시키는 요인을 속도라고 생각할 수 있어요. 그런데 속도 또한 자동차의 액셀인 가속 페달을 밟으면 변하게 돼요. 시간에 따라 속도를 변화시키는 변화율을 가속도(acceleration)라고 부르고 앞으로는 간단하게 문자 $a$를 사용해 가속도를 나타낼게요.

만약 시간이 2초 지난 후에 속도가 4m/s만큼 변했다면 가속도는 변화율의 식으로부터 $a = \dfrac{\Delta v}{\Delta t} = \dfrac{4m/s}{2s} = 2m/s^2$이 돼요. 가속도의 단위는 m/s를 s로 나눈 $m/s^2$을 사용해요.

우리가 이전에 $x$에 따른 $y$ 값을 함수 $y(x)$로 나타내었듯이, 시간 $t$에 따라 결정되는 속도와 가속도도 $v(t)$와 $a(t)$로 나타낼게요. 이제 액셀을 가속도 $a(t) = 2m/s^2$으로 일정하게 밟아서, 시간이 지남에 따라 속도가 일정하게 증가하는 경우를 살펴보려고 해요.

순간 변화율 $a(t) = 2m/s^2$로 일어나는 속도의 변화를 구한다는 것은 적분을 한다는 것을 의미해요. 등호의 양쪽에 적분 기호를 입히면 $\int a(t)dt = \int 2dt$가 되고, $\int 2dt$를 구하기 위해 짝꿍 찾기를 하면 $v(t) = \int 2dt = 2t + d$가 돼요.

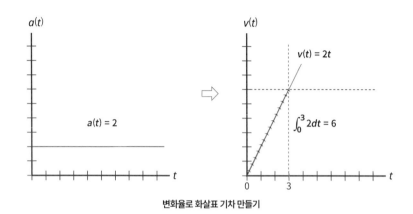

**변화율로 화살표 기차 만들기**

그런데 앞의 왼쪽 그림에 있는 변화율로 선을 만들면 선의 모양은 만들어지지만 위아래 위치는 따로 정해지지 않아요. 외부에서 따로 정보가 주어져야 위아래 위치가 정해졌어요. 만약 시간이 $t = 0$일 때 속도가 $v(0) = 0$이었다고 한다면, $v(t) = 2t + d$에 $t = 0$을 넣어서 $v(0) = 2·0 + d = d = 0$으로 $d$의 값을 구할 수 있어요. 즉 일정하게 액셀을 밟아서 $a(t) = 2$로 인해 변화가 일어나고, $t = 0$일 때 $v = 0$으로 시작했다면, 속도의 식은 $v(t) = 2t$가 돼요.

만약 $t = 0s$부터 $t = 3s$ 사이에 속도가 얼마나 변했는지 알고 싶다면 화살표 기차의 높이 변화량을 나타내는 정적분을 구하면 돼요. 우리는 직접적으로 정적분을 하지 않고, 짝꿍 찾기를 통해 구한 부정적분으로 정적분을 구하는 방법을 알고 있어요. 직접적으로 구하면 어렵지만 짝꿍 찾기를 통해 계산하면 쉬워져요.

$$\int_{t_1}^{t_2} a(t)dt = v(t_2) - v(t_1)$$

앞에서 구한 부정적분의 식이 $v(t) = 2t$이므로 정적분은 $\int_0^3 2dt = 2\cdot3 - 2\cdot0 = 6$이 되어 $t = 0$s와 $t = 3$s 사이에서 속도는 6m/s만큼 변했다는 것을 알 수 있어요.

그렇다면 위와 같이 속도가 변하고 있을 때, 시간이 지남에 따라 위치는 어떻게 변하고 있었을까요? 이것은 위에서 구한 속도 $v(t) = 2t$를 변화율로 다뤄서 이로 인해 일어나는 위치의 변화를 살펴보는 것이 돼요. 마찬가지로 등호의 양쪽에 적분 기호를 입혀 주면 $\int v(t)dt = \int 2tdt$가 되고, $\int 2tdt$를 구하기 위해 짝꿍 찾기를 하면 $x(t) = \int 2tdt = t^2 + d$가 돼요.

만약 시간이 $t = 0$일 때 위치가 $x(0) = 1$이라면, $x(t) = t^2 + d$에 $t = 0$을 넣어서 $x(0) = 0^2 + d = d = 1$로 $d$의 값을 구할 수 있어요. 즉 속도 $v(t) = 2t$로 인해 변화가 일어나고, $t = 0$일 때 $x = 1$에서 시작했다면, 위치의 식은 $x(t) = t^2 + 1$이 돼요.

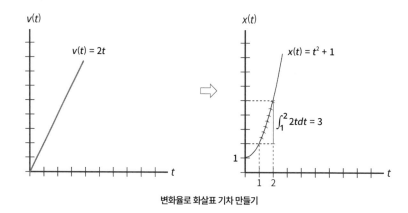

만약 $t$ = 1s부터 $t$ = 2s 사이에 위치가 얼마나 변했는지 알고 싶다면 화살표 기차의 높이 변화량을 나타내는 정적분을 구하면 돼요. 직접적으로 정적분을 하지 않고 짝꿍 찾기를 통해 구한 부정적분으로 정적분을 구하면

$$\int_{t_1}^{t_2} v(t)dt = x(t_2) - x(t_1)$$

앞에서 구한 부정적분의 식이 $x(t) = t^2 + 1$이므로 정적분은 $\int_1^2 2tdt = (2^2 + 1) - (1^2 + 1) = 3$이 되어 $t$ = 1s와 $t$ = 2s 사이에 위치는 3m만큼 변했다는 것을 알 수 있어요.

앞의 결과는 여러분이 처음에 $t$ = 0s일 때 $x$ = 1m에 있었고, 이때의 속도가 $v$ = 0m/s(정지)이었다면, 이때부터 일정하게 액셀을 밟았을 때 속도와 위치가 어떻게 변하게 되는지를 알려 줘요. 가속도가 $a(t)$ = 2이면 이로 인해 속도는 $v(t)$ = 2t가 되고, 또다시 이로부터 위치는 $x(t) = t^2 + 1$가 돼요. 이 식(함수)들에 여러분이 원하는 시간을 넣으면, 그 시간에서의 속도와 위치를 구할 수 있게 돼요. 예를 들어 $t$ = 5s일 때가 궁금하다면, 이때의 속도는 $v(5) = 2{\cdot}5 = 10\text{m/s}$이고, 위치는 $x(5) = 5^2 + 1 = 26\text{m}$가 돼요.

이번 장 〈03 액셀을 밟으면〉을 순간 변화율의 관점에서 정리해 볼게요. 예를 들어 지금 여러분이 조금 특별한 자동차 안에 있다고 해 볼게요. 뭐가 특별하냐 하면 이 자동차는 창문이 모두 검은색으로 칠해져 있어서 밖이 보이지 않는 자동차예요. 즉 여러분은 자신이 타고 있는 자동차가 어디에 있는지, 위치를 확인할 수 없어요. 하지만 다행히도 자동차 안에는 시간을 알려 주는 시계가 놓여 있었고, 속도를 알려 주는 속도계가 있었어요. 여러분은 액셀을 밟음으로써 자동차의 속도에 변화를 주었어요. 그러면 자동차는 이러한 속도대로 움직이며 이동하게 될 거예요. 이때 밖이 보이지 않는 자동차 안에 있는 여러분은 이런 것이 궁금할 거예요.

'이러한 속도로 달린다면 위치는 얼마나 변하게 될까?'

여기서 속도는 '순간 변화율'이므로 위 질문은 결국 다음과 같은 질문이 돼요.

'이러한 순간 변화율들로 변하면 어떻게 되는 걸까?'

왜 이것이 궁금할까요? 우리는 두 대상의 변화를 '변화율'을 통해 비교해야만 진정으로 두 대상의 변화를 비교했다는 느낌을 받을 수 있었어요. 그러므로 우리는 두 대상의 변화를 살필 때 변화율을 사용할 수밖에 없어요. 그래서 필연적으로 두 대상의 변화를 다룰 때 매 순간마다 어떻게 변화가 일어나고 있는지를 알려 주는 순간 변화율들을 사용하게 돼요. 결국 우리는 이러한 순간 변화율들(속도)로 인해 변화가 일어났을 때, 한 대상(시간)이 변함에 따라, 또 다른 대상(위치)은 결국 어떻게 변하게 되었는지에 대한 '결과'가 알고 싶은 거예요. 이 질문의 답이 여기서는 위치인 셈이고요.

여러분은 밖이 보이지 않는 자동차 안에서 오직 속도계만을 보면서 속도를 통해 자동차가 얼마나 이동했는지를 적분을 통해 구할 수 있어요. 여러분이 액셀을 밟을 때 속도계가 시간에 따라 식 $v(t) = 2t$로 나타났다면, $\Delta x = \int_{t_1}^{t_2} v(t)dt = \int_{t_1}^{t_2} 2tdt = t_2{}^2 - t_1{}^2$이 되고, 시계를 통해 $t_1 = 0s$이고 $t_2 = 3s$임을 확인했다면, $\Delta x = 3^2 - 0^2 = 9m$가 돼요. 즉 여러분은 위치를 알 수 없는 자동차 안에서 오직 시계와 속도계만을 사용해서(시간에 대한 위치의 변화율인 속도를 사용해서) 위치가 9m만큼 변했다는 것을 알아낼 수 있어요. 이처럼 적분은 주어진 '순간 변화율'로 인해 어떻게 변화가 일어나게 되는지를 구하는 작업이에요.

# 04
·····
# 어떻게 액셀을 밟았을까?

이번에는 앞에서 본 과정을 거꾸로 해 볼게요. 만약 여러분이 어떤 시간 동안 자동차의 위치를 측정했더니 시간에 따른 위치의 식이 $x(t) = t^2 + 1$이라는 것을 알아냈다고 해 볼게요. 실은 한정된 시간 안에도 무한개의 순간이 존재하므로 모든 순간에서 위치를 측정한다는 것은 불가능해요. 하지만 최대한 짧은 간격의 시간마다 위치를 측정해서 근사적으로 위치가 이 식에 가깝게 변했다라는 것은 구할 수 있어요.

어떤 속도로 달려야 위치가 이렇게 변할 수 있는지 궁금해요. 속도를 구하기 위해, 위치의 식이 그려 내고 있는 곡선에서 방향 화살표를 뽑아내는 작업인 미분을 하면 돼요. $x(t) = t^2 + 1$을 미분하기 위해 등호 양쪽에 $\dfrac{d}{dt}$를 입히면 $\dfrac{d}{dt}x(t) = \dfrac{d}{dt}(t^2 + 1) = \dfrac{d}{dt}t^2 + \dfrac{d}{dt}(1)$이 돼요. 〈Class 15〉에서 보았듯이 $t^2 + c$의 미분은 $2t$가 된다는 것을 알 수 있어요. 그러므로 $\dfrac{d}{dt}x(t)$ $= \dfrac{d}{dt}t^2 + \dfrac{d}{dt}(1) = 2t + 0 = 2t$가 돼요. $\dfrac{dx}{dt}$는 속도 $v(t)$이므로, $v(t) = 2t$임

을 알 수 있어요.

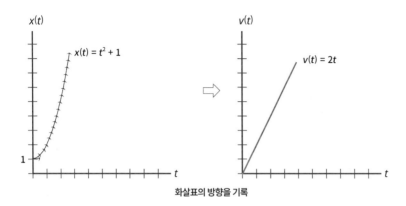

**화살표의 방향을 기록**

마찬가지로 속도 $v(t) = 2t$는 어떻게 액셀을 밟아야 나오는 식인지 궁금해요. 가속도를 구하기 위해 속도 $v(t) = 2t$를 미분하면 $\dfrac{d}{dt}v(t) = \dfrac{d}{dt}2t = 2$라는 것을 알 수 있어요. $\dfrac{dv}{dt}$는 가속도 $a(t)$이므로 $a(t) = 2$가 돼요.

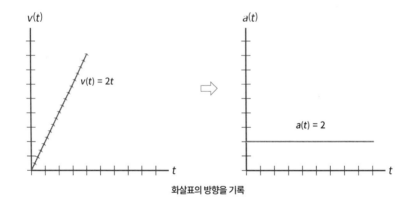

**화살표의 방향을 기록**

이 결과는 자동차의 위치가 시간에 따라 $x(t) = t^2 + 1$로 변한다는 것을 알고 있을 때, 속도와 가속도가 어떠해야 이러한 위치 변화가 나오게 되는 지를 미분을 통해 구할 수 있다는 것을 말해 줘요. 여기서는 자동차의 위치 가 시간에 따라 $x(t) = t^2 + 1$의 모습으로 움직였다면, 그 자동차의 운전자 는 가속도 $2m/s^2$로 일정하게 액셀을 밟았을 거라는 것을 알아낸 것이 돼요.

또한 임의의 시간에서의 속도와 가속도 값이 궁금할 수도 있어요. 이때 는 미분을 통해 구한 $v(t) = 2t$와 $a(t) = 2$에 원하는 시간을 넣으면 그 순간 의 속도와 가속도 값을 구할 수 있어요. 예를 들어 $t = 4s$일 때가 궁금하다 면, 이때의 속도는 $v(4) = 2 \cdot 4 = 8m/s$이고, 가속도는 $a(4) = 2m/s^2$이 돼요. (지금의 예에서 가속도는 시간에 상관없이 항상 2예요.)


마찬가지로 이번 장 〈04 어떻게 액셀을 밟았을까?〉를 순간 변화율의 관 점에서 정리해 볼게요. 예를 들어 앞에서와 마찬가지로 지금 여러분이 자 동차 안에 있다고 해 볼게요. 그런데 이번에는 다행히도 창문이 투명해서 밖이 보이는 자동차예요. 그래서 위치를 확인할 수 있어요. 그런데 아뿔싸! 이 자동차는 속도계가 고장나 있었어요. 이러한 자동차를 운전하면서 여러 분은 밖에 보이는 도로에 친절히 표시되어 있는 위치 눈금을 통해 자동차 가 시간에 따라 식 $x(t) = t^2 + 1$로 이동하고 있다는 사실을 밝혀내게 되었 어요.

그렇다면 여러분은 궁금할 거예요.

'나는 지금 얼마나 빠르게 이동하고 있는 걸까? 지금 나의 속도는 얼마 일까?'

여기서 속도는 '순간 변화율'이므로 위 질문은 결국 다음과 같은 질문이 돼요.

'특정 지점에서의 순간 변화율은 얼마일까?'

왜 이것이 궁금할까요? 순간 변화율을 알 수 있을 때 여러분은 두 대상인 위치와 시간의 변화를 '진정으로 비교하고 있다는 느낌'을 받을 수 있기 때문이에요. 이 질문의 답이 여기서는 속도인 셈이고요. 예를 들어 속도가 3m/s라는 것을 알 수 있다면 여러분은 '아! 지금 이 순간 시간이 변하려 할 때 위치는 (숫자상으로) 시간보다 3배 더 많이 변하려 하고 있구나!'라고 생각할 수 있어요. 그러면 여러분은 두 대상인 시간과 공간의 변화를 진정으로 비교하고 있다는 느낌을 받은 것이에요. 여기서 순간 속도가 3m/s로 실제로 '변했다.'라는 표현 대신에, 이 속도로 '변하려고 한다.'로 표현했다는 것에 주의해 주세요. 만약 직선의 경우라면 실제 이 속도로 '변했다.'라고 표현할 수 있겠지만 곡선의 경우에는 실제 이 속도가 아닌 혼합 연결된 속도로 변하기 때문이에요.

여러분은 특정 시간에서 내가 얼마나 빠르게 이동하고 있는지를, 즉 시간에 대한 위치의 변화율인 속도를 미분을 통해서 알아낼 수 있어요. $x(t) = t^2 + 1$을 미분해서 $v(t) = 2t$를 구했다면, 시간이 $t = 3s$일 때 이 자동차의 속도는 $v(t) = 2 \cdot 3 = 6\text{m/s}$라는 것을 알 수 있어요. 즉 여러분은 속도계가 고장난 자동차 안에서 오직 시계와 위치만을 사용해 시간에 따른 위치의 변화율인 속도를 구하게 된 셈이에요.

이처럼 미분이란 어떠한 변화가 주어졌을 때, 이 변화의 특정지점에서의 '순간 변화율'을 구하는 작업이에요.

# 05

# 미적분의 진정한 의미:
# 상상을 통해 이해한다

마지막으로 우리가 이 책에서 본 미분과 적분을 총정리해 볼게요.

> **미분:** 어떠한 변화가 일어났을 때 특정 지점에서의 '순간 변화율'을 알 수 있게 해 주
> 는 작업
>
> **적분:** '순간 변화율'을 알고 있을 때 이 변화율로 인해서 어떤 변화가 일어나는지를
> 알 수 있게 해 주는 작업

  우리는 두 대상의 변화를 변화율을 통해서 살펴보았어요. 왜냐하면 이
변화율이야말로 우리에게 두 대상을 진정으로 비교하는 느낌을 주는 개
념이기 때문이에요. 우리는 변화율을 상상을 통해 순간 변화율로서 다룰
수 있었어요. 비록 순간 변화율은 상상의 바로 옆 위치를 기반으로 한 가상
의 개념이지만, 이를 통해 우리는 특정 지점에서 두 대상의 변화가 어떻게

일어나고 있는지를 인식할 수 있게 되었어요. 즉 매 순간마다 변화가 어떻게 일어나고 있는지를 순간 변화율을 통해 인식할 수 있어요. 다시 말해 모든 순간에서의 순간 변화율을 알게 되면 '두 대상에게 일어나는 변화를 우리는 완전히 이해했다.'라고도 표현할 수 있어요.(이때 순간 변화율은 '함수(식)'의 형태로 주어졌어요.)

그런데 우리가 다루는 세계는 실제로는 무한때문에 굉장히 이상한 성질을 가진 세계였기 때문에, 순간 변화율이라는 개념을 이 세계에 적용하게 되면 우리의 상식에서 벗어나는 이상한 일들이 일어나게 되었어요. 즉 우리의 인식 체계로 이 이상한 세계에서 일어나는 변화들을 이해하려고 하면 어쩔 수 없이 이상한 현상들을 마주칠 수밖에 없었어요. 우리는 화살표들이 혼합 연결된다든지, 또는 바로 옆 위치가 어떤 방향에 놓여 있는지 알 수 없다든지와 같은 이상한 일들을 만나게 되었어요. 이러한 이상한 현상들은 무한에 가려져 있기 때문에 우리는 직접적으로 이 현상들의 실체가 정확히 어떤 모습인지는 알 수가 없었어요. 하지만 우리는 간접적으로 무한의 끝을 들여다볼 수 있게 해 주는 연속성의 규칙을 사용함으로써, 이러한 이상한 현상들이 결과적으로 만들어 내게 되는 변화의 구체적인 모습을 '함수(식)'의 형태로 구현해 낼 수 있었어요.(함수(식)는 두 대상의 위치에 대한 모든 정보를 담을 수 있었어요.)

이처럼 우리는 연속성의 규칙을 통해 무한을 다룰 수 있었고, 또한 이 이상한 세계에서 일어나는 변화를 순간 변화율과 함수(식)를 통해 인식할 수 있었어요. 이것은 이상한 세계와 우리의 인식 세계를 멋지게 콜라보시킨 것이라고 볼 수 있어요. 이 콜라보가 바로 미적분이고, 미적분을 통해 우리는 비로소 두 대상에게 일어나는 변화를 이해할 수 있게 되었던 거예요. 그리고 이번 장에서 우리는 놀랍게도 미적분이 단지 상상 속의 세계에만 적용되는 것이 아니라 현실에도 적용 가능한 도구라는 것을 알게 되었어요.

정리하면, '미적분'이란 두 대상에게 일어나는 변화를, 두 대상의 변화를 진정으로 비교하게 해 주는 '순간 변화율'을 통해서 설명하는 것이라고 할 수 있어요. 그리고 여기서 순간 변화율은 우리가 상상으로 만들어 낸 개념이므로, 결국 우리는 '상상'을 통해 두 대상에게 일어나는 변화를 '이해'할 수 있게 된 셈이에요.

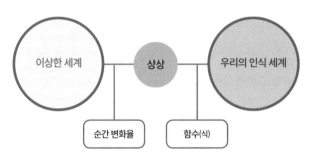

우리는 이상한 세계에서 일어나는 변화를 '상상'을 매개체로 해서 이해할 수 있어요.

그럼 이번 장을 전체적으로 정리해 볼게요.

이번 장에서는 우리가 다뤄왔던 미적분을 현실 세계의 시간과 공간에 적용해 보았어요. 시간에 따라 변하는 위치와 속도, 가속도를 구하는 작업은 이전에 〈Class 16〉에서 살펴보았던 것들의 실제적인 예라고 볼 수 있어요. 여러분들은 시간과 공간 말고도 현실 세계에서 수치화시킬 수 있고, 연속적으로 변하는 다른 대상들에게도 이번 장에서 했던 것과 같은 작업을 그대로 적용할 수 있을 거예요.

아마 여러분들 주변에는 변화가 일어나는 대상이 엄청나게 많을 거예요.(실은 변화가 일어나지 않는 대상을 찾기가 더 힘들 거예요. 어쩌면 변하지 않는 대상은 없을지도 몰라요.) 또한 이렇게 변하는 대상들 중 서로를 비교해 보고 싶은 것들도 굉장히 많을 거예요. 현실 세계가 엄청나게 다양한 변화들로 가득차 있기 때문에, 우리는 그 변화들을 더 잘 파악하고 싶고, 더 잘 다루고 싶어해요. 이때 우리가 사용하는 도구가 바로 순간 변화율을 통해 두 대상의 변화를 이해할 수 있게 해 주는 '미적분'이에요. 그렇기 때문에 아마 여러분들은 미적분을 지금 배우고 있거나, 이미 배웠거나, 또는 배우려고 하고 있을 거예요. 세상에서 일어나는 온갖 변화들을 더 잘 이해하고 더 잘 다루기 위해서요.

이렇게 해서 사실상 이 책에서 살펴보려는 내용은 모두 끝이 났어요. 그런데 지금까지 우리는 이 책에서 2개의 대상에게 일어나는 변화만을 비교하며 살펴보았어요. 만약 2개가 아닌 3개의 대상에게 일어나는 변화를 비교하고 싶다면 어떻게 해야 할까요? 이것에 관한 내용은 따로 〈부록 A〉에서 다루어 보았어요.

# 3개의
## 대상 다루기:
## 달에서
## 공 던지기

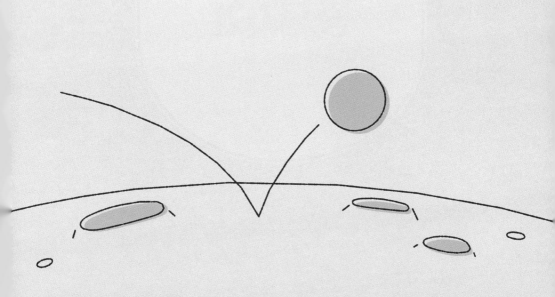

# 01
.....
# 3개의 대상

지금까지 우리는 2개의 대상에서 일어나는 변화를 살펴보았어요. 그런데 만약 여기에 또 다른 대상이 추가된다면 어떻게 될까요? 즉 3개의 대상에서 일어나는 변화를 살펴보려고 해요. 3개의 대상을 $x$와 $y$, 그리고 $t$로 나타낸다면 이들의 관계를 바라보는 관점은 여러 가지가 있을 수 있지만, 우리는 앞에서 해 왔던 것처럼 2개의 대상씩 짝을 묶어서 변화를 살펴보려고 해요.

3개의 대상 $x, y, t$에서 2개씩 골라 짝을 지어 보면 이런 관계들이 있어요.

❶ $x$와 $t$의 관계

❷ $y$와 $t$의 관계

❸ $x$와 $y$의 관계

이 중에 'x와 t의 관계'가 주어지고 'y와 t의 관계'가 주어진다고 해 볼게요. 이렇게 주어진 두 관계로부터 나머지 하나인 'x와 y의 관계'가 어떻게 되는지 알아보고 싶어요.

'x와 t의 관계'와 'y와 t의 관계'에 모두 공통적으로 t가 들어가 있으므로, t가 변할 때 x가 어떻게 변하는지 그리고 t가 변할 때 y가 어떻게 변하는지 살펴볼게요. 즉 x는 x(t)로, y는 y(t)로 놓을 수 있어요.

만약 x(t)의 변화율로 x'(t) = 2가 주어지고, y(t)의 변화율로 y'(t) = -2t + 4가 주어졌다고 해 볼게요. 이것을 각각 $tx'$ 좌표와 $ty'$ 좌표에 나타내면 다음과 같아요. 아래 오른쪽 그림인 y'(t) = -2t + 4의 직선은 원래 t축 아래로까지 더 연장해서 그려야 해요. 왼쪽 그림 역시 왼쪽으로 더 연장해야 하지만 편의상 필요한 부분만 표시할게요.

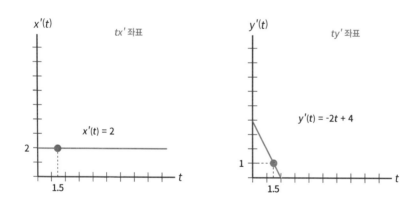

위 그래프에 있는 점은 $tx$ 좌표와 $ty$ 좌표에서 방향 화살표의 모습으로 나타나요. 예를 들어 t = 1.5를 x'(t) = 2에 넣으면 변화율 x'(1.5) = 2를 구할 수 있고 이것이 $tx$ 좌표에 변화율 2를 나타내는 방향 화살표로 나타나요. 마찬가지로 t = 1.5를 y'(t) = -2t + 4에 넣으면 변화율 y'(1.5) = -2·

(1.5) + 4 = 1을 구할 수 있고, 이것이 $ty$ 좌표에 변화율 1을 갖는 방향 화살표로 나타나요.(화살표의 위아래 위치는 임의의 자리에 놓았어요.)

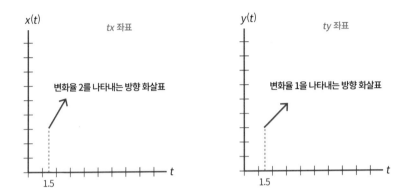

이때 방향 화살표는 오직 방향만 의미가 있고 크기는 의미가 없었어요. 앞의 그림에 그려진 방향 화살표의 크기는 임의의 크기로 나타낸 모습이에요. 그렇다면 이 각각의 방향 화살표가 '$x$와 $y$의 관계'를 보여 주는 $xy$ 좌표에서는 어떻게 나타나게 될까요?

# 02

# 3개의 대상과
# 방향 화살표

$xy$ 좌표에서 가로축이 $x$이고 세로축이 $y$이므로,

① 변화율 $x'(t) = 2$는 오직 가로의 변화에만 영향을 줘요.

② 변화율 $y'(t) = -2t + 4$는 오직 세로의 변화에만 영향을 줘요.

그래프로 표현해 보면 다음과 같아요.

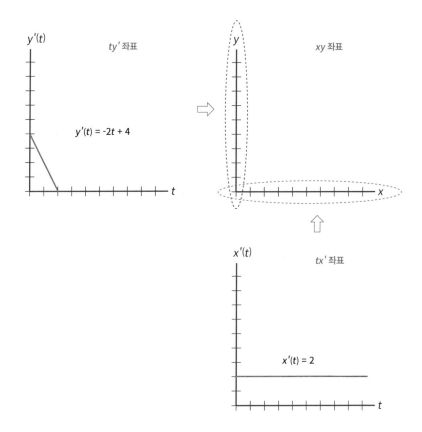

그래서 방향 화살표를 $xy$ 좌표에 나타내면 이전에 보았던 것과는 다르게, 변화율 값이 다르더라도 모두 같은 방향을 가리키게 돼요. 예를 들어 순간 변화율 $\dfrac{dx}{dt} = 0.5, \dfrac{dx}{dt} = 1, \dfrac{dx}{dt} = 2$를 $xy$ 좌표에 나타내면 다음 왼쪽 그림과 같이 모두 똑같이 오른쪽 방향을 가리켜요. 마찬가지로 순간 변화율 $\dfrac{dy}{dt} = 0.5, \dfrac{dy}{dt} = 1, \dfrac{dy}{dt} = 2$를 $xy$ 좌표에 나타내면 오른쪽 그림처럼 모두 똑같이 위쪽 방향을 가리켜요.

원래대로라면 방향 화살표는 크기가 의미가 없고 방향만 의미가 있으므로 이들은 모두 똑같은 방향 화살표로 나타날 거예요. 하지만 다음 그림에서는 우리가 이들을 구별할 수 있게 하기 위해, 변화율 값이 다르면 크기도 다르게 표현했어요. $\dfrac{dx}{dt} = 1$을 눈금 한 칸의 크기로 임의로 설정한 후, 다른 변화율들은 이 크기를 기준으로 길이를 다르게 나타냈어요. 이렇게 하면 방향 화살표의 길이를 비교함으로써 변화율 값을 비교할 수 있어요.

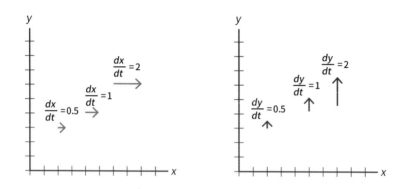

이제 변화율 $x'(t)$와 $y'(t)$가 동시에 작용할 때 $xy$ 좌표에서 어떻게 변화가 일어나는지 살펴볼게요.

예를 들어 $t = 1.5$에서 일어나는 변화를 살펴본다면, 먼저 $t = 1.5$일 때의 $xy$ 위치를 정해야 해요. 지금은 $t = 1.5$일 때 위치 정보로 $(x, y) = (3, 3.75)$가 주어졌다고 가정해 볼게요. 그러면 $t = 1.5$를 $x'(t) = 2$에 넣어서 구한 $x'(1.5) = 2$와 $y'(t) = -2t + 4$에 넣어서 구한 $y'(1.5) = 1$인 방향 화살표를 이 위치에 표시할 수 있어요.

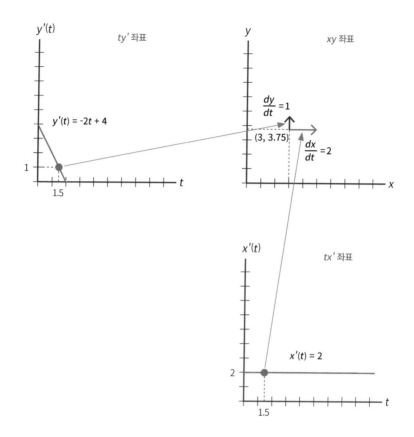

그렇다면 이때 $xy$ 좌표에서 이 두 변화율의 영향으로 인해, 결국 어떤 방향으로 변화가 일어나는지 궁금해요. $t$가 $dt$만큼 변할 때 $x$는 $\dfrac{dx}{dt}=2$이므로 $dx=2dt$만큼 변하고, 마찬가지로 $t$가 $dt$만큼 변할 때 $y$는 $\dfrac{dy}{dt}=1$이므로 $dy=1dt$만큼 변해요. 우리는 $x$가 $dx$만큼 변할 때, $y$는 이것의 몇 배만큼 변하는지(변화율이) 궁금해요. 그러므로 $t$가 똑같이 $dt$만큼 변할 때인 $dy=1dt$를 $dx=2dt$로 나눠 주면 돼요.

$$\frac{dy}{dx}=\frac{1dt}{2dt}=0.5$$

분자와 분모에 똑같이 있는 $dt$를 약분한다고 생각할 수 있어요. 그런데 이것은 변화율 자체인 $\frac{dy}{dt} = 1$을 $\frac{dx}{dt} = 2$로 나눈 것과 같아요. 그러므로 $\frac{dy}{dx}$를 이렇게 쓸 수 있어요.

$$\frac{dy}{dx} = \frac{\dfrac{dy}{dt}}{\dfrac{dx}{dt}}$$

이 식은 의미는 다음 그림처럼 $xy$ 좌표에 나타낸 두 방향 화살표를 마치 일반 화살표처럼 합한 후, 이 화살표의 변화율을 구하면 된다는 말과 같아요. 두 방향 화살표를 합해서 만들어진 검정 방향 화살표는 $\langle \frac{dx}{dt}, \frac{dy}{dt} \rangle = \langle 2, 1 \rangle$이 되고, 이 화살표의 변화율은 0.5가 돼요.

$$\frac{dy}{dx} = \frac{\dfrac{dy}{dt}}{\dfrac{dx}{dt}} = 0.5$$

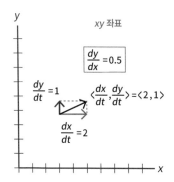

이제 $x'(t) = \dfrac{dx}{dt} = 2$와 $y'(t) = \dfrac{dy}{dt} = -2t + 4$를 사용해서 변화율 $\dfrac{dy}{dx}$ 를 구해 보면 다음과 같아요.

$$\frac{dy}{dx} = \frac{\dfrac{dy}{dt}}{\dfrac{dx}{dt}} = \frac{-2t + 4}{2} = -t + 2$$

이 식으로부터 임의의 $t$ 값에 대한 $xy$ 좌표에서의 변화의 방향을 알아낼 수 있어요. 앞선 예의 경우 $t = 1.5$였으므로 $\dfrac{dy}{dx} = -t + 2 = -1.5 + 2 = 0.5$로 앞의 결과와 일치해요.

어쩌면 여러분은 갑자기 방향 화살표의 크기가 의미를 가진 것처럼 보여서 헷갈릴 수 있어요. 하지만 명확하게 말하면 여전히 방향 화살표의 크기 자체는 $xy$ 좌표에서 의미가 없어요. 예를 들어 여러분은 $\dfrac{dx}{dt} = 2$를 (앞의 그림에서) 가로 화살표 크기의 2배로 나타낼 수도 있고, 10배로 나타낼 수도 있어요. 하지만 보통은 $xy$ 좌표의 눈금 크기에 맞추어 그림처럼 화살표의 크기를 나타내요.

이 방향 화살표의 크기가 의미를 가질 때는 방향 화살표들끼리의 크기를 비교할 때예요. 예를 들어 $\dfrac{dx}{dt} = 0.5$와 $\dfrac{dx}{dt} = 1$은 둘 다 $xy$ 좌표에서 가로 방향을 가리키지만 동일한 양의 $t$가 변할 때, $\dfrac{dx}{dt} = 1$이 $\dfrac{dx}{dt} = 0.5$보다 2배 더 많이 $x$가 변하게 되므로, 이 둘의 크기를 다르게 표시함으로써 이러한 변화율의 차이를 표시할 수 있어요.

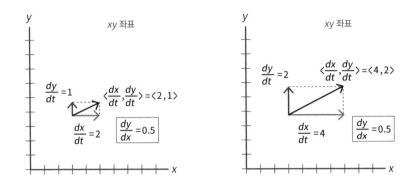

또한 위 두 그림에서 검정 화살표의 변화율 $\dfrac{dy}{dx}$를 구하면 둘 다 0.5로 같은 방향으로 변하려 한다는 것을 알 수 있어요. 하지만 설령 같은 방향이라고 해도 $t$의 입장에서 고려해 보면, 둘은 차이가 있어요. 왼쪽 그림의 검정 방향 화살표는 $\langle \dfrac{dx}{dt}, \dfrac{dy}{dt} \rangle = \langle 2, 1 \rangle$이고, 오른쪽은 $\langle \dfrac{dx}{dt}, \dfrac{dy}{dt} \rangle = \langle 4, 2 \rangle$이기 때문에 동일한 양의 $t$가 변할 때, 이들의 변화율대로 변화가 일어난다면, 오른쪽의 검정 화살표가 $x$와 $y$ 둘 다 2배 더 많이 변해요.

그러므로 지금부터는 $xy$ 좌표에 나타낸 방향 화살표의 크기를 의미가 있는 것처럼 다루겠지만, 크기 자체는 임의의 크기로 나타냈다는 점, 그리고 이 크기가 의미가 있을 때는 $t$의 입장에서 방향 화살표끼리의 크기를 비교할 때라는 점을 항상 기억해 주세요.

만약 $\dfrac{dx}{dt}$를 속도라고 생각한다면, 위 그림에 표시된 $\dfrac{dx}{dt}$ = 2m/s를 볼 때, 여러분은 당연하게도 2m/s니까 속도의 크기를 눈금 2개의 크기로 표시하는 것이 익숙하게 느껴지실 거예요. 하지만 이것은 당연한 것은 아니에요. 실제로 눈금 4개의 크기로 표시할 수도 있고, 눈금 10개의 크기로 표시할 수도 있어요. 하지만 우리는 시간을 1s(초)를 기준으로 생각하는 것이 익숙하기 때문에 1s가 지나면 2m만큼 움직이는 속도이므로 눈금 2개로 표시한 것뿐이에요. 물론 이렇게 표시할 때 우리가 이해하기에도 가장 편하고요.

앞에서는 변화율 $x'(t) = \dfrac{dx}{dt} = 2$와 $y'(t) = \dfrac{dy}{dt} = -2t + 4$로, $xy$ 좌표의 변화율 $\dfrac{dy}{dx}$를 구할 수 있었어요. 그런데 만약 $t$가 변할 때의 $x$의 변화와 $t$가 변할 때의 $y$의 변화는 궁금하지만, $x$가 변할 때 $y$가 어떻게 변하는지는 궁금하지 않다면 굳이 변화율 $\dfrac{dy}{dx}$를 구할 필요는 없어요. 이렇게 되면 $xy$ 좌표는 그저 $t$에 따라 $x$와 $y$가 어떻게 변하는지를 '디스플레이'해 주는 모니터가 돼요. 이전에 〈Class 3〉에서 우리는 다음 왼쪽 그림과 같이 위아래를 가리키는 방향 화살표는 제외하기로 했어요. 왜냐하면 변화율 $\dfrac{dy}{dx}$를 구하기 위해서는 반드시 $x$에 변화가 있어야 하는데 위아래 방향은 $x$에 변화가 없는 경우였기 때문이었어요.

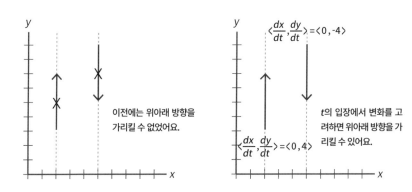

하지만 이제 우리가 관심있는 것은 $x$의 변화에 따른 $y$의 변화가 아니라, $t$의 변화에 따른 $x$와 $y$의 변화이기 때문에 이러한 관점에서는 $xy$ 좌표의 방향 화살표가 위아래 방향을 가리킬 수 있어요. 이 경우를 $\langle \dfrac{dx}{dt}, \dfrac{dy}{dt} \rangle$로 나타낸다면, $\langle \dfrac{dx}{dt}, \dfrac{dy}{dt} \rangle = \langle 0, 4 \rangle$와 $\langle \dfrac{dx}{dt}, \dfrac{dy}{dt} \rangle = \langle 0, -4 \rangle$가 앞의 그림에

해당하는 방향 화살표예요.

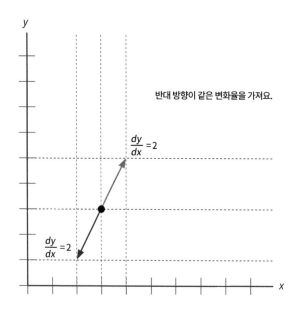

반대 방향이 같은 변화율을 가져요.

$$\frac{dy}{dx} = 2$$

$$\frac{dy}{dx} = 2$$

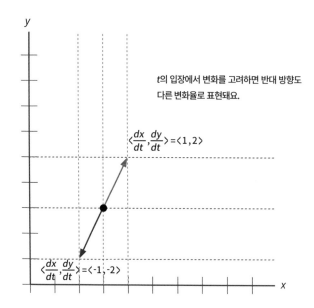

$t$의 입장에서 변화를 고려하면 반대 방향도
다른 변화율로 표현돼요.

$$\langle \frac{dx}{dt}, \frac{dy}{dt} \rangle = \langle 1, 2 \rangle$$

$$\langle \frac{dx}{dt}, \frac{dy}{dt} \rangle = \langle -1, -2 \rangle$$

또한 이전에는 서로 반대 방향을 갖는 두 화살표는 $x$와 $y$의 관계에서 볼 때 서로 같은 변화율을 갖고 있었지만, 지금처럼 $t$의 관점에서 변화를 다룰 때는 이들이 다른 방향으로 표현된다는 것을 알 수 있어요. 즉 $\dfrac{dy}{dx}$로 보면 서로 반대되는 방향이 중복되는 방향이지만, $\langle \dfrac{dx}{dt}, \dfrac{dy}{dt} \rangle$로 보면 이제는 두 방향이 다른 변화율로 나타나게 돼요. 결국 이전에는 $y$가 $x$에 매여 있었으므로 방향에 제약이 있었지만, 이제는 $x$와 $y$가 $t$의 입장에서 완전히 동등하므로 $xy$ 좌표에서 방향 화살표는 모든 방향을 제약없이 독립적으로 가리킬 수 있어요.

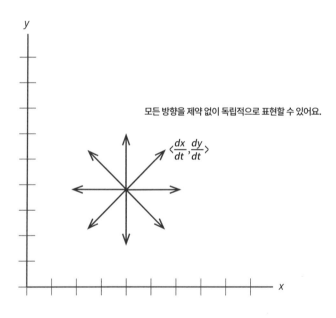

앞으로 이어지는 내용에서는 $t$는 시간, $x$는 땅, $y$는 높이, $x'(t)$는 수평 속도, $y'(t)$는 수직 속도라고 여기면 좀 더 쉬워질 거예요.

# 03
·····
# *t*의 변화와
# *xy* 좌표의 화살표 기차

이전에는 변화율 $y'(x)$로 화살표 기차를 만들었다면, 지금부터는 $x'(t)$ 와 $y'(t)$로 화살표 기차를 만들어 볼게요. $x'(t) = \dfrac{dx}{dt} = 2$와 $y'(t) = \dfrac{dy}{dt} =$ $-2t + 4$가 주어졌다면, $t = 0$일 때 $x'(0) = 2$, $y'(0) = 4$예요. 즉 $t = 0$일 때 $xy$ 좌표에서 방향 화살표는 $\langle \dfrac{dx}{dt}, \dfrac{dy}{dt} \rangle = \langle 2, 4 \rangle$로 나타나요.

그리고 이전에 $y'(x)$로 화살표 기차를 만들 때 동일한 $\varDelta x$ 간격을 택했 던 것처럼, 여기서는 동일한 $\varDelta t$ 간격을 택해요. 예를 들어 $\varDelta t = 0.5$로 정하 면, $t = 0$에서 $\varDelta t = 0.5$만큼 변할 때 $x$와 $y$는 $\varDelta x = x'(t) \cdot \varDelta t = 2 \cdot 0.5 = 1$, $\varDelta y = y'(t) \cdot \varDelta t = 4 \cdot 0.5 = 2$만큼 변해요. 그리고 이것을 일반 화살표 $\langle \varDelta x, \varDelta y \rangle = \langle 1, 2 \rangle$로 표시했어요.(이때 초기 시작점의 위치는 임의로 $(0, 0)$으로 놓았어요.)

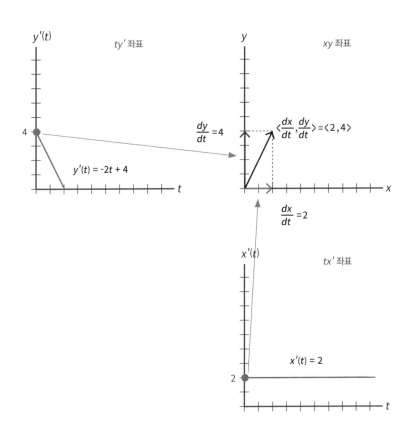

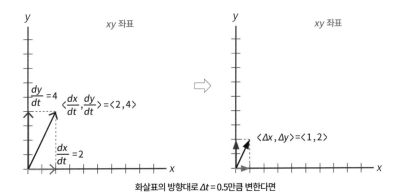

화살표의 방향대로 $\Delta t = 0.5$만큼 변한다면

이렇게 변하면 $t = 0$에서 $\varDelta t = 0.5$만큼 변했으므로 $t = 0 + 0.5 = 0.5$가 되었고 이때의 변화율을 다시 구하면 각각 $x'(t) = 2$와 $y'(t) = -2t + 4$로부터 $x'(0.5) = 2$, $y'(0.5) = 3$이 되고 $\langle \dfrac{dx}{dt}, \dfrac{dy}{dt} \rangle = \langle 2, 3 \rangle$로 표현해요. ($x'(t) = 2$는 $t$가 없는 식이므로 $t$와 상관없이 항상 $x'(t) = 2$예요.) 그리고 앞에서 했던 것처럼 여기서 다시 $\varDelta t = 0.5$만큼 변하면, $\varDelta x = x'(t) \cdot \varDelta t = 2 \cdot 0.5 = 1$, $\varDelta y = y'(t) \cdot \varDelta t = 3 \cdot 0.5 = 1.5$만큼 변해요. $\langle \varDelta x, \varDelta y \rangle = \langle 1, 1.5 \rangle$로 표현해요.

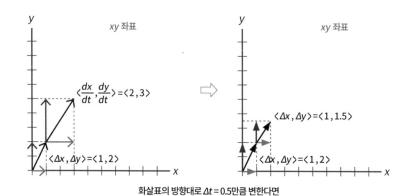

화살표의 방향대로 $\varDelta t = 0.5$만큼 변한다면

한 번 더 같은 작업을 하면, 이제 $t = 0.5$에서 $\varDelta t = 0.5$만큼 변해서 $t = 0.5 + 0.5 = 1$이 되었으므로, 이때의 변화율은 각각 $x'(t) = 2$와 $y'(t) = -2t + 4$에 $t = 1$을 넣은 $x'(1) = 2$, $y'(1) = 2$가 되고 $\langle \dfrac{dx}{dt}, \dfrac{dy}{dt} \rangle = \langle 2, 2 \rangle$로 표현해요. 앞에서 했던 것과 같이, 여기서 다시 $\varDelta t = 0.5$만큼 변하면, $\varDelta x = x'(t) \cdot \varDelta t = 2 \cdot 0.5 = 1$, $\varDelta y = y'(t) \cdot \varDelta t = 2 \cdot 0.5 = 1$만큼 변해요. $\langle \varDelta x, \varDelta y \rangle = \langle 1, 1 \rangle$로 표현해요.

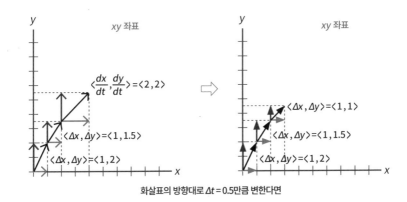

화살표의 방향대로 $\Delta t = 0.5$만큼 변한다면

그런데 지금까지의 변화를 다시 종합해서 살펴보면 다음 그림처럼 결국 $x$는 $x$대로, $y$는 $y$대로 변한 것과 같다는 것을 알 수 있어요.

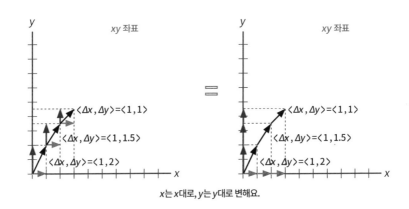

$x$는 $x$대로, $y$는 $y$대로 변해요.

결국 $x$는 변화율 $x'(t) = 2$로, $y$는 변화율 $y'(t) = -2t + 4$로 각각 독립적으로 변한다고 볼 수 있어요. 그러므로 이전에 $y'(x)$로부터 곡선의 식을 구했던 방식을 $x'(t)$와 $y'(t)$ 각각에 그대로 적용할 수 있어요.

# 04
.....
# $t$의 변화로 인해
# $xy$ 좌표에 그려지는 곡선

그럼 먼저 $x$부터 살펴볼게요. $tx'$ 좌표의 순간 변화율로 변화가 일어날 때, 이것이 $tx$ 좌표와 $xy$ 좌표 각각에서 어떤 모습으로 나타나게 되는지 살펴볼게요.(이제부터는 특정 영역 안에 있는 무한개의 모든 변화율을 다루므로 변화율은 '순간 변화율'이 돼요.) 먼저 $tx$ 좌표에서의 변화를 살펴보면, $x'(t) = 2$에서 고정된 시작점 $t = 0.5$와 자유로운 끝점 $t$를 영역으로 선택해요. 이전에 $y'(t)$로 곡선을 만들 때, 위치 정보로 $(x, y) = (a, b)$가 주어진다면 곡선의 식은 $y(x) = b + \int_a^x y'(x)dx$가 되었던 것처럼, 여기서도 만약 위치 정보로 $(a, b) = (0.5, 1)$이 주어진다면 $x(t) = 1 + \int_{0.5}^t 2dt$가 돼요. 그런데 우리는 이 정적분을 직접 구하는 대신에 짝꿍 찾기를 통해 쉽게 곡선의 식의 형태인 부정적분을 구하는 방법을 알고 있어요. $x'(t) = 2$에 부정적분 기호를 입히면 $\int x'(t)dt = \int 2dt$가 되고, 짝꿍 찾기를 통해 $\int 2dt = 2t + c$가 됨을 알 수 있어요. 결국 $x'(t) = 2$로부터 만들어진 곡선의 식은 $x(t) = 2t + c$예요.

여기에 주어진 위치 정보 $(0.5, 1)$를 넣으면 $x(0.5) = 2 \cdot 0.5 + c = 1 + c = 1$ 로부터 $c = 0$이므로 $x(t) = 2t$가 돼요. 이렇게 구한 것들이 아래 오른쪽 그림에 있는 $tx$ 좌표에 나타나 있어요.

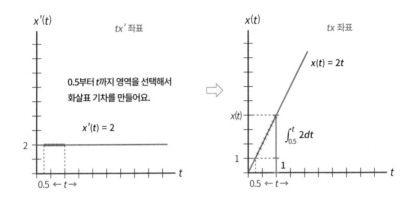

그런데 이와 똑같은 변화가 $xy$ 좌표에서는 오직 가로 방향만 변화해요. $x(t) = 2t$에 따르면 $t = 0.5$일 때, $2 \cdot 0.5 = 1$이므로 $x$의 시작 위치는 1이 되고, 여기서부터 화살표 기차가 만들어지면서 변화가 일어나요.(이때 화살표 기차의 $y$ 위치는 임의로 $y = 1.75$에 놓았어요.) 그리고 이때의 변화량은 $\int_{0.5}^{t} 2dt$이고 $x(t) = 1 + \int_{0.5}^{t} 2dt$이에요. 앞에서 이 식은 $x(t) = 2t$가 됨을 보았어요.

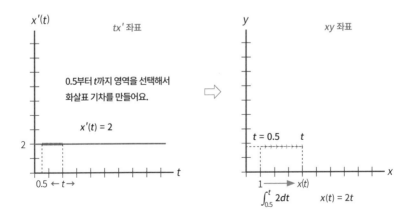

$xy$ 좌표에 그려진 변화와 앞서 나온 $tx$ 좌표에 그려진 변화를 비교해 보세요. 이 둘은 동일한 것을 다른 좌표에 나타낸 모습이에요.

 

$x$의 변화를 살펴보았으므로, 지금부터는 앞에서 했던 것과 똑같은 작업을 $y$에 해 볼게요. $ty'$ 좌표의 변화율로 변화가 일어날 때, 이것이 $ty$ 좌표와 $xy$ 좌표 각각에서 어떤 모습으로 나타나게 되는지 살펴볼게요. 먼저 $ty$ 좌표에서의 변화를 살펴볼게요. $y'(t) = -2t + 4$에서 고정된 시작점 $t = 0.5$와 자유로운 끝점 $t$를 영역으로 선택해요. 만약 위치 정보로 $(a, b) = (0.5, 1.75)$가 주어진다면, $y(t) = 1.75 + \int_{0.5}^{t}(-2t + 4)dt$가 돼요. 이것을 $ty$ 좌표에 화살표 기차로 나타낼 수 있어요. 이 화살표 기차가 만드는 변화의 자취를 식으로 구하기 위해 $y'(t) = -2t + 4$에 부정적분 기호를 입히면 $\int y'(t)dt = \int (-2t + 4)dt$가 돼요. 짝꿍 찾기를 통해

$$\int (-2t + 4)dt = \int (-2t)dt + \int 4dt = (-t^2 + c) + (4t + d) = -t^2 + 4t + e$$

를 구할 수 있어요. (임의의 수 $c + d = e$로 놓았어요.)

    결국 $y'(t) = -2t + 4$로 만든 곡선의 식은 $y(t) = -t^2 + 4t + e$예요. 여기에 아까 주어진 위치 정보 $(0.5, 1.75)$를 넣으면 $y(0.5) = -0.5^2 + 4 \cdot 0.5 + e$ $= -0.25 + 2 + e = 1.75 + e = 1.75$에서 $e = 0$이므로 $y(t) = -t^2 + 4t$가 돼요. 이렇게 구한 화살표 기차와 식을 다음 오른쪽 그림에 나타냈어요.

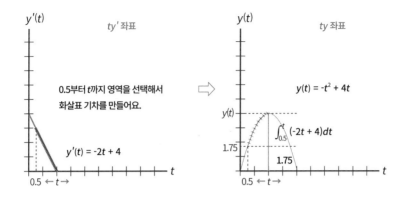

이와 똑같은 변화가 $xy$ 좌표에서는 오직 세로 방향만 변화해요. $y(t) = -t^2 + 4t$에 따르면 $t = 0.5$일 때, $y(0.5) = -0.5^2 + 4 \cdot 0.5 = -0.25 + 2 = 1.75$이므로 $y$의 시작 위치는 1.75가 되고, 여기서부터 화살표 기차가 만들어지면서 변화가 일어나요. (이때 화살표 기차의 $x$ 위치는 임의로 $x = 1$에 놓았어요.) 그리고 이때의 변화량은 $\int_{0.5}^{t}(-2t + 4)dt$이고, $y(t) = 1.75 + \int_{0.5}^{t}(-2t + 4)dt$이에요. 앞에서 이 식은 $y(t) = -t^2 + 4t$가 된다는 것을 보았어요.

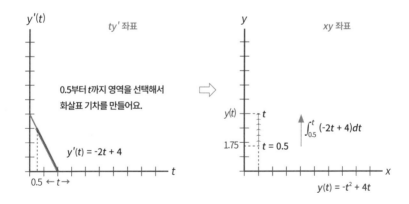

$xy$ 좌표에 그려진 변화와 앞서 나온 $ty$ 좌표에 그려진 변화를 비교해 보세요. 이 둘은 동일한 것을 다른 좌표에 나타낸 모습이에요.

이제 $xy$ 좌표에 앞에서 구한 각각의 $x$와 $y$의 화살표 기차를 함께 나타내 볼게요.

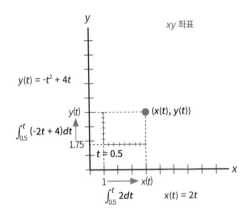

화살표 기차의 시작점 위치로 $t = 0.5$일 때 $(1, 1.75)$가 주어졌어요. 여기서부터 변화가 일어나서 임의의 $t$가 되면 $x$는 $\int_{0.5}^{t} 2dt$만큼 변하고, $y$는 $\int_{0.5}^{t} (-2t + 4)dt$만큼 변해요. 이때 $(x, y)$ 위치는 $x(t) = 2t$와 $y(t) = -t^2 + 4t$이니까 $(x, y) = (2t, -t^2 + 4t)$가 돼요.

위 그림처럼 두 화살표 기차는 독립적으로 변해서 최종적인 위치에 도달하지만, 이것을 다시 다음 그림처럼 각각의 화살표를 합한 모습으로 되돌려서 생각할 수 있어요.

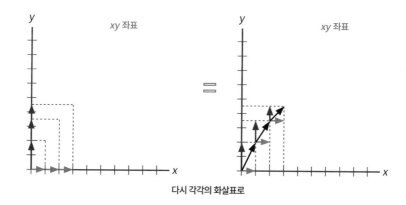

**다시 각각의 화살표로**

이런 방식으로 생각하면 앞에 나온 그림을 다음 그림처럼 나타낼 수 있어요.

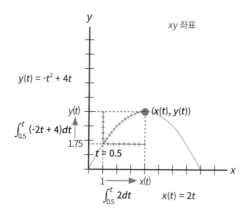

이때 $(x(t), y(t))$가 그리는 곡선 모양을 식으로 나타내고 싶으면 $x(t) = 2t$와 $y(t) = -t^2 + 4t$에서 $t$를 제거하고 $x$와 $y$로 식을 표현하면 돼요. $x = 2t$는 $t = \dfrac{x}{2}$로도 쓸 수 있어요. 이것을 $y = -t^2 + 4t$에 넣으면,

$$y = -t^2 + 4t = -\left(\frac{x}{2}\right)^2 + 4\left(\frac{x}{2}\right) = -\frac{x^2}{4} + 2x$$

가 되어 곡선의 식이 돼요. 여기에 원하는 $x$ 값을 넣으면 그에 해당하는 $y$ 값을 알 수 있어요. 예를 들어 $x = 4$를 넣으면 $y(4) = -\frac{4^2}{4} + 2 \cdot 4 = -4 + 8 = 4$ 가 되어 앞의 그림에서 볼 수 있는 것처럼 곡선이 $(x, y) = (4, 4)$를 지난다는 것을 알 수 있어요.

이번 장에서 다룬 내용을 예를 들어서 살펴볼게요. $t$는 시간, $x$는 수평 위치, $y$는 높이, $x'(t) = 2$는 수평 방향의 속도, $y'(t) = -2t + 4$는 수직 방향의 속도로 생각할 수 있어요. 또한 각각의 속도로부터 수평 가속도와 수직 가속도를 구하고 싶다면 $x'(t) = 2$와 $y'(t) = -2t + 4$를 각각 미분하면 돼요. $x'(t) = 2$를 미분하면 $x''(t) = 0$이 되고, $y'(t) = -2t + 4$를 미분하면 $y''(t) = -2$가 되므로, 이번 장의 내용은 수평 방향으로는 가속이 일어나지 않고, 오직 아래쪽 방향으로 $y''(t) = -2$의 가속이 일어나는 상황이에요. 단위까지 표시하면 $y''(t) = -2\text{m}/s^2$이고, 이 가속도는 달의 중력 가속도와 비슷한 수치예요. 달에는 공기가 없으므로 공기 마찰이 존재하지 않아서 이처럼 수평 가속도는 $0\text{m}/s^2$, 수직 가속도는 $y''(t) = -2\text{m}/s^2$가 되는 것이 가능해요. 그러므로 우리가 구한 마지막에 나온 그래프는 달에서 공을 비스듬히 던졌을 때, 달의 중력의 힘을 받는 공이 날아가면서 그리게 되는 궤적이라고 볼 수 있어요. 이러한 궤적이 만드는 곡선의 모양을 포물선이라고 불러요.

# 이상한

# 세계에서

# 극한

# 표현하기

# 01

## 상상으로
## 극한 이해하기

이번에는 극한이 무엇인지 자세히 다뤄 보려고 해요. 어떻게 해야 이 이상한 세계에서 극한을 표현할 수 있는지를 알아볼게요. 먼저 이 책에 나왔던 극한을 한번 정리해 볼게요. 우리는 〈Class 10〉에서 다음과 같은 극한의 정의를 살펴보았어요.

> $x$가 $a$에 도달하지는 않으면서 계속해서 $a$에 다가갈 때, 이에 발맞추어 $f(x)$는 계속해서 $L$에 다가간다면, 이것을 기호 $\lim_{x \to a} f(x) = L$로 나타내고, 이때의 $L$을 $x$가 $a$에 다가갈 때의 $f(x)$의 극한이라고 한다.

그리고 우리는 $x$가 $a$를 향해 다가가는 과정에 무한($\infty$)이라는 요소가 들어 있다는 것을 알아보았어요. 즉 $x \to a$는 $x$가 $a$를 향해 무한히 다가간다는 것을 의미해요. 결코 $a$에는 도착하지 않으면서요. 이것이 가능한 이유는 이 이상한 세계에서는 유한한 영역 안에 무한개의 위치가 존재하고 있기 때문이에요. 즉 $x$가 $a$를 향해 계속 다가가도 여전히 더 다가갈 수 있는 무한한 위치가 계속해서 존재하고 있어요. 그러므로 드러나 있지 않아도 기호 $x \to a$에는 무한($\infty$)이 담겨 있다는 것을 항상 기억해야 해요.

우리는 이 책에서 극한을 활용하는 두 가지 경우를 살펴보았어요. 첫 번째는 적분에서 보았던 도달할 수 없는 지점에서의 값을 추리하기 위해 극한을 활용한 경우였어요.(이때는 위 극한의 식에서 $a$가 $\infty$인 경우예요.) 우리는 직접적으로 $x$가 $\infty$에 도달하는 것을 볼 수 없었기 때문에 극한 $x \to \infty$를 사용했어요. 두 번째는 미분에서 보았던 직접적으로 도달할 수는 있지만 도달해 버리면 블랙홀에 빠져 버리므로 그 직전까지의 정보로부터 그 지점에서의 값을 추리하기 위해 극한을 활용한 경우예요. 우리는 $\Delta x$가 0에 도착하지는 않으면서 0을 향해 무한히 다가갈 때 $\dfrac{\Delta y}{\Delta x}$ 값이 다가가고 있는 극한값을 구했어요.

또한 극한을 구한다라는 것은 $f(x)$에 $x = a$를 직접적으로 넣어서 $f(a)$를 구하는 것이 아니었어요.(이렇게 할 수 없거나, 또는 블랙홀에 빠져 버리기 때문이에요.) 그 대신에 우리는 $x = a$에서의 $f(x)$를 구하기 위해 간접적인 방식을 사용했어요. 우리는 먼저 $x = a$ 직전까지 $f(x)$ 값이 도달하지는 못하면서 다가가는 값인 범인 $L$을 먼저 선정한 후, 증거들을 모아서 이 $L$ 값이 정말 범인이 맞는지 확인했어요. 그리고 이 $L$ 값이 정말 범인이라면, $x = a$까지 연속성의 규칙을 적용시켜서(즉 갑자기 엉뚱한 값이 되지는 않는다는 의미예요.) $x = a$에서의 $f(x)$ 값은 $L$이 될 거라고 추리할 수 있었어요. 그러므로 극한 기호에는 '무한'뿐만 아니라 '연속성의 규칙'도 담겨 있다는 것을 알 수 있어요.

이처럼 극한을 구하는 작업 속에는, 언제나 무한과 연속성의 규칙을 도구로 사용해서 극한을 구하고 있다는 것을 기억해야 해요.

그런데 앞에 나온 극한에서 $x$가 $a$에 다가갈 때, 이에 발맞추어 $f(x)$가 다가가고 있는 값이 정말로 우리가 범인으로 선정한 $L$이라는 것을, 구체적으로 어떠한 방식을 통해서 확인할 수 있을까요? 일단 다가간다는 것은 둘 사이의 거리가 줄어든다는 것을 의미해요. 그러므로 $x$와 $a$ 사이의 거리를 $d$라고 하고, $f(x)$와 $L$ 사이의 거리를 $D$라고 한다면 이 두 거리 $d$와 $D$를 비교해 봐야 할 거예요. 하지만 극한에서의 다가감은 '무한'을 포함하고 있는 과정이었어요. 즉 무한히 다가가는 거예요. 만약 이 다가감이 유한개의 위치들에서 이루어진다면 우리는 하나씩 위치들을 확인해 보며 $x$가 $a$에 다가갈 때 $f(x)$는 $L$로 다가가는지를 확인해 볼 수 있을 거예요. 하지만 지금은 확인해야 할 위치들이 무한개이므로 모든 $d$에 대응하는 $D$를 일일이 다 비교해 볼 수가 없어요. 그렇다면 우리는 이러한 무한한 다가감을 어떻게 다뤄야 할까요? 이 질문에 대한 대답의 힌트는 이전에 〈Class 8〉에서 함수에 관한 내용을 살펴볼 때 나왔어요.

우리가 함수를 다룰 때 중요했던 부분은 바로, 식의 형태를 갖는 함수 $f(x) = 2x$에 임의의 $x$ 값을 넣을 수 있다는 것이었어요. 그리고 이렇게 함수(식)에 임의의 $x$ 값을 넣어서 나온 함숫값 $f(x)$를 확인할 수 있다는 것은 결국 무한개로 존재하는 모든 $x$ 값에 대응하는 함숫값 $f(x)$를 알게 된 것으로 생각할 수 있었어요. 즉 우리는 '무한'과 '모든'을 '임의의'라는 단어로 대체시켜 생각할 수 있었어요.

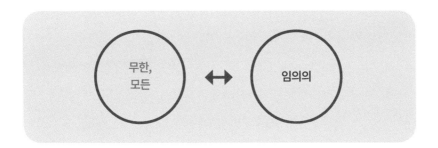

함수에서 적용했던 단어 대체를 극한에도 적용할 수 있어요. 즉 우리는 임의의 $d$ 값을 떠올릴 때마다 이에 대응하는 $D$ 값이 어떤 조건을 만족하는 지를 확인하는 작업으로 극한의 방식을 대체할 거예요.

만약 임의의 $d$ 값에 대하여, 이에 대응하는 $D$ 값이 항상 그 주어진 조건을 만족한다면, 이것은 결국 무한개로 존재하는 모든 $d$에 대해서 $D$가 조건을 만족하는 것이 돼요. 이렇게 모든 경우에 조건이 만족되면 무한히 다가가는 모든 위치를 다 확인한 것과 같게 되고, 이로부터 $a$와 $L$이 서로에게 극한값이 됨을 확인할 수 있게 될 거예요. 곧 알게 되겠지만 여기서 조건은 영역을 식으로 표현한 형태로 주어질 거예요.

극한을 이와 같은 방식으로 바꿔서 다루기 전에 우선적으로 우리는 두 가지 관점을 바꾼 후 진행할 거예요. 먼저 첫 번째로 우리는 극한을 구하는 작업을 다음과 같은 관점으로 바꿔 생각할 필요가 있어요.

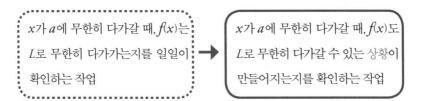

$x$가 $a$에 무한히 다가갈 때, $f(x)$는 $L$로 무한히 다가가는지를 일일이 확인하는 작업 $\rightarrow$ $x$가 $a$에 무한히 다가갈 때, $f(x)$도 $L$로 무한히 다가갈 수 있는 상황이 만들어지는지를 확인하는 작업

이렇게 대체한 작업에서 '상황을 만든다.'라는 것이 어떤 의미인지는 곧 알게 될 거예요.

다음 두 번째로 바꿀 관점을 살펴볼게요. 우리가 극한을 구할 때 원래대로라면 $x$가 $a$에 다가갈 때, $f(x)$는 극한 $L$에 다가가는지를 알아보는 것이 순서상 맞을 거예요. 하지만 우리가 100m 달리기할 때를 생각해 보면 정해진 시간에 맞춰서 골인 지점을 통과하라고 말하지는 않아요. 대신 100m 떨어진 골인 지점을 통과할 때 시간을 보고 이때 몇 초가 걸렸다고 말해요. 이것은 시간이 아닌 골인 지점을 우선적인 기준으로 생각한 것이에요. 이와 마찬가지로 앞으로 우리는 거꾸로 골인 지점에 해당하는 극한값 $L$에 $f(x)$가 다가갈 때, $x$는 $a$에 다가가고 있는지를 확인하는 관점을 가질게요. 예를 들어 지금까지는 함수 $f(x) = 2x$를 다룰 때 $x = 1$에 대응하는 함숫값이 $f(1)$ $= 2 \cdot 1 = 2$라는 것을 확인했던 반면에 지금부터는 거꾸로 $f(x) = 2$에 대응하는 $x$ 값이 $x = 1$이라는 것을 확인하게 될 거예요. 또한 앞에 나왔던 두 거리를 비교할 때도 임의의 $d$에 대응하는 $D$를 찾는 게 아니라, 거꾸로 임의의 $D$에 대응하는 $d$를 찾게 될 거예요.

두 번째로 살펴본 거꾸로의 관점을 첫 번째로 살펴본 극한의 관점에 적용시키면 다음과 같아요.

| $x$가 $a$에 무한히 다가갈 때, $f(x)$도 $L$로 무한히 다가갈 수 있는 상황이 만들어지는지를 확인하는 작업 | → | $f(x)$가 $L$에 무한히 다가갈 때, $x$도 $a$에 무한히 다가갈 수 있는 상황이 만들어지는지를 확인하는 작업 |

이제 골인 지점(또는 범인)인 $L$을 먼저 선정하고 이 $L$ 값을 향해 $f(x)$가 무한히 다가가는 상황을 생각해 볼게요.

다음 그림처럼 $f(x)$를 나타내는 점이 처음에는 목표 지점인 $L$로부터 $D$ 만큼 떨어진 지점에 놓여 있었다고 해 볼게요.

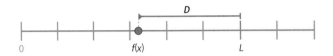

이 초기 위치에서 점이 $L$에 가까이 가기 위해서는 연속성의 규칙이 지켜져야 하므로 갑자기 점이 순간 이동해서 $L$ 가까이 나타날 수는 없어요. 점은 반드시 이 초기 위치와 $L$ 사이에 있는 위치들을 통과하면서 $L$에 가까이 다가가야 해요. 그러므로 다음 그림에 나타냈듯이 $f(x)$와 $L$ 사이의 '주황색 영역'을 지나치면서 $L$에 다가가게 될 거예요. $L$에 다가가기만 하고 도달하지는 않으므로, 위치 $L$ 자체는 영역에 포함되지 않아요.

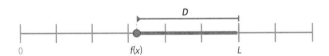

이처럼 점이 $L$에 다가가기 위해 반드시 앞에 표시한 주황색 영역을 통과해야 한다면, 우리는 다음 그림처럼 이 영역을 점이 달려가야 하는 도로라고 상상해 볼 수 있어요.

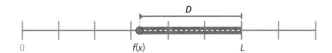

이제 위 그림의 점 $f(x)$가 초기 위치에 놓여 있을 때, $x$ 값을 확인해 보니 다음 그림과 같은 위치에 점 $x$가 놓여 있었다고 해 볼게요. 그리고 이때 이 점과 $a$까지의 거리를 측정해 보니 $d$만큼 떨어져 있었다고 해 볼게요.

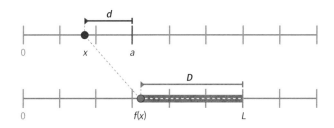

여기서 우리는 점 $f(x)$가 $L$을 향해 다가갈 때, 그에 발맞추어 점 $x$가 $a$를 향해 다가가는지를 확인하고 싶어요. 만약 점 $f(x)$가 앞에 나온 그림의 주 황색 도로를 달려서 $L$에 다가가고, 이때 정말로 점 $x$가 $a$를 향해 다가간다 면, 다음 그림처럼 점 $x$도 연속성의 규칙에 의해 초기 위치와 $a$ 사이에 있 는 갈색 영역을 반드시 통과하면서 $a$를 향해 다가가야 할 거예요.

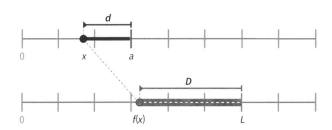

이것은 결국 $f(x)$가 $L$을 향해 다가갈 때 $x$가 $a$를 향해 다가가기 위해서는, 다음 그림처럼 $f(x)$와 $L$을 잇는 '주황색 도로'가 만들어질 때, 반드시 $x$와 $a$를 잇는 '갈색 도로'도 함께 만들어져야 한다는 것을 의미해요.

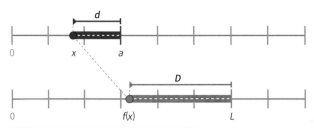

**주황색 도로와 갈색 도로는 반드시 함께 만들어져야 해요.**

위 그림처럼 두 도로가 동시에 건설된다면, 각각의 도로를 통해 $f(x)$가 $L$을 향해 다가갈 때 $x$는 $a$를 향해 다가갈 수 있는 상황이 만들어져요. 점이 지나가는 흔적이 만드는 것이 도로이므로, 두 도로가 함께 만들어지기 위해서는 다음 그림처럼 주황색 점이 주황색 도로를 달리고 있는 중에 이 주황색점에 대응하는 갈색 점의 위치를 확인하면 갈색 점은 갈색 도로 위에 놓여 있어야 한다는 말이 돼요.

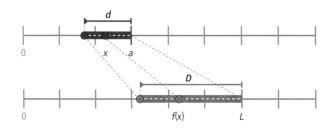

즉 $L$부터 거리 $D$ 안에 있는 모든 $f(x)$에 대응하는 모든 $x$ 값은 $a$부터 거

리 $d$ 안에 존재하고 있어야 하고, 또한 $a$부터 거리 $d$ 안의 영역을 가득 채우고 있어야 해요. 그래야만 그림과 같이 주황색 도로가 만들어질 때 갈색 도로도 함께 만들어져요. 그리고 이렇게 되면 주황색 도로를 통해 $f(x)$가 $L$을 향해 무한히 다가갈 때, $x$는 갈색 도로를 통해 $a$를 향해 무한히 다가갈 수 있는 상황이 만들어진 것이 돼요.

그런데 이 두 도로는 영역을 이미지화시킨 거예요. 그래서 이번에는 두 도로가 의미하는 영역을 식의 형태로 표현할 거예요. $L$부터 거리 $D$ 내에 있는 모든 $f(x)$ 값은 절댓값 기호와 부등호를 사용해서 식 $|f(x) - L| < D$로 나타낼 수 있어요. 이 식에서 $f(x) - L$은 $f(x)$와 $L$ 사이의 거리를 의미하고 이때 거리는 항상 양수니까 절댓값 기호를 씌워요. 이 둘 사이의 거리가 $D$보다 작다는 것은 $f(x)$가 길이 $D$를 갖는 주황색 도로 안의 영역에 있다는 말이 돼요. 마찬가지로 $a$부터 거리 $d$ 안에 있는 모든 $x$ 값은 $|x - a| < d$로 나타낼 수 있어요. 그러면 위 내용을 이렇게 정리할 수 있어요.

영역 $|f(x) - L| < D$ 안에 있는 모든 $f(x)$에 대응하는 $x$가 영역 $|x - a| < d$를 만든다면, $f(x)$가 $L$을 향해 무한히 다가갈 때, $x$는 $a$를 향해 무한히 다가갈 수 있는 **상황**이 만들어진다.

(여기서 엄밀하게는 $x$가 $a$에 도달하지는 않아야 하므로 $0 < |x - a| < d$ 로 표현해야 해요. 하지만 우리는 이야기를 매끄럽게 진행하기 위해 단순하게 $|x - a| < d$로 표시할게요.)

하지만 아쉽게도 이것만으로는 극한이 가능한 상황이 만들어졌다는 것을 의미할 뿐이지, 정말로 $f(x)$가 $L$을 향해 무한히 다가갈 때 $x$는 $a$를 향해 무한히 다가가고 있는지는 아직 확신할 수 없어요. 왜냐하면 앞에 나온 그림보다 $L$부터 더 작은 길이 $D$를 갖는 주황색 도로의 일부 영역만을 살펴보았을 때, 이 영역에 대응하는 길이가 더 작아진 갈색 도로가 사실은 다음 그림처럼 $a$에 붙어 있지 않고 $a$에서 떨어진 곳에 놓여 있을 수도 있기 때문이에요.

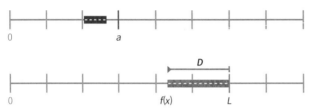

**$a$를 향하는 갈색 도로가 끊어져 있어요.**

이렇게 되면 $f(x)$가 $L$을 향해 다가갈 때 이제는 $x$는 $a$를 향해 다가갈 수 없을 거예요. $a$와 도로가 끊어져 있기 때문이에요. 그러므로 $L$로부터 더 작은 길이 $D$를 갖는 주황색 도로의 영역을 살펴볼 때도, $f(x)$가 $L$을 향해 다가갈 때 $x$가 $a$를 향해 다가갈 수 있으려면 갈색 도로는 반드시 다음 그림처럼 여전히 $a$에 붙은 채로(사실은 $a$ 바로 직전까지 붙어 있어요.) $a$로부터 더 작아진 거리인 $d$ 이내에 만들어져야 해요.(여기서 길이 $D$ 값으로 아무리 작은 값을 떠올리더라도 마찬가지로 이렇게 $a$에 붙은 갈색 도로가 만들어져야 해요.) 이렇게 되면 여전히 주황색 도로를 통해 $f(x)$가 $L$을 향해 무한히 다가갈 때, $x$는 갈색 도로를 통해 $a$를 향해 무한히 다가갈 수 있는 상황이 유지돼요.

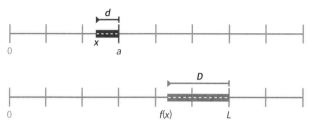

주황색 도로도 *L*에 붙어 있고, 갈색 도로도 *a*에 붙어 있으므로 여전히 둘 다 *L*과 *a*를 향해 다가갈 수 있어요.

즉 $f(x)$가 *L*을 향해 무한히 다가갈 때, *x*는 *a*를 향해 무한히 다가가고 있는 상황인지를 확신하기 위해서는 아무리 *D* 값이 작더라도, 그때마다 항상 *a*에 붙은 채 *D*에 대응하는 거리 *d*를 가진 갈색 도로가 만들어져야 한다는 것을 알 수 있어요.

이제 앞의 내용을 단어 '임의의'를 사용해서 이렇게 정리할 수 있어요.

우리가 *L*로부터 임의의 거리 *D* 값을 갖는 주황색 도로를 떠올렸을 때, 거리 *D*에 대응하는 거리 *d*를 가지면서 여전히 *a*에 붙어 있는 갈색 도로가 항상 함께 만들어진다면, 결국 *L*에 붙은 주황색 도로가 만들어지는 모든 상황에서 *a*에 붙은 갈색 도로가 항상 함께 만들어진다는 것을 의미해요. 그러므로 언제나 $f(x)$가 *L*을 향해 무한히 다가갈 때, *x*는 *a*를 향해 무한히 다가갈 수 있는 상황이 만들어지므로, 우리는 확신을 가지고 $f(x)$가 *L*을 향해 무한히 다가갈 때, *x*는 *a*를 향해 무한히 다가간다라고 말할 수 있게 돼요. 즉 우리는 결론적으로 *x*가 *a*를 향해 무한히 다가갈 때, $f(x)$가 무한히 다가가는 값이 극한 *L*이라는 것을 알게 된 거예요.

단어 '임의의'와 절댓값 기호, 부등호를 사용해서 다시 말해 볼게요.

$|f(x) - L| < D$ 안에 있는 모든 $f(x)$에 대응하는 $x$가 영역 $|x - a| < d$를 만든다면, $f(x)$가 $L$을 향해 무한히 다가갈 때, $x$는 $a$를 향해 무한히 다가갈 수 있는 상황이 만들어진다.

이때 $L$에서부터의 거리인 $D$ 값으로 임의의 값을 떠올릴 때마다, $x$가 영역 $|x - a| < d$를 만들게 되는 $d$ 값을 우리가 항상 찾을 수 있다면(이것은 $L$에 붙은 주황색 도로가 만들어질 때, $a$에 붙어 있는 갈색 도로도 항상 함께 만들어진다는 것을 의미하므로) 결국 우리가 떠올릴 수 있는 모든 상황에서 $f(x)$가 $L$을 향해 무한히 다가갈 때, $x$는 $a$를 향해 무한히 다가갈 수 있게 된다. 즉 $x$가 $a$를 향해 무한히 다가갈 때, $f(x)$가 무한히 다가가는 값은 $L$이 되고, 이 $L$을 극한이라고 부르고 $\lim_{x \to a} f(x) = L$이라고 표현한다.

밑줄 그은 부분이 '조건'에 해당하고, 이 조건이 만족된다면 $x$가 $a$에 다가갈 때, 이에 발맞추어 $f(x)$가 다가가고 있는 값이 정말로 우리가 범인으로 선정한 $L$이라는 것을 확인한 것이 돼요.

이 극한에 대한 표현을 이 책에 나왔던 $\lim_{n \to \infty} \frac{1}{n}$에 적용해 볼게요. 지금은 자연수 $n$ 대신 모든 수를 나타낼 수 있는 $x$를 사용해서 $\lim_{x \to \infty} \frac{1}{x}$을 구해 볼게요. 이 경우 $f(x) = \frac{1}{x}$이에요. 그런데 이 극한은 조금 특별하게 $a = \infty$인 경우예요. 그래서 위에 나온 조건과는 조금 다른 형태를 가지지만 여전히 개념상으로는 같은 조건이 나오게 될 거예요.

우리는 극한의 범인으로 $L = 0$을 지목하고, 이 값이 극한값이 맞는지 확인할 거예요. $|f(x) - L| < D$에 $f(x) = \frac{1}{x}$와 $L = 0$을 넣으면, $|\frac{1}{x} - 0| < D$가 되므로 $|\frac{1}{x}| < D$이에요. 절댓값 기호를 분자와 분모에 따로 적용하면 $\frac{|1|}{|x|} < D$

가 되고 1은 이미 양수이므로 $\frac{1}{|x|} < D$이 돼요. 이제 부등호 양쪽에 양수 $|x|$를 곱해 주면, 부등호는 여전히 그대로이고 식은 $1 < D \cdot |x|$가 돼요. 이번에는 거리이므로 양수인 $D$로 부등호 양쪽을 나눠 주면, 마찬가지로 부등호는 여전히 그대로이고 식은 $\frac{1}{D} < |x|$가 돼요. 여기서 $\frac{1}{D}$을 $d$라고 생각하면, 이 식은 $d < |x|$가 돼요. $x$가 양수인 경우만 고려한다면 이 식은 $d < x$가 돼요.

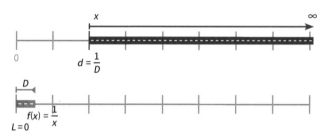

**$L = 0$에 붙은 주황색 도로가 만들어질 때 ∞로 이어지는 갈색 도로도 항상 함께 만들어져요.**

즉 이것은 $L = 0$에 붙은 임의의 거리 $D$를 갖는 주황색 도로가 만들어질 때마다, 이에 대응해서 $x$의 위치가 $x = d = \frac{1}{D}$에서 시작해서 $x = ∞$까지 이어지는($d < x$) 갈색 도로도 항상 함께 만들어진다는 것을 의미해요.

그러므로 $f(x) = \frac{1}{x}$이 주황색 도로를 통해 0을 향해 무한히 다가갈 때, $x$는 언제나 갈색 도로를 통해서 ∞를 향해 다가갈 수 있어요. 다시 말해서 $x$가 ∞에 다가갈 때, 이에 발맞추어 $f(x)$가 다가가고 있는 값은 우리가 범인으로 선정한 $L = 0$이라는 것을 확인했어요. 이로부터 $\lim\limits_{x \to \infty} \frac{1}{x} = 0$이라는 것을 알게 되었어요.

이렇게 해서 우리는 무한을 다룰 수 있게 해 주는 '임의의'라는 단어를 사용해서, 그리고 '영역'을 상상으로 이미지화시켜서 나타낸 '도로'를 사용해서, (이 이상한 세계에서) 한 대상이 어떠한 값을 향해 무한히 다가갈 때, 이에 발맞추어 다른 대상이 무한히 다가가는 값인 극한을 구하는 작업을 이해하고 표현할 수 있게 되었어요.

# 이상해, 그런데 매력 있어!

$$\int$$

〈이상한 나라의 앨리스〉의 앨리스는 이상한 세계에서 여러 가지 이상한 일을 겪었지만 다행히도 원래의 정상적인 세계로 돌아왔어요. 우리도 마찬가지예요. 이 책을 덮으면 우리는 현실로 돌아오게 될 거예요. 그런데 정말 멋진 일은, 우리가 이상한 나라에서 배운 미적분이라는 마법을 현실에서도 쓸 수 있다는 점이에요. 실제로 눈앞에 있는 두 대상의 변화를 비교하고 싶을 때, 이들을 숫자로 바꿔 표현할 수 있고, 연속적으로 변한다면 이 마법을 적용해 볼 수 있어요.

저처럼 미적분을 이해하지 못하셨던 분들이 이 책을 통해서 조금이라도 마음의 '한'을 푸실 수 있으면 좋겠어요. 미적분 세계에 좀 더 흥미를 갖게 되신다면 더 깊이 있는 모험을 떠나 보시는 것도 추천드려요. 이 책에서 다루지 않은 고급 마법들이 아직 남아 있거든요. 그런데 아마도 이렇게 마음을 먹고 다른 미적분 책을 펼치게 되면, 초반에 '극한의 엄밀한 정의'라는 난관을 마주하시게 될 거예요. 많은 분이 이 정의를 보고 겁을 먹고는 역시나 미적분은 어렵다는 생각을 하시는데요, 우리는 그렇게 생각할 필요가 없어요. 이렇게 생각해 보면 어떨까요?

'이 정의는 이상한 세계에서 일어날 수밖에 없는 이상한 현상을 우리가 받아들일 수 있게 수학자들이 노력해서 만든 거구나. 나도 나름대로의 상상을 통해 이 정의를 이해해 보겠어!'(사실 이 책의 〈부록 B〉가 바로 '극한의 엄밀한 정의'에 대한 내용이에요.)

우리가 멍청해서 미적분을 이해하지 못했던 것이 아니라, 미적분 자체가 이상했기에 이해하지 못했다는 사실을 믿는다면 용기와 함께 미적분의 세계 속으로 더 나아가실 수 있을 거예요. 그리고 나중에 미적분의 이상함에 완전히 익숙해지는 순간이 온다면, 그때 우리는 이렇게 말하게 될지도 몰라요.

"이상해, 그런데 재미있고 매력 있어!"

# 감사드립니다

이 책이 세상에 나올 수 있게 도와주신 분들께 감사 인사를 드려요. 먼저 이 신비한 세상에 저를 낳아 주신 영옥 씨, 이상한 아들을 만나서 마음고생도 심하셨을 텐데 그래도 항상 아들이 가는 길을 따뜻하게 응원해 주셔서 감사해요. 그리고 항상 밝은 유머로 제게 힘이 되어 주는 성민 씨, 제가 외롭고 우울해할까 봐 항상 신경 써서 챙겨 주고 어려운 순간이 찾아왔을 때 이겨 낼 수 있게 해 주셔서 감사해요. 그리고 일찍 돌아가신 아버지를 대신해 우리 가족의 가장 역할을 하며 많이 힘들었을 재민 씨, 항상 못난 동생을 믿어 주셔서 정말 감사해요. 누나가 믿어 준 덕분에 저 스스로도 믿지 못하는 저 자신을 좀 더 믿고 여기까지 올 수 있었어요. 그리고 삶을 자신의 힘으로 개척해 나가는 모습을 보여 주신 안성천문대 조길래 대장님, 다시 생각해도 역시 대장님은 참 멋진 사람이에요. 그리고 일만 가르쳐 주신 것이 아니라 제 영혼까지 따뜻하게 어루만져 주신 코엠리소시스 최병혁 사장님, 사장님 덕분에 저는 조금 더 세상에 적극적으로 다가갈 수 있었어요. 그리고 제 삶에는 배경 음악이 없었는데 제게 비틀스라는 새로운 세상을 알게 해 주신 동훈 씨, 자신은 잘 모르겠지만 당신과의 대화가 제겐 큰 힘이 되었어요. 그리고 우리 깜돌이와 꽁주, 제

가족이 되어 줘서 정말 고마워요. 그대들을 통해 존재 자체가 빛이 될 수 있다는 것을 알게 되었어요.

그리고 무엇보다 제 원고의 가치를 알아봐 주시고 원고가 세상에 책으로 나올 수 있게 해 주신 오르트 출판사의 정유진 대표님, 정말 감사드려요. 대표님 덕분에 제 책이 모두의 책이 될 수 있었어요. 또한 책에서 각 장의 주제와 개념을 잘 표현하는 예쁜 그림을 그려 주신 김소연 작가님, 감사해요. 마지막으로 이 책을 읽어 주신 독자님들, 이 책을 선택해 주시고 끝까지 읽어 주셔서 정말 감사드려요. 여러분이 미적분이라는 문턱을 넘어서는 데 이 책이 조금이나마 힘이 되었기를 바라요. 정말 정말 감사해요. 그리고 아버지, 사랑해요.